U0152543

软件定义世界

云计算中心与智能运维的
软件定义解析

张礼立 罗奇敏◎著

机械工业出版社
China Machine Press

图书在版编目（CIP）数据

软件定义世界：云计算中心与智能运维的软件定义解析 / 张礼立，罗奇敏著 . —北京：机械工业出版社，2017.3

ISBN 978-7-111-56218-4

I. 软⋯ II. ①张⋯ ②罗⋯ III. 云计算－研究 IV. TP393.027

中国版本图书馆 CIP 数据核字（2017）第 036604 号

软件定义世界：
云计算中心与智能运维的软件定义解析

出版发行：机械工业出版社（北京市西城区百万庄大街 22 号 邮政编码：100037）

责任编辑：陈佳媛	责任校对：董纪丽
印　　刷：北京市荣盛彩色印刷有限公司	版　　次：2017 年 3 月第 1 版第 1 次印刷
开　　本：170mm×242mm　1/16	印　　张：19.75
书　　号：ISBN 978-7-111-56218-4	定　　价：79.00 元

凡购本书，如有缺页、倒页、脱页，由本社发行部调换

客服热线：（010）88379426　88361066
投稿热线：（010）88379604
购书热线：（010）68326294　88379649　68995259
读者信箱：hzit@hzbook.com

本书法律顾问：北京大成律师事务所　韩光 / 邹晓东

　　欣闻本书即将出版，应作者盘古智库学术委员张礼立博士的邀请写个序。我非常荣幸也非常高兴做这个命题作业。

　　就在不是很久的以前，有一种非常有趣的全新技术出现，我们把它叫作云计算。首席信息官们在非常短的时间内就意识到虚拟化技术可以大大提升企业效益，并使基础设施资产显著地降价。一直以来，云计算是企业中一个重要组成部分，用于经营其业务，同时推动企业进入大数据、设备的多样性、智能分析位置独立性和业务洞察力的时代。

　　经过了云计算的概念期和井喷期，企业和管理层现在最为关心的问题是："怎样才能最好地利用云计算为我们的业务和利益最大化服务？"

　　的确，一个云计算服务商要想获得企业级客户的青睐，实现云计算时需要考虑整个光谱或技术的堆栈，需要有完整的功能与服务能力。其中包括，数据中心和基础设施改造，网络转型和软件应用的分布，以及我们如何评估大数据和分析。无论是对于企业级用户还是最终消费者的，未来的云计算是指一个单一的全球性解决方案，一定是比较低成本的、易于使用和可用的、通过注册收费的服务。这包括全方位的数据和通信需求，协作建立语音、视频、电视、社交网络、内容服务，以及变更管理、流程管理和个人应用。所有的数据或任何媒体设备，包括计算机、服务器、智能手机、平板电脑和电视可以通过中央控制云计算或对等网络的云基础架构来实现交付。

非常多的企业用户开始拥抱云计算解决方案。与实现内容的可用性、质量和流动性相比，云计算解决方案的价格和效率的可接受水平、节省硬件开销、定制费用和昂贵的许可费的自主可控显得格外重要。选择按需交付而不是将钱花费在设计和开发上，并且一定是靠较少的人员来管理 IT 设施与应用服务。今天，任何一个应用软件都可以被迁移到云计算平台。虽然所有的应用程序都可以利用云计算增加效率，不过，建议企业合理地规划云计算战略和治理策略。

作为全球信息化以及互联网行业的资深专家，张礼立博士从软件定义数据中心以及 IT 即服务的独特视角给我们勾勒出未来云计算的蓝图。本书既有现实的科技，也有远方和诗。张博士在云计算和美国硅谷工作多年，有企业和最终商业用户双战略思维，他对未来云计算和大数据中心的观点比较平衡，也较为完整。相信读者通过此书，不仅可以了解技术和部署模式的未来云，但更重要的是能意识到，配置与部署这一新的革命方法可为企业带来的竞争优势。

希望作者精益求精，根据读者的反映和自己的新思考不断丰富、改进本书、不断进取。也期待他为中国的信息化建设发挥更大的作用。

盘古智库理事长
中国青年企业家协会指导委员会委员
中国生产力促进中心协会副理事长

以云计算、大数据、移动、社交（SMDC）为代表的新一代技术蓬勃发展，给经济、社会、日常生活带来了前所未有的影响，人类进入"互联网＋"时代，消费互联网方兴未艾，企业互联网已经在普及。新技术改变了 IT 架构，也改变了经济社会和商业模式，于是政府上云、企业上云、用户上云，智慧城市、互联网＋企业、智能制造等应"云"而生。

李克强总理参加在贵阳举办的第二届中国大数据产业峰会暨中国电子商务创新发展峰会时提出，以大数据为代表的创新意识与传统产业长期孕育的工匠精神相结合，使新旧动能融合发展，并带动改造和提升传统产业，有力推动虚拟世界和现实世界融合发展，打造中国经济发展的"双引擎"。李克强总理的话预示推动新经济发展和传统产业转型升级的时代已经到来。

在如今这个云计算，大数据及整个产业和技术革命到来的当口，大家一直在寻求创新和突破。浪潮集团认为，新一代信息技术和管理会是推动企业信息化升级换代的两大驱动力；传统企业通过构建基于互联网的信息化平台，最终实现"互联、精细、智能"。前不久，张礼立博士向我推荐他的新书，并邀我作序。深感荣幸之余，我觉得此书正是我们需要并可以向大家系统地展示和介绍云计算、大数据和软件定义技术及其商业应用的一本很好的图书，它既能让大家了解新兴技术的变革之路，又能让大家全面地认识软件定义技术和云计算大数据彼此间的共性和差异。

　　此书主要围绕软件定义的 3 个主体展开，即软件定义计算、软件定义网络和软件定义存储。计算、网络、存储大家都不陌生，它们是构成信息系统基础架构的基本要素，也就是我们通常所说的硬件。然而在它们之前冠以"软件定义"4 个字则完全颠覆了其原有的硬件属性，被软件定义化后，物理的边界变得模糊，我们看到的是一个个逻辑的 CPU、网络设备、磁盘等。这彻底颠覆了传统的 IT 构架，使得企业的 IT 构架变得灵活而又高效，提升了信息系统在市场中的竞争力。硬件本身的价值被不断地挖掘和提升，这便是软件定义带来的最大的"魅力"。本书可以让读者系统而又扎实地一步一步从软件定义的概念、技术进化过程、核心的技术功能、用途收益和行业应用的各个方面开始了解，无论你是技术人员还是管理人员，都能获取想要的内容。

　　当然，本书的亮点不仅仅在于上面所说的软件定义的"三驾马车"。软件定义下的运维管理和模式也是本书浓墨重彩的一章。在 IT 行业内，重项目轻服务、运维是很多企业和管理者存在的问题，然而，在当今的信息化浪潮和技术革命的今天，基于"Everything as a Service"的理念已广为熟知，服务、运维的重要程度也被大家慢慢接受。相信基于软件定义和云计算模式下的新型运维和服务模式会给大家带来不一样的启发。

　　转眼 2016 年已过去一半，作为"十三五"的开局之年，全国掀起了信息化建设创新的高潮，习近平总书记 2016 年 4 月主持召开网络安全和信息化工作座谈会，并发表重要讲话，强调按照创新、协调、绿色、开放、共享的发展理念推动我国经济社会发展，是当前和今后一个时期我国发展的总要求和大趋势。习近平总书记的讲话无疑是鼓舞人心的，同时也释放了一个国家层面的信号，那就是创新将作为信息化的主旋律。最近，因为工作关系，我深入调研了我国在工业物联网领域的发展状况，发现创新技术和新兴行业存在着巨大的市场空间，比如，在物联网领域，《物联网：推动中国产业转型》报告指出，物联网的发展将为中国经济创造新的增长点。到 2030 年，物联网有望为中国额外创造 1.8 万亿美元的 GDP 增长，其相关产业将对 GDP 贡献 1.3% 的增长率。从上面这些数字，我们仿佛真切地感受到新一波依托云计算、大数据和软件定义世界的新应用和业态的黄金时代的到来，这将给我们整个软件行业带来巨大的市场机会和挑战。因此我十分希望有更多的行业内有识之士和致力于云计算和软件定义技术推广和应用的人才，通过本书了解并投身于商业技术案例的研究、探讨和开发中，使其焕发出光芒和价值。

海阔凭鱼跃，天高任鸟飞。值此书出版之际，希望大家能从此书中获益，为中国的信息化产业，继而为中华民族的兴盛贡献自己的力量。

王兴山
浪潮集团执行总裁

中国的《易经》上说"穷则思变，变则通，通则久"。任何事物发展到一定程度，就需要变革，只有这样才能持续发展。置身于气势磅礴的大数据、云计算、互联网的时代，我们不仅要有勇气和胆识面对新时代的风云变幻，而且应运用新锐的智慧洞察科技发展的节点，关注大数据与云计算等技术前行的轨迹。

本书力图追寻文明的踪迹，揭示了能量和信息是文明的主线，并且在分析大数据时代特征的同时，阐述了云计算的前世今生，然后又展望了云计算必将迈进"软件定义世界"新天地的发展前景。这样，追溯历史，着眼现今，前瞻未来，极大地开拓读者的视野，以广阔的背景多角度启迪读者的思维。在大手笔纵横挥洒勾画的同时，也不放过探索云计算发展征程中面临的坎坷道路，指出"云计算——拼的是智能运维"。对重要的基本概念的区别和联系，也用较多的笔墨多角度予以阐明。采用粗中有细的笔法，努力使远景与特写相配合。

本书从文明踪迹讲到大时代特征，在引出大数据、云计算概念后，讲解本书主角——"软件定义"，着笔于大规模管理技术层次的提升，进入本书的核心部分，最后以展望云计算"软件定义世界"绚丽的未来收笔，描绘了一个世界一朵云的蓝图。这样，步步深入，曲径通幽，引导读者去探寻云计算生命发展的历程。本书虽然触笔于信息技术，但却寄托了我对"中国梦"和"世界梦"的美好憧憬，蕴涵着对中国传统文化"和谐"之美的由衷赞叹。

人类总是用美的法制去改造世界。中国的传统文化推崇"和合"的哲学，"和为贵"，世界大同就是一个和谐的世界，"一带一路"战略是融合欧亚经济共同繁荣的远见卓识，而云计算则是信息资源的集成和整合。人们称计算机是人脑的延长，是外脑，云计算依托互联网把成千上万个数据中心整合在一起，把异构的环境通过软件定义，让人类社会进入物理空间与信息空间融合的阶段，这在某种意义上是智慧的高度集成和融合，必将产生如排山倒海般的巨大的科技创新力量。

云计算的技术核心之一就是虚拟化。脱离一切物理的羁绊，运用抽象，依托数字的魔力以及逻辑的编程，创造出一个低成本、高效率、安全、灵活的虚拟层来驾驭计算、网络、存储以及数据中心，这是人类思维之花的硕果。阴阳相对，虚实转化，其结果是"变则通"。

一切数据都是虚拟化了的事物的代码，以数据为信息的载体，驰骋在数字的海洋中，而今以海量不同结构的实时数据为特征的大数据时代已迎面而来，而云计算又为大数据提供了有力的工具和平台，大数据也利用云计算这个翅膀，展翅高飞，大展宏图。

信息通过数据虚拟化，而且随着虚拟层次的提升，信息密度也随之发生变化，必将进一步促进信息资源的集成和整合，而开源软件的开放性、伸缩性和可扩展性也为这种整合提供了技术上的条件。告别"孤岛"，万川入海，信息技术必将迈入"和合"的人间正道，成为我们创新、创业的核心驱动力。

"直挂云帆济沧海，乘风破浪会有时"，世界很大，但又是同一个地球村。一个世界一朵云，不是信息产业发展的梦境，而是一种必然的趋势。我们不能止步于云计算给人们带来的"敏捷红利"，让我们举起双手迎接"软件定义世界"更加美好的未来。宇宙定于一，"和合"为上，这是美的法则的胜利。

"不识庐山真面貌，只缘身在此山中"，"跳出三界外，不在五行中"，用"置身事外"的慧眼来审查云计算的未来，预测它的命运，也许对人们更有启示。

值此书出版之际，聊言作心声，是为序。

张礼立于上海

2016 年 5 月 26 日

推荐序一

推荐序二

序

第 1 章
01
大数据时代的新纪元 // 001

1.1 大时代的文明思考 // 002

1.2 大数据时代的特征 // 004

1.3 云计算带来敏捷红利 // 009

1.4 云计算的前世今生 // 012

1.5 "云"天万里看归鸿 // 016

第 2 章
02
我们该如何关注"IaaS" // 021

2.1 看"云"卷"云"舒 // 022

2.2 定义"云"的"五四三" // 024

2.2.1 五大主要特征 // 025

2.2.2 四个部署形式 // 027

2.2.3 三个服务模式 // 029

2.3　挑战传统数据中心 // 033

　2.3.1　数据中心面临的十大问题　// 034

　2.3.2　什么阻碍了数据中心的腾飞　// 039

　2.3.3　现今数据中心的挑战和机遇　// 040

2.4　建设敏捷的数据中心 // 044

　2.4.1　再论敏捷数据中心　// 046

　2.4.2　云服务　// 052

　2.4.3　服务"云"　// 053

　2.4.4　云服务平台　// 056

　2.4.5　统一平台的力量　// 059

2.5　软件定义数据中心"横空出世" // 065

　2.5.1　软件定义"正在靠近"　// 070

　2.5.2　未来的数据中心由软件定义　// 071

　2.5.3　现实挑战与驱动并存　// 074

　2.5.4　软件定义数据中心不得不说的事　// 076

第 3 章
03　　**当软件定义遇到数据中心** // 081

3.1　数据中心的挑战 // 082

3.2　迎接数据中心新时代的到来 // 084

3.3　软件定义的"生态" // 087

　3.3.1　软件定义生态与云计算　// 091

　3.3.2　必然并非偶然　// 092

　3.3.3　想说爱你不容易　// 092

　3.3.4　最佳实践　// 093

　3.3.5　群雄逐鹿　// 095

3.3.6 企业宝藏 // 096

3.4 IT 变革之旅 // 097

3.4.1 奠定基石: 虚拟化 // 098

3.4.2 进阶模式: 云计算 // 099

3.4.3 遨游云端: IT 即服务 // 100

3.4.4 技术模式再造 // 102

3.4.5 运维模式创新 // 103

3.4.6 如何开始? 从哪里开始? // 105

第 4 章
04

庖丁解牛——软件定义数据中心 // 111

4.1 核心"三驾马车" // 112

4.2 优势和好处 // 118

4.3 解开软件定义数据中心的 DNA 密码 // 120

4.4 服务体系框架 // 123

第 5 章
05

软件定义的计算 // 125

5.1 何为软件定义的计算 // 126

5.2 软件定义的计算非常重要 // 127

5.3 软件定义的计算的优势 // 129

5.4 软件定义的计算之体系架构 // 130

5.5 软件定义的计算的功能特性 // 135

5.6 软件定义数据中心实现 IT 控制 // 140

第6章　软件定义网络和安全 // 143
06

6.1　何为软件定义网络 // 144

6.2　网络虚拟化需求 // 146

6.3　虚拟网络原理剖析 // 147

6.4　软件定义网络的价值展现 // 148

6.5　功能探析 // 151

6.5.1　虚拟网络"X"了 VLAN // 151

6.5.2　网关服务,我的地盘我做主 // 156

6.5.3　分布式防火墙,"长城万里"铸辉煌 // 157

6.5.4　无代理终端安全防护,值得你拥有 // 157

6.5.5　高级特性 // 158

6.6　下一代网络虚拟化平台 // 158

6.7　网络虚拟化和安全 // 163

6.8　网络与安全解决方案探究 // 168

6.9　网络虚拟化的实现 // 170

6.9.1　软件定义网络和虚拟网络 // 171

6.9.2　如何帮助我们 // 172

6.9.3　前景虽好,却处境艰难 // 173

6.9.4　是改造还是重建 // 174

6.9.5　为了未来,打好基础 // 175

第7章　软件定义存储 // 177
07

7.1　软件定义存储的发展轨迹 // 178

7.2　软件定义存储的自画像 // 180

7.3 软件定义存储与软件驱动存储 // 183

7.4 数据中心虚拟化对存储提出新的要求 // 184

7.4.1 3 个领域的挑战 // 185

7.4.2 运营费用 // 187

7.5 软件定义存储是一系列技术的集合 // 188

7.5.1 基于软件层面的存储也有"基础设施" // 189

7.5.2 跨层功能剖析 // 191

7.5.3 软件定义"实现" // 193

7.5.4 "管理"的整形手术 // 195

7.6 "箴言"与"总结" // 197

7.6.1 教你如何规划和管理构架 // 198

7.6.2 软件定义存储建议 // 202

第 8 章
08

软件定义中枢——自动化管理 // 205

8.1 SDDC 与自动化管理 // 206

8.2 自动化处理的常与非常 // 207

8.3 自动化管理方案 // 209

8.4 我眼中的云管理服务 // 211

8.4.1 运营管理服务 // 214

8.4.2 成本控制服务 // 215

8.4.3 安全服务 // 215

8.5 云管理从数据中心开始 // 216

8.6 有了金刚钻再揽瓷器活——自动化技术 // 224

第9章
09 服务是王道——IT 即服务模式 // 229

9.1 千呼万唤始出来——云服务交付平台 // 231

9.2 服务必须是可以衡量的 // 235

9.3 云计算——运维是核心力 // 238

9.4 IT 即服务模式 // 241

　9.4.1 业务驱动 // 241

　9.4.2 可用性的概念 // 242

9.5 实现 SDDC 运维管理 // 247

　9.5.1 分 3 个阶段来实现 // 247

　9.5.2 对运维的挑战 // 250

　9.5.3 SDDC 运维管理概述 // 252

　9.5.4 SDDC 运维需要加强自学与主动性 // 254

　9.5.5 SDDC 运维核心流程概述 // 256

　9.5.6 智能数据中心管理平台诞生 // 271

第10章
10 软件定义世界的展望 // 273

10.1 信息化建设在"十二五"期间取得的成就 // 274

10.2 信息化建设存在的挑战 // 275

10.3 信息化发展的新趋势和新方向 // 276

10.4 虚拟软件世界真的是未来吗 // 279

10.5 软件定义数字世界专为云而打造 // 282

10.6 未来中国信息化规划的畅想 // 288

参考文献 // 297

第 1 章

01

大数据时代的
新纪元

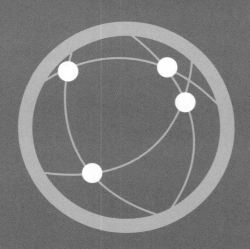

1.1 大时代的文明思考

历史仿佛一盘棋，其命运又似乎时时刻刻都掌控在那些伟人手中。缔造了古罗马灿烂辉煌历史的凯撒大帝，当年建造出四通八达的罗马大道，这不仅加快了周边地区的文明化进程。古代马其顿王国英明的缔造者亚历山大大帝，得到了亚里士多德的教诲，吸取了世界各地多方面的知识，以至于亚历山大图书馆成为当时人类历史上最大的知识信息仓库，还汇聚了许多满腹经纶的大学者，达到了知识储备和知识运用的绝佳状态，从而引导古代人类开启知识之窗、叩响智慧之门。古希腊著名数学家欧几里得就是通过在图书馆里阅读万卷书之后，才写出了千古奇书《几何原本》，该书被广泛地认为是历史上最成功的教科书，在西方是仅次于《圣经》而流传最广的书籍。

美国近来摆脱了一场为期两年的经济衰退，细数从 1912 年到 2012 年这一个世纪惊人的经济增长中，所伴随出现的经济衰退共有 19 次之多。撇开通货膨胀等自然因素不谈，今天的美国人比当初富裕 700%。从百年前到今天，当工业电气化、电话、汽车工业等新技术产生，并伴随着不锈钢和无线电通信技术的出现，美国式的高速增长让世界发生了日新月异的变化。在事实面前，我们这些当今后人无不为这样的历史发展进程惊叹不已，相信这也会让当初的观察者们始料未及。

爱因斯坦曾经说过，在知识的未来，牛顿力学、相对论、量子力学都会被修改，而统计力学的定律却是永恒的。人类是由原子和分子组成的奇妙物种，我们要找到普适于宇宙与人类的第一性原理，必须从最基本的概念出发，那就是能量、信息与时空。现在，我们再次处于三场宏大技术变革的开端，它们可能足以匹敌 20 世纪的那场变革，这三场变革分别是大数据、智能制造和无线网络革命。

斯坦福大学物理系张首晟教授认为，正是能量、信息与时空的结合，从而产生能量密度与信息密度的概念。类似生物世界是通过基因传播信息的，伟大的人类则是通过语言和文字创造了一个几乎平行于基因的信息体系，代代相传，我们称之为文明。在浩瀚的历史长河中，我们探索并发现了文明发展的线索，那就是能量与信息的交融。

每一个生意人都梦想着每天能数钱数到手抽筋。在目前的互联网时代，既有许多打工仔从不到 2000 元人民币的月薪中拿出几百元在虚拟的游戏世界里消费，也有许多商业精英舍得花钱买最贵的手机，用最新款的笔记本电脑，经常出入高级酒店，却在互联网事业上总希望能坐享其成、一本万利。

比尔·盖茨先生曾说，21 世纪，人人都可随身携带一部电脑。真是一语中的，手机不就是目前大家最常用的通信娱乐工具和"微型电脑"吗？显然，我们这些在信息化产业中耕耘的人还肩负着让人们更快乐些的责任。

在热销书《未来在等待的人才》中，美国趋势专家丹尼尔·平克（Daniel H. Pink）提到："我们正从一个讲求逻辑、循序性与计算器效能的信息时代，转化为一个重视创新、同理心与整合力的感性时代。"真是言简意赅，我们基本认同这种观点。在我看来，这更多的不像是"中式互联网"，而是一个"美式互联网"。众所周知，美国的信息革命始于 20 世纪 60 年代，美国仅在 20 世纪 20 到 30 年代，通过"高速公路计划"直接成为世界超级大国。1984 年 1 月，美国总统里根签署了第 116 号国家安全指令，正式批准"战略防御计划"（也称为"星球大战计划"）。通过该计划，美国摆脱了当时的全球性经济危机，迈入高科技时代，其国力目前世界第一。里根总统称"星球大战计划"是一个可使对方进攻性武器失效的"空间绝对盾牌"，这能给人类文明带来什么我们姑且不论，但确实造就出了美国式的"数字化一代"。以数字资源为核心是这一代最大的特点，他们的产业和日常家务、工作和娱乐都与互联网密不可分。在这样的互联网技术背景下，80后的马克·扎克伯格能够和50后的乔布斯、60后的杰夫·贝佐斯、70后的拉里·佩奇同台竞技就不足为奇了。

中国式的互联网与美国式的互联网相比截然不同，在互联网世界里还算不上主流，这与中国特殊的经济环境有着千丝万缕的关系。中国真正的"数字化一代"仅存在于北上广深这些大城市，存在于为数几千万的20 ~ 40岁的中产阶级人群中，而多达5亿的互联网用户都是玩QQ的小用户，其中既包括使用苹果笔记本电脑和手机的行业精英，也包括使用廉价手机的普通人。在中国，行业精英崇尚的是美国式互联网，而更多的普通人却不屑与发达国家同步。

哈佛大学幸福课教授泰勒·本·哈沙尔，在他的积极心理学课程里讲到，信息的主体远远比幸福的传递者更为重要。数据信息资源能为人类文明进步服务是毋庸置疑的，但这需要我们建立好知识的桥梁，把不同领域的信息"孤岛"连接起来。跨领域的知识连接能有效提高信息密度，要建设好中国式的互联网，不可或缺的是全民的支持和社会的呵护。

1.2　大数据时代的特征

自计算机发明以来，人类历经了3次信息浪潮。第一次信息浪潮发生在20世纪50年代的大型机时代，而20世纪80年代兴起的第二次信息浪潮是客户端/服务器和Web时代。在21世纪这个非凡的新世纪里，人类的第三次信息浪潮由云计算和大数据拉开序幕。目前的第三波浪潮由亚马逊、谷歌、脸书、阿里巴巴和腾讯等新锐作主导，标志着云、大数据、移动和社交网络时代的到来。

作为第三平台，云、大数据、移动和社交网络正在渗透我们的生活和工作。不断被降低的云服务价格，给传统的计算机设备供应商带来了前所未有的压力和冲击。由于各个行业的企业公司开始习惯于以 IT 为中心，所以 IT 和业务工作的联系变得更加密切，显然，企业也面临着这种密切联系一旦丧失所带来的风险。

在大型机时代，业界只有几千个应用点；在客户端 / 服务器和 Web 时代，应用点增至数万个；而在以云计算、移动化、大数据、社交网络为特点的新时代，应用点可以增至数百万个。这种庞大规模的应用，遍及全球的应用开发模式，使 IT 基础设施变得不适应需求。企业正意识到，要想成功，需要的不只是更好、更快、更经济实惠的 IT 基础设施，而是更具战略眼光、更有智慧、更科学地使用好 IT。

告别了宏观经济数据自产自销的 1.0 时代，中国宏观经济的数据统计正迈向全民齐动员的大数据 2.0 时代。由数据资源到数据资产，再到目前的数据能力，无论是小宗数据还是大宗数据，数据大集中本身就是数据处理的核心焦点问题之一。自 1999 年起，中国各大银行就已经开始开展数据大集中的漫长应用过程。不少银行开始走向"应用的集中"，并对核心业务系统进行整合升级。所谓"数据大集中"，是将分布在各个分支机构和营业网点的业务数据实现集中和整合的过程，并通过对数据深层次的利用，对银行的客户数据、业务数据进行系统的分析和评价，以达到提高银行的管理水平和工作效率的目的。大数据比起传统小宗数据的抽样调查的优势明显，大数据是采集每个可利用的数据点，用全面的数据代替了非全面的数据。通过对大数据的分析，更易寻找到数据的规律性。有了真实过硬的数据体系提供保障，更有益于科学的决策，从而可以更好地造福社会。

　　银行的大集中模式主要根据其规模大小而定，主要分多中心、双中心和一个中心 3 种模式。一些中小型商业银行在全国只有一个数据中心。每个国有商业银行的集中方式也不尽相同，比如工商银行是集中到南北两大中心，中国银行是集中到多个中心，农业银行则是集中到一个中心。数据大集中后的银行业务可实现集中管理、分散经营的模式，不但许多具体操作实现了自动化，金融风险的防范能力还可以得到加强。大集中后的数据中心已完成全球分支机构的数据大集中，大统一实现了集约化，靠技术优势节省了人力资源，由此必然会降低成本，实现成本优势这一核心战略目标。

　　以前查不到数据是因为数据的收集和处理的方式局限，而数据大集中后，现今数据查得慢的原因变成了数据太多以及处理的手段落后。银行的数据量是空前巨大的，如何去粗取精，如何用超大数据集合，结合多个数据库信息交叉分析，获得原有 BI 得不到的商业洞察力，如何采用更加开放、主动、以人为本的手段来提高盈利，便成为它们最关心的问题。比如，移动理财所收集的数据就能针对不同地域的开销、节约习惯，形成准确的洞悉能力。从银行业来看，IT 已是银行业的核心竞争力所在，没有 IT 基础工作的保障，银行业务寸步难行。依靠数据大集中的优势，银行的营运可实现"从账户到客户"的流程再造。随着银行业内不断加剧的竞争态势，中国银行业的核心业务系统的建设正如火如荼地展开。

　　为缩短与国外先进银行的差距，近年来，中国各家银行都不惜重金对核心业务系统进行更新换代。银行业对 IT 基础建设的推陈出新成为目前迫在眉睫的事情。大集中背后又存在哪些隐情呢？根据 IDC 在 2007 年所做的一个调查，从 1996 年到 2010 年这 15 年间，全球企业 IT 方面的开销中，每年的硬件开销是基本持平的，约占总成本的 25%，然而能耗和日常管理运维的成本却上升很快，2010 年的管理成本已占到 IT 开销的大部分，尤其是能耗开销越来越接近硬件开销了。如果真像上文所述，不进行技术上的根本性突破的话，将来能耗开销必定会超过硬件开销，肯定会出现"养牛价大于卖牛价"这样得不偿失的情况，严重影响企业盈利能力。

从能耗成本来看，IT 能耗成本以耗电和散热成本为主。虽然不少国家实行的是统一的国家性用电价格，不过不同地区的电力成本不同的国家也是有的。以美国为例，美国爱达荷州的水电资源丰富，因此电价很便宜。而夏威夷州是海岛，其本身还没有电力供应，电价就比较贵。二者的价格最多相差 7 倍之多。所以目前的数据中心大多选择建设在人迹罕至或气候寒冷或水电资源丰富的地区，这些地区的电价、散热成本、场地成本、人力成本等都会远远低于人口稠密的现代化大都市。

据统计，2000 年至 2010 年，美国拥有的服务器的数量从 500 万台发展到了 1500 万台。服务器数量的急速上升导致了对电力和能源需求的大幅度增加。为了解决 IT 业所需能源短缺的问题，美国各界每年需要新建十多座发电厂，每座发电厂需花费 20 亿 ~ 60 亿美元，这项花销最终还是要由 IT 企业来承担的。倘若我们打算再多安装 500 万台服务器，那么企业的 CIO 在做出投资决策前最好三思而后行。因为，IT 的能源消耗存在着迅速增加的态势，原来投资 2000 万美元就能建造的数据中心，如今可能需要花费 1 亿 ~ 5 亿美元，这还不包括硬件和网络设施的花费。

互联网数据中心（Internet Data Center，IDC）是新时代的产物。对于 IDC 的概念，目前尚无统一的标准，它是对入驻企业、商户或网站服务器群进行托管的场所，是各种模式的电子商务赖以安全运作的基础设施，也是支持企业及其商业联盟（其分销商、供应商、客户等）实施价值链管理的平台。IDC 不仅是一个服务概念，还是一个网络的概念，它是构成网络基础资源的一部分，就像骨干网、接入网一样，提供了一种高端的数据传输（Data Delivery）服务和高速接入（High Speed Internet）服务。基于互联网，它是为集中式收集、存储、处理和发送数据的设备提供运维的设施基地，并提供相关的服务。IDC 提供的具体业务包括主机托管（机位、机架、机房出租）、资源出租（如虚拟主机业务、数据存储服务）、系统维护（系统配置、数据备份、故障排除服务）、管理服务（如带宽管理、流量分析、负载均衡、入侵检测、系统漏洞诊断），以及其他支撑、运行等方面的服务。

云计算与传统互联网数据中心相比，资源利用率的区别在于核心看点不同，两者的商业利益由此产生天壤之别。苹果公司的太阳能数据中心就是一个鲜活的案例。根据外国媒体 Hickory Daily Record 的报道，苹果公司曾签署过一份与太阳能数据中心相关的合约。按照合约内容，苹果公司将在美国北卡罗来纳州 Maiden 附近建立一个新数据中心，其占地面积约 100 英亩（约 40.5 万平方米），发电规模为 17.5 兆瓦。据了解，苹果公司首期将投资 5500 万美元。算上此前在北卡罗来纳州建设的工厂，苹果公司将在当地拥有 3 个独立的太阳能数据中心。最早一个太阳能数据中心建于 2012 年，其发电规模为 20 兆瓦，目前苹果公司正在距第一个太阳能数据中心几英里之外建设第二个发电规模同为 20 兆瓦的数据中心。苹果公司曾经承诺，他们的数据中心全部使用可再生能源。北卡罗来纳州第三个太阳能数据中心的具体实施计划目前还未公布，不过按照苹果公司所签合约，该项目将历时大约 5 年。据估计，苹果公司在北卡罗来纳州建立的 3 个数据中心的建筑面积将达到 50 万平方英尺（约 4.6 万平方米）。

互联网数据中心一般采用服务器托管和虚拟主机等方式对单位网站提供服务。虽然，每个租用互联网数据中心的单位网站所获得的网络带宽、数据处理能力和数据存储空间都是固定的，或是根据客户需求设定的，然而，绝大多数单位网站的访问流量都无法做到均衡、合理的资源利用。比如，多半视频网站具有非常强的时间特征，白天访问的人少，晚饭时间后访问量就会暴涨；一般的食品销售网站的季节性很强，平时访问的人不多，但节假日前夕就是访问量旺季；有的网站平时可能一直默默无闻，但突遇一个爆炸性新闻就使得访问量暴增，甚至陷入瘫痪。网站拥有者为了应对这些流量方面的突发事件，会要求按照峰值来配置服务器和网络资源，以至于互联网数据中心的资源平均利用率甚至难以达到 20%。

　　当然，除发展互联网数据中心以外，通信技术的突飞猛进也成为大数据时代突出的标志。以无线通信的方式把地球上的大多数人有效及时地连接在一起的时代将指日可待。传感技术的广泛使用将使包含各行各业的大物联网变成可能。随着通信技术和沟通方式的突变，人与人的沟通会渐渐被人与机器、机器与机器的沟通所取代，展望不久的将来，数十亿人将能够实时地进行沟通、交往和交易，这无疑会开启人类文明崭新的篇章。

　　4G 网络技术的广泛应用，使无线连接技术的成本得到大幅度下降，犹如百年前的电报技术、电话技术给人类社会和文化带来的深远影响一样。云计算的弹性、无线宽带移动世界为地球上几乎所有地点的人带来价格低廉的数据连接和信息处理能力。科技发展不仅促使社会和人们的生活方式得到改善，还会持续推动经济的增长。从移动增值服务中得到的数据可以用来改善对公共人群的教育，有针对性地传播更多的重要信息给受众群体。这些创新将给我们的社会进步和经济发展带来深刻变革。

1.3　云计算带来敏捷红利

　　改变事物的本质叫变革，创新是变革的一种，是富于创造性的变化。虽然不是每次变革都能带来进步，但每次进步均由变革引起。《礼记·大学》中说："苟日新，日日新，又日新。"意思是如果能每天除旧更新，就要持之以恒。而创新和进步离不开变革，不创新即会落后。创新是必然的，变革便势在必行。故此，变革需要敏捷。

　　以发展新兴产业为例。一提到云计算，可能有很多单位的领导直到开始立项试点时，思路还没理清楚。国家发展与改革委员会曾调研过 34 个省市区的新兴产业布局，发现超过九成的地区选择的是发展新能源、新材料、电子信息和生物医药产业，全国 27 个省市区中就有 100 多个城市在打造新能源产业基地。新兴产业固然好，但若全国做的都是新兴产业的话，这种雷同显然缺乏科学性。

从亨利·福特（Henry Ford）释放"大规模生产"的经济力量所出现的第一次结构性变革后，我们可以认定智能制造就应该是第二个转型。在这个时代里，新材料和新技术将给制造业带来全新的变革。不久之后，工程师将从分子层面来设计、制造产品，优化产品功能，还可能创造出新的材料，从而极大地提高产品质量，减少浪费。

Gartner 是美国 IT 调研机构，它在近期的"中国十大战略技术趋势研究报告"中公布，2014 年中国企业在技术产品与服务上的开支达到 1406 亿美元（约合人民币 8540 亿元）。由于中国市场的特殊性，中国的企业在技术采用方面处于不同的阶段，一些成熟的企业属于技术采用的先行者，而另一些企业则仍处于早期的评估阶段。Gartner 表示，这十大技术趋势突显了目前中国的技术采用现状以及技术的成熟度与牵引力。这十大战略技术多半都与互联网和云计算相关，而不管是混合云 /IT 服务代理、云端 / 客户端架构，还是个人云时代、软件定义一切（Software-Defined Anything），或是互联网规模 IT（Web-scale IT）与移动互联，由此构成了这个时代的主体。

云计算的发展靠的是以下 3 种推动力，一是网络和硬件的普及，二是先进的交付模式的产生，三是市场的不断成熟。第三种推动力即为成熟的计算密集型企业（如亚马逊、惠普、谷歌、IBM、微软）逐渐形成一个成熟的需求市场。一方面，它们拥有庞大的数据中心，能满足公司内部全球化服务的需要；另一方面，它们还可让其他公司来分享它们的计算能力和资源。

敏捷红利，简单来说，就是企业在对客户提供产品或服务的过程中，同时获取海量的信息数据并加以分析处理后，迅速改良自身的产品和服务，由此所产生的商业利润。这种快速利润的获得不仅需要企业对海量数据进行有效的分析、思考，还取决于企业对产品或服务改良的各个环节是否有及时敏捷的反应。这就对产品或服务的数据处理和成本控制提出了更高要求，只有发挥云计算的优势，企业才有可能实现获利。

商场如战场，战争的胜利取决于正确的战略方针，正确的战略方针的制定离不开一系列的集思广益和智慧的决定。一方面，云计算作为信息产业界一种非常关键的可降低成本的技术，它强调利用各种策略降低成本，并确保为具体问题提供快速有效的解决方案。而另一方面，云计算还是关系整个企业前途命运的业务敏捷性策略。尽管这一理念特别强调通过各种手段最大限度地减少开销，而降低成本还不是云计算的最大优势，其真正的优势在于能为企业的运营提供一套完美、灵活的业务敏捷性策略。

云计算将企业原先自给自足的 IT 运用模式转换成由云计算提供商按需供给的模式。云计算提供商在建立大规模数据中心时都会充分考虑这个因素，将大型数据中心建造在电力资源丰富、地理条件安全、罕有自然灾害的地方，同时还充分考虑诸如当地法律政策、是否靠近互联网重要节点等非自然因素。

一般来说，企业创建业务敏捷性策略的目的是为了预测新市场、新行情的发展趋势，并针对这一趋势在产品的设计、研发、生产、销售、物流和服务，以及每个环节上做出最合理、最快速的反应。这种策略的关键是企业自身能否及时随着新形势的发展而自动做出调整。与此同时，能否通过观察新市场的快速成长过程，迅速发现并及时抓住潜在的巨大商机。

从产品的种类发展，到业务单元的壮大，企业总是在发展壮大的过程中，而真正要发展成能与商业巨头抗衡的大型企业，就必须将工作重心放在业务敏捷性策略上。产品策略的价格、研发速度等优势都需要通过使用业务敏捷性策略和手段来实现。业务敏捷性策略带来的效益可以远远超过单纯降低成本所带来的效益。云计算对成本的效应不只是绩效表格上的数据，更是一种机制的协调和控制能力的提升，是一种系统化的准确把握和英明决策。

云计算技术适合运用在新的企业架构和产品研发中，跨国中小型企业的信息架构通过云计算技术，能在全球各地迅速占领市场，从而拥有许多新的机遇。如果在 10 年前，像西班牙排名第一的服装商 ZARA 这样的企业，仅凭自身的能力是难以取得今天的成功的。应该说，ZARA 可称为在商业敏捷性工作中运用云计算的典范。

企业业务要保持高度的敏捷性，就要求 IT 基础设施以及应用程序必须有良好的敏捷应对和运行能力。一家企业单位想要实现业务敏捷性，IT 的敏捷性是必不可少的。很多的专家把云计算称为经济型 IT。其与传统的企业型 IT 相比的优势在于，云计算平台能更迅速地应对不断变化的需求，且可持续增加新的功能，无穷无尽，不受束缚。企业单位无需较多花费，便能够持续地扩大企业的 IT 基础设施建设，提供基于云计算的服务。

1.4 云计算的前世今生

因为云计算的提供商普遍运用大规模的数据中心，比中小型、小型数据中心更专业，管理水平更高，所以它的企业客户计算所需的成本便更低廉。除硬件上更专业外，云计算提供商还具备更完善的软件，这包括资深的管理团队及配套的管理软件。

由此可见，云计算需要更加专业的分工和更优化的 IT 产业格局。只有专业的人做专业的事，扬长避短，才能避免 IT 产业产生多余的内耗，其他新兴的高科技企业才能在云计算方面找到恰当的位置而茁壮成长起来。

纵览全球的 IT 供应链，那些需要对终端用户做出有效反应的角色，不仅要考虑敏捷性，而且要依靠敏捷性来工作。只要客户看重其产品和服务，敏捷性就必须被重视，因为高敏捷性可以快速满足客户不断变化的产品或服务的需求。

亚马逊（AWS）等新兴云服务提供商目前已撼动了传统 IT 巨头在企业级市场的主导地位。伴随传统 IT 巨头的加入和反击，云计算市场显得更加混乱。唯有对"平台"这个词的喜欢成为大家共同的爱好，因为"平台"一词给予众人无限的想象空间。

云计算的分类可从所提供的服务类型和服务交付方式这两个维度出发。信息技术安全基础技术（NIST）模型在最初并没有要求云必须使用虚拟化的方式来实现资源池的概念，甚至不包含多租户的现在云的概念。但目前，这些概念都出现在了 NIST 模型上。

云计算的服务类型是指可为用户提供什么样的服务，用户可获得什么样的资源，以及用户如何使用这些服务。按照这样的定义，可将其分为 3 类，即基础架构云、平台云和应用云。

按服务交付方式来给云计算分类，这种分类方式早已形成了云架构的基本层次。云的硬件资源包括计算、存储和网络等资源设备。云架构通过虚拟化、标准化和自动化的方式有机地整合了云中的硬件和软件资源，并通过网络将云中的服务交付给用户。

由美国国家标准与技术研究院提出的被全球广泛引用的云架构包含 3 个基本层次：基础设施层（Infrastructure Layer）、平台层（Platform Layer）和应用层（Application Layer）。有时人们也称其为基础设施云、平台云和应用云。该架构层次中，每层的功能都以服务的形式提供出来，这就是云服务类型分类方式的来源，即按云架构不同层次所提供的服务来进行划分。

基础设施层是以 IT 基础资源为中心，包括经过虚拟化后的硬件资源池和与之相关的可缩放功能的集合。

平台层是将平台软件和中间件作为中心，介于基础设施层和应用层之间的层次。平台层包括软件资源的集合，该资源具有通用性及可复用性，提供与应用开发、部署、运行相关的中间件和基础服务，能更好地满足云应用方面的可伸缩性、可用性和安全性等特殊要求。

应用层是云上应用软件的集合，构建在基础设施层提供的资源和平台层提供的环境之上，是通过网络这种渠道交付给用户的。云应用的种类繁多，既可以是受众群体庞大的标准应用，例如：医疗、保健、家庭理财，也可以是定制的服务应用，还可以是由用户开发的多元应用。

位于云架构上层的云提供商，既要为用户提供该层的服务，还要实现该架构下层所必需具备的功能。当然并非所有的云都必须在这 3 个层上提供所有的服务。对云提供商而言，交付的层次越高，其内部需要实现的功能就越多。

目前，信息技术已进入大数据时代，相应的数据处理和数据存储能力已让人刮目相看。iPhone 手机的运算能力让 20 世纪 70 年代的 IBM 大型计算机都自惭形秽。互联网正向"云计算"演进。"云"是一张由数千个数据中心组成的网络，20 世纪 90 年代的超级计算机与其中任何一个数据中心比起来，都像是史前时代的东西那样落后。从社交媒体到基于元数据分析的医学革命，大规模数据处理能力让以往无法实现的服务和业务变成可能，我们即将触碰到超乎想象的新市场。

公有云（Public Cloud）是由若干企业和用户共同使用的云环境。在公有云中，IT 业务和功能以服务的方式通过互联网提供给外部用户，用户无需拥有相关的知识，也无需雇佣相关的技术专家，更无需拥有或管理所需的 IT 基础设施。用户所需的服务是由一个独立的、第三方的云提供商来提供的。该云提供商也同时服务于其他用户，这些用户可以共享这个云提供商所拥有的资源。

私有云（Private Cloud）是由某个企业独立构建和使用的云环境，在防火墙内通过企业内部网以服务的形式为企业内部用户提供服务。私有云的所有者无需与其他企业或组织共享任何资源，私有云是企业或组织所专有的计算环境。私有云中的用户只是这个企业或组织的内部成员，他们共享着云计算环境所提供的所有资源，公司或组织以外的用户无法共享这个云计算环境所提供的服务。

混合云（Hybird Cloud）是整合了公有云与私有云所提供服务的云环境。用户可以根据自身因素和业务需求选择合适的整合方式，来制订其使用混合云的规则和策略。不难看出，自身因素是指用户本身所面临的限制与约束，如信息安全的要求、任务的关键程度和现有基础设施的情况等；业务需求是指用户期望从云环境中所获得的服务类型。

混合云的商业定义在现实生活中显得最为灵活，解释起来很符合中庸之道。在全球的大企业中，混合云既提供了云所有的优越性，又给用户提供了一个从传统 IT 模型蜕变到云的一个过程平台。在私有云环境下，用户可以选择"被管理的私有云"和"被托管的私有云"两种模式。在被管理的私有云中，承载云风格的 IT 设备和基础设施仍由所属的企业或组织拥有，具体实物虽位于企业单位的数据中心内，其私有云的创建和运维却由专业的第三方机构来完成。这样的第三方机构常常会通过以下步骤来帮助客户完成私有云的搭建：首先，将客户现有的物理资源通过虚拟化技术进行逻辑化的处理，形成便于划分的资源池；其次，在该逻辑资源池上创建业务应用，并订立服务目录以方便使用者浏览；然后，提供自助访问接口和用量计费功能给业务应用、服务上线，并为私有云所属的企业或组织内用户所有；最后，该第三方公司还将为客户持续地提供运维支持，如管理、业务升级、新服务上线等。

按用户对公有云的选择，可分为排他的公有云和开放的公有云两种。在排他的公有云中，云服务的提供者和使用者并不属于同一个企业单位，但他们事先知道谁会提供何种服务，并通过线下的协商确定服务价格和服务质量。排他的公有云通常出现在企业的联盟成员之间，比如某大企业单位与它的众多供应商等业务伙伴间就可以建立排他的公有云。

在开放的公有云中，云服务的使用者和提供者在服务预订前彼此浑然不知，他们的关系是通过在线服务订阅的方式来确立的。服务条款通常是由服务提供方预先定义和控制的，而服务价格和服务质量的约定也是自动的、标准化的，也由服务提供方预先设定。

1.5 "云"天万里看归鸿

在亚马逊、谷歌、Salesforce、微软、腾讯等云巨头的推动下，云计算技术经过高速的发展、演化，如今初具雏形，相关的产业格局也日趋成熟。亚马逊早在十几年前就开始试水云服务业务，如今已是全球领先的云服务提供商。亚马逊通过云计算对互联网资源进行整合，依靠其供应链与消费链整合的核心能力，在全球范围内奠定了它在云计算领域的领先地位。

阿里云也侧重提供基础的云计算服务，以及通过合作来为传统大型企业打造云服务，这点与亚马逊不谋而合，这与两者都有非常深厚的零售互联网的经验有关。从收购万网和四处出击的活跃程度看，阿里云显示出了非常有个性的一面。

相比之下，腾讯QQ具有广泛深厚的受众基础，配合接入微云、开放平台、腾讯游戏等业务，构成了腾讯云生态网络的核心骨架。在提供基础的服务业务的同时，也为其用户提供流量导入、推广渠道、结算平台，甚至提供天使投资等服务，初步实现了完整生态云的构想。

让人始料未及的是，包括亚马逊、阿里云、微软在内的大小云计算企业，都相继展开大规模的降价行动。对于云计算企业来说，价格战意味着将进入更为残酷的产业环境，但对于云计算产业来说无疑是一种强有力的推进剂。

在这种白热化的竞争背景下，我们相信未来是属于云计算产业的。据英国《金融时报》中文网站 FT 报道，美国中央情报局（CIA）的任务的"节奏与复杂性"日益提高，这需要他们使用最好的信息技术。他们正试图构建基于云计算技术的商业软件来对情报进行分析，这意味着他们对云计算基础服务会越来越依赖。CIA 一份 6 亿美元的云计算服务合同已与亚马逊确立，亚马逊将在 CIA 的领地为其设立并管理一个私有的云计算服务系统。能否服务于 CIA，一直以来被视作对其安全与可靠性的最大赞赏。大家在比拼云内容的同时，我们也看到，云对企业用户的认识也在由"私有或公有"转变为"私有和公有"。企业单位在从私有云安全性及可靠性中受益的同时，也希望享受公有云的可扩展性和灵活性。只有兼容并蓄，博采众长，才能更好地使用云计算技术。

对混合云计算的需求已经不再是预测和展望，而是根据市场反馈得出的实际需求趋势的分析结果。IBM 在 2014 年春季曾发布过开发环境和功能即服务（capabilities-as-a-service）的全新云计算服务，即通过 BlueMix 平台，协助客户及开发人员快速部署"混合"云环境，使企业将来可以拥有快速部署混合云环境的能力。Gartner 公司最近给企业单位、云计算购买者及使用者的建议就是，在设计私有云服务的同时需要考虑一个混合云的未来，并需确保未来的公有云集成和互操作性的潜在问题。

中国现在的每个大城市、产业园区都有云计算，花很多的资源来建设数据中心，这确实是大势所趋，但目前云计算的资源是否真正符合云计算的所有特性，达到了用户对动态资源管理和自我服务等多个云计算的敏捷期望吗？

云计算受到学术界和工业界的热捧后，大数据便横空出世，变得炙手可热。两者之间有何关系呢？从整体角度看，大数据与云计算是相辅相成的，但两者的着眼点不同。大数据的着眼点是数据及业务，以关注实际业务为核心，提供数据采集分析、挖掘，完全看重的是信息知识和能力；而云计算的着眼点在于计算模式及能力，核心是关注 IT 解决方案，提供灵活多变可控的 IT 基础架构，看重的是计算力、数据处理能力和成本。

从技术角度来看，大数据根植于云计算，二者有面向数据存储和处理服务的共同点。基于虚拟化技术、软硬件隔离，实现资源整合；云计算平台管理技术用于实现大规模系统运营，快速故障检测与恢复运维。MapReduce 分布式编程模型是用于并行处理大规模数据集的软件框架。海量数据存储技术通过分布式存储方式存储数据，靠冗余存储方式保证系统可靠。另外，海量数据管理技术、NoSQL 数据库，通过海量数据管理方便后续分析挖掘。

从背景、对象和价值这 3 个维度来看，云来自互联网，大数据来自业务分析，云的看重点是 IT 资源，大数据的看重点是业务相关数据；云软件通过定义世界来节省 IT 成本，大数据用于发现数据价值。大数据利用云计算的强大计算力，可迅速地处理大数据的丰富信息，能更方便地提供服务；而云计算通过大数据的业务需求，体现出实际的应用价值。两者的总体关系就是：云计算是大数据有力的工具和平台，大数据通过云计算实现了其对业务工作的实际价值。

云计算潮流的高涨无疑是大势所趋，其业务战略与技术战术并不匹配是目前行业中需共同面对的问题，根本原因在于底层计算机体系架构尚未发生质的改变。从资源集成的角度看，要使用云计算，就必须将各种数据、系统、应用集中到云计算数据中心。如果改变太多现有信息系统的运行模式，把它们迁移到云计算平台上，那将遇到技术难度和经济成本双重难关。

云计算即将成为 IT 运营的主体模式是人们普遍认可的发展趋势；云计算不但会成为公众和小微企业的 IT 主体，还会推翻并取代垂直行业的现有 IT 体系；云计算的技术手段是以"小变大"的分布式架构为主体的，其支持大数据的应用，在各个领域能取代传统 IT 基础设施的核心优势是由其稳定和弹性成本的特点决定的。

在各种关于云计算、大数据的一路高歌、与时俱进的业务战略背景下，依然是以"小变大"分布式架构一统天下的技术策略作主导。从业务的视角看，云计算将使 IT 运营模式发生翻天覆地的变化，得到可谓非同一般、内容丰富的新 IT 平台。以目前流行的一句话说，商人挣钱是"搂草打兔子，顺带的"，关键是如何针对客户和市场，把关键核心痛点解决掉。淡化产品销售模式，重视"以服务为中心"的模式的转变显然是全球各级 IT 供应商的战略方针，很多企业已行动在先，例如亚马逊。

思维的极致是两个极端的思路在同一时间交流碰撞。从另一个角度来看，分布式也是一个传统的技术和模式，一统天下是否可以简单地从结构来看呢？毕竟现在没有人怀疑基于云计算的服务必将会成为人类社会使用 IT 基础设施、平台乃至应用软件的主体模式这一观点。而位于云计算体系中那包罗万象、生态互联互通、人机安全智能的数据该如何落地，同样是所有同业专家在思考的问题。相比两三年前，目前云项目有关的很多行动、规划和举措都是站在时代发展的前沿和主干道上的，无疑都将是引领未来的正确设想。从云计算业务本身来讲，肯定是万里云天、前景广阔的。这不免让人想到宋朝诗人吴儆的佳句："江海一身真客燕，云天万里看归鸿。"

我们再从技术角度看看这个"小变大"技术策略是否有能力颠覆现有的 IT 体系呢？如果将目前用于云计算的分布式技术的现状和盘托出，且与现有的 IT 技术体系一一对应的话，我们很快会发现，如果要全部颠覆，实在是勉为其难。从云计算的运营模式也很难完全严密地推导出这样的结论。云计算诚然能颠覆业务模式、IT 运营模式，但不是所有的 IT 技术都能被颠覆。

促使计算机效率发生颠覆性改变的关键无非有两点：一是磁盘的 I/O 效率，二是网络的速度。不管从纸带时代进入磁盘时代，还是从电子管时代进入硅电路时代以后，无论 CPU 如何升级，网速如何提升，现代计算机体系架构都一直保持着同样的体系，就是：一台计算机内，CPU、内存、磁盘等部件被总线与其他接口连接起来；而在计算机之间，则由网络连接起来。现阶段，主要是以太网和 TCP/IP 协议来实现连接。由此看来，分布式技术架构还不能作为所有 IT 技术颠覆者的主要原因是，计算机体系架构目前并没有发生颠覆性的变化。

我们发现，在极为高速的单台大型设备内部一定有类似于内存的缓存架构，同时也一定采用了"分布式"的思想与架构。但一般情况下，它们并没有应用开发者所熟悉的通用"网络"来连接分散的部件，无论是 IBM 大型机、还是多 CPU 的 PC 都是如此。采用"小变大"的分布式架构，使用内存与缓存，其实已有几十年的历史了。自 TCP/IP 互联网发明至今，通过网络互联的计算机之间，在最底层的 IPC 编程层面，一直是用 Socket 编程，连函数都没有发生改变，包括即时消息应用、SOA、Web Service、RPC、Hadoop、NoSQL；在分布式通信编程的底层，都缺少巨大的颠覆性创新。

任何技术性的颠覆都必须要有坚实的理论基础。在对云计算的热议中，我们经常谈论的"小变大"和"分布式"，基本是指 x86 机器采用标准计算机网络互联。阿姆达尔定律用数学公式精确地告诉我们：若串行代码占整个代码的 25%，那么无论你的编程技能有多么高超，并行处理的总体性能不可能有大的超越。很明显，并不是所有的问题都能显示并行处理的优势的。

因此，如果现有的计算机体系架构，包括分布式网络通信架构，没有发生质的改变，云计算在技术上就很难实现真正意义上的颠覆。只是，云计算作为一种划时代的业务模式和 IT 运营模式，无论从逻辑上还是现实上讲都不可能有固定的、统一的模式和定式。我们应该放开眼界，采用恰如其分、不偏不倚的策略来建设和运营云，即使没有达到技术颠覆的结果，企业单位的云计算模式也一样算是大功告成。

我们该如何关注
"IaaS"

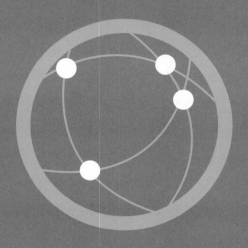

2.1　看"云"卷"云"舒

近年来，客户始终在追求以更为灵活便捷的方式提供新的服务，并运行新的应用流程和业务流程。尼古拉斯·卡尔（Nicholas G. Carr）的题为《 IT Doesn't Matter 》的文章在美国哈佛商业周刊《 Harvard Business Review 》登出，文章暗示了我们在 20 世纪的最后 20 年所知晓的 IT 行业其实只是一项商业服务，在激烈的商业竞争中它并不能为企业带来任何优势。这篇文章一经发表，一石激起千层浪，在社会上引起一场轩然大波。由此，有关质疑 IT 技术的价值、涉及整个 IT 行业命运的世纪论战拉开帷幕。2004 年 5 月，尼古拉斯·卡尔又出版了一本让论战势态愈演愈烈的书，名为《 Does IT Matter ？——Information Technology and the Corrosion of Competitive Advantage 》，书中宣称："企业应该减少对信息科技的支出，要当新技术的追随者而非先行者，要注重信息科技的'防弊'而非'兴利'"。

传统的 IT 技术仍可成为企业的核心竞争力吗？还有，IT 技术是否曾经是企业的核心竞争力呢？如果将传统的 IT 服务交给拥有庞大客户群的企业来运营还会可靠吗？由于 IT 方面投资的迅速增长，而且得不偿失，人们自然开始质疑这种 IT 服务的价值了。尼古拉斯·卡尔的话题引起社会各界广泛关注，主要包括各重要媒体、IT 业界巨头，尤其是首席信息官（CIO）、未来的首席数字官（CDO）、商业界重量级人物和专家学者。

　　无论是否赞同尼古拉斯·卡尔的看法，从积极方面来看，我们始终应该不断审视投入价值和产出价值的比重，以便在变化的环境中把握好自己的方向。尼古拉斯·卡尔给整个 IT 行业带来无尽的思考。这种思考使一种全新的数据中心架构呼之欲出，其具有很强的可扩展性，简化的管理和优良的运营措施。

　　互联网诞生以来，云计算虽不算一场大变革，但肯定算是最为深刻的小变革。云计算有其合适的特性架构，不仅因为其创造和封装了一个灵活的 IT 环境，也为基础设施架构、服务管理和围绕虚拟映像的迅速增长提供了一套完整的技术，还提供了确保能够快速创建、上线和提供服务的创新模式。云计算技术能改变企业的内部结构和 IT 组织，特别是改变企业的运营模式，比起传统模式而言简直是有天壤之别。IT 企业员工做的工作一般是诸如数据中心、数据网络、个人计算机运行和维护等，或者依托数据中心进行个人计算机上的应用系统的监控和升级，随着云计算技术的发展，将会把大部分从事传统事务的 IT 企业升级为云服务提供商。

　　云计算是新兴的计算模型，为信息技术产业带来了新的兴奋点。一方面，云计算是信息产业界公认的能有效降低成本的技术。它旨在合理利用各种策略，在降低成本的同时，及时为具体问题提供有效的解决方案。另一方面，云计算还是关系到企业前途命运的敏捷性业务策略，可谓"一发不可牵，牵之动全身。"云计算作为一个几乎全自动的 IT 服务管理平台，因为有一个简化、易操作的用户接口，所以，处于服务底层的基础设施就对用户完全暴露了。

　　这样，在将额外的 IT 资源添加进服务时，管理成本几乎不增加。尽管这一理念强调通过各种手段最大限度地减少开销，而降低成本并非云计算的强项，其真正的优势在于能为企业运营提供一整套完美、灵活的敏捷性策略。云计算模型是基于共享的基础设施，其中的大型系统池互相连接在一起，以一种动态的、省钱的方式来提供 IT 服务。

围绕 IT 资源虚拟化的优化和整合，你可把云计算设想成在整个企业中无缝地连接所有计算能力的能力体现。云计算将企业原先自给自足的 IT 运用模式，转换为由云计算提供商来按需供给的 IT 运用模式。云计算提供商在建立大规模数据中心前都会充分考虑几个因素，即将大型数据中心建造在电力资源丰富、地理条件安全、罕有自然灾害的地方，同时又要充分考虑例如当地法律政策、是否靠近互联网重要结点等非自然因素。

云计算采取了提供 IT 能力的新方式，即以一种类似自来水或电力公司提供服务的形式来提供计算能力服务。我们依赖电力公司所提供的电力，但不必为如何发电费心劳神。基础设施即服务（IaaS）分为两种用法：一种公共的，另一种私有的。Amazon EC2 在基础设施云中使用的是公共服务器池。更加私有化的服务会使用企业内部数据中心的一组公用或私有的服务器池。云计算平台动态地按需部署、配置、重配置和卸载 IT 能力。这些都是透明和无缝的，使 IT 消费者把重点放在他们的价值体现上。云计算遵从用一套清楚定义的数据、应用和服务生命周期来管理规范。

云计算在演变过程中，既适用于现有的工作负载，又适应于新兴的快速扩展型的工作负载。其中的核心内容是以底层的基础架构作为服务，即 IaaS。IaaS 提供的服务涉及所有设施的利用，包括处理、存储、网络和其他基本的计算资源，用户能够部署和运行任何软件，包括操作系统或应用程序。不用管理或控制任何云计算基础设施，就能控制操作系统的选择、储存空间、部署的应用，还可获得对有限制的网络组件（例如，防火墙、负载均衡器等）的控制。

2.2　定义"云"的"五四三"

成立于 1901 年的美国国家标准与技术研究院（National Institute of Standards and Technology，NIST）直属美国商务部，原名为美国国家标准局（NBS）。其中，计算机科学技术研究所负责发展联邦信息处理标准，参与发展商用 ADP 标准，开展关于自动数据处理、计算机及有关系统的研究工作。我们目前了解的云计算定义多自来源于此。当然，云的定义从诞生的那天起就一直在变化，无论是美国国家标准研究院 NIST 模型或者是 Open Group 模型，云计算的分类大致上是基于所提供的服务类型和服务交付方式这两个维度的。NIST 模型开始并没要求云计算必须使用虚拟化的方式来实现资源池的概念，也不包含多租户的现在云的概念，然而，如今的 NIST 模型上却有这些概念出现。

为用户提供什么样的服务，用户可以获得什么样的资源，以及用户应该怎样使用这样的服务呢？从云计算的服务类型看，云计算是一种按使用量付费的模式，这种模式提供可用的、便捷的、按需的网络访问，进入可配置的计算资源共享池（资源包括网络、服务器、存储、应用软件、服务等所有的资源），只需投入很少的管理工作，或与服务供应商进行很少的交互，这些资源就能被快速提供。云计算模式提高了 IT 服务的可用性。云计算模式由五大主要特征、四个部署形式和三个服务模式构成，不妨简称其为云计算的"五四三"。

下面我们具体看看这云计算的"五四三"。

2.2.1　五大主要特征

1. 按需自助服务

流程自动化对日常事务的处理是对复杂的非常规事物进行处理的基础。信息的记录和比对、模型的参考和自动决策等辅助措施，都能对人们在处理紧急突发事件时起到决定性作用。自助服务使消费者可单方面按需部署处理能力，如服务器时间和网络存储，而不必与每个服务供应商进行人工交互。

2. 通过网络访问

可以通过互联网获取各种能力，再通过标准方式访问，以便通过众多瘦客户端或富客户端推广使用（例如移动电话、笔记本电脑、PDA等）。

被请求的资源是来自于"云"，而不是任何固有形态的实体。硬件和软件这些资源是以服务的方式通过互联网提供给用户的。应用是在"云"中的某处得以运行的，而对于实际用户来讲是完全透明的，也并不需要担心应用运行的具体位置。比如，亚马逊的EC2是将计算处理能力打包为资源提供给用户；谷歌的App Engine是将从设计开发到部署实施过程中Web应用所需的软件和硬件平台一起打包提供给用户；Salesforce.com的CRM是将专业的客户关系管理应用模块打包为解决方案提供给用户使用。因为云计算的无拘无束，是否就推测出云计算的资源肯定也是浩瀚无际的呢？无疑资源都是有限的，关键是使用者如何体验的问题。

3. 与地点无关的资源池

用户一般无法控制或了解资源的确切位置，这些资源包括存储、处理器、内存、网络带宽和虚拟机器等。云计算可根据访问用户的数量来增减相应的IT资源，这些资源包括CPU、存储、带宽和中间件应用等。供应商的计算资源被集中后，以多用户租用模式服务于所有客户，同时不同的物理和虚拟资源可根据客户的需求来动态分配和重新分配。这些资源实际上虽是通过分布式的共享方式而存在的，但最终在逻辑方面会以单一整体的形式呈现出来，并可根据用户业务的需要进行动态扩展和配置。

4. 快速伸缩性

云资源可以迅速、弹性地进行能力提供，既能快速扩展，也能快速释放以实现快速缩小。云计算模式使得在IT资源的规模动态伸缩方面具有极大的灵活性，适用于各个开发和部署阶段的各种类型和规模的应用程序。

提供者可以根据用户的需要及时部署资源，最终用户也可按照各自不同的需要进行选择。对客户而言，可租用的资源几乎是无限的，并可随时购买任意数量的资源。当此理想化目标得以实现时，用户几乎可以随时需要随时使用，需要什么就能用到什么，量体裁衣，取舍有度，很好地杜绝了资源浪费现象。

5. 按使用付费

当资源得以高效利用时，相应的付出就显得非常合理了。用户对云中的资源各取所需，按实际使用量付费，而无需管理它们，这会节约不少预算。能力的收费方式是按照计量的一次一付方式，或按照广告的收费模式进行，以便促进资源的合理利用。

即付即用（pay-as-you-go）的方式早已不再是一个新的业务模式，它已广泛应用于存储和网络宽带技术中（计费单位为字节）。我们的移动电信收费所按通话费来计费的模式就是一个实例。从云计算供应商的服务方面来看，例如，谷歌的 App Engine 是按照增加或减少负载来实现其可伸缩性，而其用户是按照使用 CPU 的周期来付费的；亚马逊的 AWS 则是按照用户所占用的虚拟机节点的时间来付费的。

2.2.2　四个部署形式

1. 私有云（Private Cloud）

私有云是由某个企业独立构建和使用的云环境，在防火墙内通过企业内部网以服务的形式为企业内部用户提供 IT 的能力。私有云的所有者无需与其他企业或组织共享任何资源，私有云是企业或组织所专有的计算环境。在私有云中，用户只能是这个企业或组织的内部成员，他们共享着云计算环境所提供的所有资源，公司或组织以外的用户无法共享这个云计算环境所提供的服务。

2. 社区云（Community Cloud）

社区云是大的"公有云"内的一个组成部分，是指在一定的地域范围内，由云计算服务提供商统一提供计算资源、网络资源、软件和服务能力所产生的一种云计算形式，其受众多利益相仿的组织掌控及使用，例如特定安全要求、共同宗旨等。根据社区内的网络互连优势和技术易于整合等特点，通过对区域内各种计算能力进行统一服务形式的整合，考虑到社区内的用户需求共性，形成面向区域用户需求的云计算服务模式。社区中的成员可共享云数据及应用程序。

3. 公有云（Public Cloud）

公有云是由若干个企业和用户共同使用的云环境。在公有云中，用户所需的服务是由一个独立的、第三方的云提供商来提供的。IT 业务和功能是以服务的方式通过互联网提供给广大的外部用户使用的，用户无需拥有针对该服务在技术层面的知识，无需雇佣相关的技术专家，无需拥有或者管理所需的 IT 基础设施。云提供商也可同时服务于其他用户，这些用户将共享这个云提供商所拥有的资源。根据用户对公有云的选择方式不同，可分为排他的公有云和开放的公有云两种。

4. 混合云（Hybird Cloud）

混合云是整合了公有云和私有云所提供服务的特点的云环境。用户根据自身因素和业务需求来选择合适的整合方式，来制订其使用混合云的规则和策略。不难看出，自身因素是指用户本身所面临的限制与约束，如信息安全的要求、任务的关键程度和现有基础设施的情况等，业务需求是指用户期望从云环境中所获得的服务类型。

目前，混合云的商业定义非常灵活。用户有"被管理的私有云"和"被托管的私有云"两种提供模式可供选择。在"被管理的私有云"中，承载云风格的 IT 设备和基础设施仍由所属的企业或组织拥有，具体实物虽位于企业单位的数据中心内，其私有云的创建和运维却将由专业的第三方机构来完成。这样的第三方机构常常会通过以下步骤来帮助客户完成私有云的搭建：首先，将客户现有的物理资源通过虚拟化技术进行逻辑化的处理，形成便于划分的资源池；其次，在该逻辑资源池上创建业务应用，并订立服务目录以便于使用者进行浏览；然后，提供自助访问接口和用量计费功能给业务应用，服务上线并为私有云所属的企业或组织内用户使用；最后，该第三方公司还将为客户持续地提供在运维上的支持，如管理、业务升级、新服务上线等。

按用户对公有云的选择，可分为排他的公有云和开放的公有云两种。在排他的公有云中，云服务的提供者和使用者并不属于同一个企业单位，但他们事先知道谁会提供何种服务，并通过线下的协商确定服务价格和服务质量。排他的公有云通常出现在企业的联盟成员之间，比如某大企业单位与它的众多供应商等业务伙伴间就可以建立排他的公有云。

在开放的公有云中，云服务的使用者和提供者在服务预订前彼此相互不知，他们的关系是通过在线服务订阅的方式来确立的。服务条款通常是由服务提供方预先定义和控制的，而服务价格和服务质量的约定也是自动的、标准化的，也由服务提供方预先设定。无论是哪种服务模型，只有两种类型：内部云和外部云。内部云存在于组织的网络安全边界（指防火墙）之内，外部云存在于网络安全边界之外。

2.2.3　三个服务模式

以下的内容想必 IT 业内人士都比较熟知，软件即服务（SaaS）、平台即服务（PaaS）和基础设施即服务（IaaS）。这是云计算衍生出来的 3 类服务模式，有人虽可能略知一二，但其完整的定义和实现方式却未必都懂，接下来就一一呈现给大家。

模式 1 软件即服务

应用云（Application Cloud）为用户提供可以直接使用的应用，是基于浏览器的，针对某一项特定的功能。应用云都是开发完的成品软件，用户只需定制后就可以使用。当然，有得必有失，应用云的灵活性最低。一种应用云只针对一种特定的功能，很难提供其他功能的应用。

云计算从发展至今，SaaS 一直是极度受人关注的部分。随着 SaaS 业务模式的发展，在各行业不断涌现出五花八门的 SaaS 的应用，例如客户管理、物流管理、人力资源管理、财务管理和 ERP 等。企业管理软件一般都能在网上找到 SaaS 的模式，这跟 SaaS 所具备的很多特征有关。以企业不断引进和改进其管理的应用系统为例，资本投入和运维投入是支撑其改造的必要元素。在 SaaS 的模式下，从效果上看，与自建信息系统基本无区别。因为企业无须购买软硬件、建设机房和招聘专业 IT 人员，只需在前期支付一次性的项目实施费和定期支付的软件租赁服务费，便可通过互联网享用到信息系统。这样就可节省大量用于购买 IT 产品、技术和维护运行的资金，从而方便地利用到成熟的信息化系统，大幅度降低了信息化的门槛与风险。这样对资本和运维成本的双重节省对企业单位而言可谓是天上掉馅饼，一举两得。

根据 Gartner 的报告，SaaS 有望在 2016 年实现近 20% 的增长，全球将达到 377 亿美元，而有关于云安全以及智能运维部分的增长会接近 25%。SaaS 不仅节省了传统的软件授权费用，而且厂商是将应用软件部署在统一的服务器上，减少了最终用户的服务器硬件、网络安全设备和软件升级维护这些较复杂的管理过程。与此同时，通过 SaaS 模式所取得的快速 IT 部署时间和效率更好的刺激，会使企业单位有更多时间和资金来调控业务，获取到更为敏捷的商业利润。

在任何时间、地点都能访问自己的 ERP 系统或 OA 系统，这是如今的 CIO 们值得考虑的问题。SaaS 能在任何可接入 Internet 的地方随时使用，企业所需的应用系统能带给企业单位非凡的价值。再看传统的 IT 模式，一个企业如果要在任何地方随时都能访问自己的系统和资源，并且不断地更新和维护，那比登天还难。

SaaS 的技术优势给整个软件行业带来非常巨大的影响。我们知道的软件销售方式分为 3 种，第一种是以软件授权的方式卖给企业；第二种是通过整体解决方案的方式绑定在少数客户上；第三种就是软件外包，不卖软件只卖服务。就第一种方式来说，容易产生盗版问题，而第二种方式又相对有些死板，无法面对更广泛的市场。由此看来 SaaS 的模式也许算得上最好的。一般的软件开发企业都可成为 SaaS 的服务提供商。SaaS 层面的用户群体巨大，而且需求不计其数、杂乱无章，每个行业甚至每个企业单位都有特定的需要，这给不少的软件企业带来无限的商机，使其走上专业化道路，针对某一具体需求开发应用，服务于专门的客户。

毋庸置疑，SaaS 是中小企业信息化事业的福音。对相关企业单位来说，SaaS 的价值表现，从技术方面来看，企业无须再配备 IT 方面的专业技术人员，同时又能得到最新的技术应用，满足企业对信息管理的需求；从投资方面来看，企业以相对低廉的"月费"方式投资，不用一次性投资到位，不占用过多的营运资金，可缓解企业资金不足的压力，还不用考虑成本折旧问题，并能及时获得最新硬件平台及最佳解决方案；从维护和管理方面来看，企业采取租用的方式来进行物流业务管理，不需要专门的维护和管理人员，也不需要为维护和管理人员支付额外费用，可在很大程度上缓解企业在人力和财力上的压力，使其能集中资金对核心业务进行有效的运营。不断有业界人士意识到，SaaS 是软件业一个明确的发展方向，是软件市场重新洗牌后的一次重大机会。能驾驭 SaaS 的，才容易在未来的软件业立于不败之地。这也是 Salesforce.com 被看好的原因。

模式 2　平台即服务

平台云（Platform Cloud）为用户提供了一个托管平台，用户可以将他们所开发和运营的应用在云平台中被托管。然而，这个应用的开发和部署必须遵守该平台特定的规则和限制，如语言、编程框架、数据存储模型等。

平台云的用户主要是软件开发者和软件开发商，比如 SaaS 运营商。PaaS 是将互联网的资源服务化作为可编程接口，为第三方开发者提供有商业价值的资源和服务平台。PaaS 本身必须具备业界领先的技术实力，以及强大的号召力和动员力，这样就能一呼百应，聚集起大批软件开发商，形成一个良性循环。对于云计算平台的使用者来说，云计算平台不但加快了软件开发流程，降低了软件开发运行成本，还减少了软件开发工作量，从而加快了软件开发速度。使用平台即服务可为中小企业单位及软件开发人员减轻许多工作负担。有了 PaaS 平台的支撑，云计算的开发者就可获得大量的可编程元素。PaaS 上的软件越丰富，日后使用的用户越多，软件商收益就越大，进而越能促使软件商开发出更多新的应用。

以 Web 应用为例，在 PaaS 平台的支持下，Web 应用的开发将变得更加敏捷和快速。云计算平台能够以较低的管理边际成本开发新产品、推出新产品，使新业务的启动成本为零，资源不会受限于单一的产品和服务。运营商因此可以在一定投资范围内极大程度地丰富产品种类，通过资源的自动调度来充分满足各个业务的需求。针对用户需求的开发能力，必定能为最终用户带来实实在在的利益。

2016 年可能是云计算发展到现在增长最快的一年，根据 Gartner 的报告，这种强劲的增长会达到 21.1%。未来互联网应用的操作系统就是 PaaS，未来的互联网应用将无需基于 PC 进行开发，而是完全基于 PaaS。谷歌、微软都已经看到了这种趋势，相继推出自己独特的 PaaS 平台。

模式 3　基础设施即服务

基础设施云（Infrastructure Cloud）为用户提供的是底层的、接近于直接操作硬件资源的服务接口的云。通过调用这些接口，用户可以直接获得计算资源、存储资源和网络资源，还十分自由灵活，基本上不受逻辑上的限制。

基础架构即基础架构支持自动化部署管理，通过在虚拟化的管理技术和理念加强对资源的管理，通过实现 IT 资源管理的自动化，既可以降低数据中心运行的工作量，降低管理成本和运营成本，更高效地完成人力密集的重复性工作，又可以提高系统和业务运行的安全性、稳定性，实现集中资源配置管理，并利用该技术平台提供最具时效性、最准确的配置信息和运行状态信息，来支持企业内部既有的高效的管理系统。实施虚拟化管理技术和管理流程，能使虚拟化能真正为企业在绿色环保、节能减排、资源利用和高可用性方面发挥关键作用。

公有云的主要用户群包括中小企业和部分大型企业。这些用户在云时代还未降临时，除了购买计算资源外还需要专门的人员进行安装和维护。而踏入云时代后，通过租用云计算的资源，不但初期的投资减少了，并且因为不需要专人维护，从而人员成本也降低了。公有云 IaaS 对于它的提供商来说，现有投资因此得到了保护，新的商机应运而生。

因云计算的弹性特点，可以很好地支持不同变化的用户需求，使用户不用担心硬件或软件资源会发生短缺。由此说来，公有云可为用户降低硬件采购成本和 IT 运维成本，也可使用户获得并使用无限的资源。

2.3　挑战传统数据中心

当今企业最大的挑战来自哪里？是来自竞争对手的压力吗？不是。是来自不断变化的市场环境？也不是。难道是客户开发和保留？还是原材料上涨的问题？都不是。类似于效益不好、信用市场紧缩、难以获得借贷等问题在企业中出现是司空见惯的，每天都面临降低日常开销的问题，用于投资的资金常常显得捉襟见肘。

我们处在一个技术发展日新月异的时代，技术上的投资风险很大，因为现有技术遭淘汰的速度经常超出人们的想象。信息服务管理的含义，是以信息服务的形式为客户创造价值的一套组织能力，这种能力以流程的形式贯穿于信息服务的整个过程。信息服务管理的核心内容是通过信息流程的标准化，帮助企业根据业务目标实现创新的、可视的、自动的、可控的信息服务，提高企业的运行效率和服务质量，使得为用户创造的价值最大化。

因此，聪明的决策者会努力探寻适合自己企业发展的方向，而不是盲目进行大量投资。他们力图把建设数据中心的投资转移到提高新业务运营能力中来，但转移不代表会就此放弃。

2.3.1 数据中心面临的十大问题

许多 IT 公司或其他组织都建立数据中心来节省开支，并预防电源终端可能会产生的问题。在数据中心里，由于数据是存储在服务器上的，这些服务器每年 365 天、每天 24 小时都要运作，以确保用户可以随时访问数据。显然，这样既保证了业务的持续性，又为业务量的增长提供了保障。然而，数据中心目前遇到一系列问题，具体如下。

1. 费用

人工的劳务费、安装服务器和复制数据都是需要花钱的。在数据中心的维护上少不了花钱。所以，在建立一个数据中心前必须有工作计划及财务预算。

从数据中心所经历的 40 多年的发展历程看，在硬件采购方面，物理基础架构的成本只高不低。随着业务量不断增加，服务器的数量、机房的面积和空调的需求都会增加。增加服务器等 IT 设备、用电量的攀升以及管理人员的增多就成为必然，进而导致数据中心的运营成本直线上升。

近些年，国内不少企业的数据中心每年的用电成本达到几百万元，有的超过 1000 万元，有的超大规模的数据中心甚至超过 1 亿元。由于受到供电能力的限制，不仅很多地区已无力新建数据中心，甚至原有的数据中心也陷入拉闸限电的窘境，增容、发展等问题也无从谈起。这使数据中心的高可用性和经济性等诸多优势的发挥受到直接影响。

随着互联网事业的飞速发展，企业信息化的步伐不断加快，数据中心如同交通、能源实施一样成为普遍的、基础的设施。IT 资源的应用及其管理模式正发生着深刻的变革，它将逐步从独立、分散的功能性资源发展成为以数据中心为承载平台的服务型、创新型的资源。

随着信息技术的进步，数据中心在企业单位各部门中的应用变得尤其重要，其变化发展的速度也是日新月异。为支持不断增长的业务需求，势必需要购置大量的硬件和其他更新换代产品。一方面，闲置在服务器中的计算资源无法充分利用；另一方面，不得不购置新的服务器以应对最新应用的部署。硬件设备的增加使机房有限的空间面积受到挑战，运维成本由此居高不下。

2. 增加的能源成本

提到数据中心，惊人的能耗和突出的散热隐患问题一直是阻碍数据中心发展的一大瓶颈。据不完全统计，现在每年通信产业几大运营商总耗电量达到 200 亿度以上，这个耗电量无疑是大得惊人。在总耗电量中，通信交换设备和机房专用空调的耗电量占到 90% 左右，其中通信交换设备占 50%，而机房专用空调占 40%。如果电费按每 100 度 56 元来计算，可想而知，这将是笔非常巨大的费用。据相关数据显示，目前耗电成本和购置数据中心辅助设施的成本已超过了购买 IT 设备的费用，耗电成本占到数据中心总成本支出的 50% 以上。

在 3 项主要成本中，为何耗电成本是我们需要重点关心的问题呢？在一项对于数据中心现状的调查中发现，62% 的企业认为，数据中心受到诸如散热、供电成本等问题的困扰。23% 的企业认为其数据中心供电和散热能力的不足，限制了 IT 基础设施的扩展，从而无法充分利用高密度的计算设备。电力是国民经济的基础产业，发展高科技离不开电力行业的支持，这是当今世界一个公认的话题。如果有了充足、稳定的电力供应，并且电力成本足够低的话，那将对数据中心的应用和发展非常有益，因为耗电成本是数据中心长期运营的成本中一笔巨额开销。

传统的数据中心中的应用服务器一般采用竖井的方式，每台服务器上只运行一个应用程序，服务器硬件以及上面的操作系统和应用是以紧耦合的方式捆绑的。这种模式导致服务器的 CPU 和内存等物理计算资源利用率极低。在典型的 x86 服务器部署中，计算资源浪费严重，平均利用率只占总容量的 10% ~ 15%。

2014 年 9 月，北京市发改委、市经信委等部门制定的《北京市新增产业的禁止和限制目录（2014 年版）》中有一条：禁止新建和扩建呼叫中心、数据处理和存储服务中的银行卡中心、数据中心（PUE 值在 1.5 以下的云计算中心除外）。这样规定的目的就是希望合理使用能源。但目前国内大部分数据中心的 PUE（数据中心消耗的所有能源与 IT 负载使用的能源之比）值都偏高，在 2.5 ~ 3 左右，而国外高水平的绿色数据中心的 PUE 值往往在 2 以下。对中国一个典型的托管性数据中心来说，4 年的电费一般就将超过整个数据中心基础设施的投资。因为巨大的能耗而造成对环境的危害也是显而易见的。

政府由此对北京市数据中心产生"由限制转疏导"的理念。在 2009 年祥云工程发布后，北京市的数据中心产业开始全面发展，出现了数据中心建设的一个新高潮。然而，当时数据中心处于供不应求的状态，政府对数据中心的布局缺少全盘规划，从数据中心产业的长远发展和建设节能型城市的需求考虑，政府先后出台了一系列对数据中心的"限制性"措施。建设节能型的数据中心，数据中心由基础支撑型要向增值型转变，推动公有云服务的发展，这些都对数据中心的建设和运维提出了新的要求。

随着建设绿色数据中心的理念越来越深入人心，节能环保已成为设计数据中心的一个重要指标。未来数据中心需要有个合理的布局：鼓励用户多采用公有云，进行社会化服务采购；促进 PUE 值在 2 以上的旧数据中心的改造，将 PUE 值控制在 1.8，甚至在 1.5 的范围。

我们可以通过利用诸如虚拟化和云托管等新技术来减少能源成本。云托管是通过中央远程服务器实现数据存储的，用户无需安装任何软件或应用就能访问。云托管只需上网即可。云托管技术可为企业节省大量能耗，已成为时代的新宠。

3. 统一体

大部分 IT 机构在设计建立数据中心前的战略规划中，没有把自己考虑在其中，也与地产团队缺少足够的沟通，造成地产人员选址和计算数据中心的空间面积需求时有误，缺少统一全面的合理规划。

4. 基础设施

基础设施是一个数据中心最重要的部分。基础设施必须足够大才能容纳所有的设备，楼层的设计也需要符合数据中心的高度尺寸和承重的要求。

5. 维护和降温

数据中心及其组件必须全天候 24 小时存放在一个恒定的温度环境中。组件的制造商必须为其指明特定的适宜温度。系统由传感器负责检测以维持所需的温度。

温度控制作为环境控制中最为重要的问题现已被广泛关注，现在的数据中心通常采用的制冷方式有风冷、水冷和机架内利用空气 – 水热交换制冷等。水冷在节能和制冷效果方面都具有显著优势，越来越多的数据中心乐于采用这种方法。例如谷歌公司在美国俄勒冈州的数据中心就建造在一条河边，利用河水对数据中心实施冷却，冷水温度升高后被送到室外自然冷却，这一循环过程几乎无需消耗电能。国内新建的电信级数据中心大多选择建在如贵州、内蒙古等偏远地区，因为在用地、用电和散热等方面的成本可大大降低。

6. 绿色科技

节能完全可通过虚拟化技术来实现。电力问题还可以由可再生能源技术（绿色技术）来解决。

7. 资源缺乏

在过去，数据中心的维护总是缺乏可用的资源。数据中心必须通过定期的检测来确保应有的高标准。

8. 服务器合适

企业需要选择可降低功耗的、合适的服务器。许多企业所运行的服务器未被充分利用，产生出多余的耗电成本。

9. 安全性

数据中心需要绝对的安全性，因为它对任何企业而言都属非常重要的部分。存储的数据无疑是非常重要的，需要用摄像和火灾警报器等设备来保障数据中心的安全性，避免外界对系统的物理损伤。

10. 网络拥堵

网络拥堵和连接性能差是数据中心面临的又一个问题，因为新一代服务器必然地对网速会提出更高的要求。

2.3.2　什么阻碍了数据中心的腾飞

目前，"亚马逊"等超大企业的云计算运行问题仍然存在。例如 2013 年 8 月 19 日，"亚马逊"就出现云宕机瘫痪事故，持续时间约 30 分钟，由此给"亚马逊"造成约每分钟 66 240 美元的损失。同年 8 月 17 日下午，"谷歌"（微博）也发生了 5 分钟的宕机事故，让全球互联网的访问流量瞬间下降 40%。数据中心出现了问题，不仅会造成服务器计算资源的浪费，更会由此引发运维开销的剧增和管理上的混乱。

从维护方面看，由于大多数计算基础架构都必须时刻保持运行，随着计算环境日益复杂，对基础架构管理人员所需的专业知识、专业经验的要求提高，由此带来人员的相关成本也随之增加。现有数据中心的资源配置与部署大多采用人工方式，没有对应平台的支撑，没有自动化的部署。机构在与服务器维护相关的手动任务方面会花费较多的时间和资源，就需要较多的人员来完成这些任务。据估计，管理员花费了大约 70% 的时间来支持或维护无法给公司带来价值的运维活动。目前的管理方式首先会增加人力成本，不仅工作繁重，还使得管理费用成为机构的沉重负担。

显然，虚拟化技术在一定程度上可以缓解上述问题带来的不良影响，例如，服务器虚拟化可以帮助数据中心减少物理服务器的数量，使企业在耗电、散热以及机房面积上节省巨大的成本。此外，它还可以减少数据中心 PUE 值和网络设备费用以及所占用的空间，同时它还可以大幅度减少管理物理服务器所需的时间，从而提高部署服务器的效率。尽管维护服务器基础架构和应用会占据企业的大量资金和人手，管理层仍不断向 IT 经理施加压力，要求他们在保证一定 SLA（服务级别协议）的同时，在相同甚至更少的 IT 预算下来应对不断增加的业务需求。然而，规模化后，由于缺乏有效的自动化的管理，运维管理人员无法快速、高效地满足业务部门提出的各项要求。与此同时，部署实施新应用的周期变得漫长，成本也被抬高，这往往会延误新应用和新产品上市的时间，进而使企业失去了许多宝贵的商机。

未来情况是，数据中心的数量和规模都将不断增大，复杂程度也将不断增加，各类应用需求会五花八门，所有这一切都使得传统的数据中心无法满足现代人对数据中心的要求。而在居高不下的 IT 投资中，基础架构的维护和应用维护占到了 70% 以上，只有不到 30% 用来投资新应用和基础架构，以满足业务上的创新需求。很明显，IT 的资源浪费直接影响了业务发展。现如今，科技创新驱动全球化的市场形势下，企业的业务发展直接依赖于 IT 架构。简而言之，灵活的业务需要灵活的网络。尤其在大数据时代，现有的数据中心正陷入建造成本高、时间周期长、能耗高、运营管理效率低、可扩展性差等问题，这些都严重阻碍了企业的业务发展。

2.3.3 现今数据中心的挑战和机遇

如今的数据中心管理者容易陷入进退两难的境地。相比以往，大家对他们赋予了更多的使命，不但要保护快速膨胀的数据以及增长的关键任务的应用程序，又要管理高度复杂且广泛的异构环境，以达到更具挑战性的服务水平协议要求，还要实施各种新兴的"绿色"企业倡议。

不但如此，人们希望数据中心的管理者在实现以上目标的同时，付出的代价能做到更少，包括更少资质合格的员工数量和少之又少的费用预算。实际上，根据 Applied Research 在 2008 年数据中心陈述调查中显示，降低成本是目前数据中心的管理人员最主要的任务，其他还包括提高服务等级和响应能力。简而言之，IT 组织期待一本万利。

可喜的是，越来越多的极具创造力的数据中心正采取各种控制成本的措施，在很好地控制成本的同时，还利用异质性来提升 IT 效率，最大化地利用现有资源。这些解决方案的基础是一层能够支持所有主流应用、数据库、处理器、存储器的基础软件和服务器硬件平台。

通过利用这层基础设施上各种技术和流程，IT 组织可以更好地保护信息和应用，提高数据中心服务水平，提升存储及服务器虚拟化，管理好物理及虚拟环境，并降低资本和运营成本。

1. 提高 IT 效率

对全球的 IT 组织而言，人员招聘仍然是举足轻重的事。根据 State of the Data Center 公布的数据显示，38% 的组织都缺少人手，而只有 4% 的组织能完成招聘任务。此外，43% 的组织在报告中说难以找到合适人选，这一问题在考察多个数据中心后时显得更为严重。

45% 的组织通过"部分 IT 任务外包"来解决这个问题的，还有一些具有同等效能的方式可供选择。42% 的组织所采用的最常见的策略是提升日常任务的自动化，这不仅能减少支出，还能让 IT 人员得以集中精力来研究更多的战略性举措。

2. 存储管理

在存储能力不断得到发展的同时，却经常出现未被充分利用的问题。为更好地利用存储资源，组织必须重视存储管理技术。存储资源管理（SRM），举例来说，就是 IT 对其存储环境要了如指掌，明白什么可以应用于每个存储资源的连接，已经精确到多少位的存储被实际应用或占用。一旦掌握了这种程度的情况，组织才可以做出明智的关于如何充分回收利用存储的决定，并用以预测未来需求多少存储能力。71% 的受访者表示他们正在探索 SRM 解决方案。

越来越多的异构存储管理工具每天周而复始地履行自动化及存储任务，包括 RAID 重构、碎片整理、调整文件系统大小和调整数据量大小。通过采用一些先进的功能，包括：集中存储管理、在线配置管控、动态存储分层、多元化路径、数据迁移、本地和远程复制，这些解决方案使得组织能在整个数据中心的运营中降低总的成本支出。

此外，无代理存储变更管理工具正不断涌现，实现集中地、政策驱动地处理存储变化和配置可以减少运营成本，同时，使部署和维护工作量得以降到最低。精简配置也可提高存储容量的利用率。存储队列可使容量轻而易举地分配到相应的服务器上。

3. 高可用性

聚类工具的高可用性解决方案，也是通过对应用的监控，在服务器发生故障时，自动将其迁移至另一台服务器，成功地提升了运行效率。这些高可用性解决方案是在应用以及构成应用的所有硬件中检测故障，如果发现故障，先温和地自动关闭应用，将其在一个可用的服务器上重启，再把它连接到合适的存储设备上，从而恢复正常操作。通过这些解决方案，IT可以把没有充分利用的硬件上的工作负载转移到少数的机器上。聚合的解决方案支持一系列操作系统、物理和虚拟服务器，同时，广泛的异构硬件配置为资源利用率最大化提供了有效的保障。

4. 灾后重建

为了做好遇灾难后的恢复工作，这些聚类工具能结合复制技术将复制管理和应用启动的流程完全自动化，而无需管理者复杂的、涉及存储和应用的手动恢复过程。这些可用性极高的灾难恢复解决方案，同时通过一个管理物理和虚拟环境的单一工具来确保更高的管理效率。

5. 数据保护

下一代数据保护，既能降低用以保护和归档数据的运营成本，又可满足内部和外部治理要求的服务水平协议。在统一的终端和不同的物理和虚拟的环境中，通过自动化的使用，统一的数据保护和恢复管理工具，使企业能最大化地发挥 IT 的效率。一定数量的工具就能提供额外高效的功能，比如，连续的数据保护、关键应用的恢复、数据存档和保留，以及服务级别和合规性管理。

6. 资源利用最大化

除了提高 IT 效率以外，企业采用一系列技术手段也可控制成本——从虚拟化和存储管理到高可用性工具和绿色 IT 实践，都是能更好地利用现有硬件资源的好办法。

7. 虚拟化

服务器和存储虚拟化可用来提升现有硬件的整合能力，从而无须购买其他的资源。根据 State of the Data Center 的调研报告显示，31% 的组织使用服务器虚拟化，22% 的组织使用存储虚拟化作为他们控制成本的现行手段之一。

当然，由于虚拟化牵涉 IT 基础架构中很多复杂的问题，组织正在寻找能充分发挥这种技术优势的方法。同时，为部署好管理框架，建议控制好资金成本，以确保架构上的灵活性，并能同时支持多个虚拟化平台和物理环境。

8. 践行绿色 IT

在多种策略中，能符合绿色 IT 指令需求的是服务器虚拟化和重复数据的删除。删除重复数据可以通过辨识重复数据，并减少单一实体上的重复数据，来减少持有相同数据所产生的多余开销。进而对归档以及备份所需的磁盘空间产生出巨大的影响。70% 的受访者表示，他们希望以部署重复数据消除的方法来实现存储效率最大化。

目前，数据中心的经理将面临的挑战是多样而持久的，因为他们不得不在有限的预算内满足企业的各种业务需求，要用极少的人力、物力来提供关键的服务。通过提升 IT 效率，实现现有资源的技术和流程的最大化利用，IT 可以在将来实现用较少的资源完成更多的工作。

传统数据中心里，计算、存储以及网络资源都是紧耦合的，数据中心内的 IT 建设是烟囱式的，根据客户需求一个项目设立一套系统，这样容易形成一个个的"项目孤岛"，服务器、网络和存储所有资源都与单个项目静态地捆绑在一起，成为孤岛架构的系统。这种系统牵一发而动全身，最忌讳做任何改变，扩展时必须对系统进行重新设计。

在这种环境下，系统之间无法相互通信，资源不能在整个数据中心里实时、动态地调度与共享，这样便导致服务器与存储以及网络资源得不到充分利用，各种资源的利用效率普遍很低。目前，大部分数据中心里的服务器和存储以及网络资源的利用率仅在 24% ~ 30%，有些数据中心的 CPU 利用率、硬盘利用率甚至在 10% 以下。

鉴于 IT 成本过高、复杂程度过大，或资源利用率过低的原因，企业有必要督促数据中心实现 IT 资源的有效整合。因为集中化的数据会更便于备份、冗余和控制，也是为符合相关法规所列的要求的。

2.4 建设敏捷的数据中心

数据中心是云计算的基础核心，新一代的数据中心对技术和运营因素提出了诸多新的要求，从而推进了 IT 系统的工业化和标准化，增强了 IT

应用的灵活性与敏捷性，实现了业务方面的弹性，使业务范围衍生出无限扩张的可能。

尼古拉斯·卡尔在《大转变：审视世界，从爱迪生到谷歌》一书中为我们描述了这样的场景：19 世纪末，许多电力企业忙于建造和管理自己的发电厂，而到了 20 世纪末大家却对发电厂无暇顾及，只奔波于如何发展自己的电力配送系统。从 18 世纪的摩天大楼到尼古拉斯·卡尔所指的互联网就类似于配电系统，通过数据的访问和交付过程，实现了信息分配的目的。所以，基于硬件服务（IaaS）和软件服务（SaaS）的云类似于新的应用程序和 IT 基础设施"发电厂"，它终将取代传统的数据中心。

云计算模式诞生后，数据中心的模式也应运而生，云主要依靠于 IaaS，可以用租用基础构架需求的方式来着手实现便捷、灵活、经济的 IT 系统、数据库和应用。如果一个成功的商业应用要得以实现，必须要有真正的 SaaS 的模式，才能消除对软件开发、安装和维护的依赖。

诚然，目前的很多 SaaS 尚只是传统软件的云化，并非实际意义的云 SaaS，我们把这类商用系统称为 SoSaaS。当然，总的趋势是，无论是 IaaS 还是 SaaS 都提供了更灵活、更便捷的解决方案。传统的内部 IT 构架与之相比便相形见绌了，拖拉的部署周期，昂贵的采购价格，这些都抑制了信息系统的灵活性和敏捷性发挥，阻碍了 IT 快速满足用户的需求和业务的发展。

虚拟化是云计算产生之前就出现并广泛应用的技术。虽然对于今后数据中心模式的意义相当重大，但究其关键，我们不难发现，虚拟化才是改变了 IT 基础构架结构的关键所在。正是虚拟化为 IaaS 开拓了更为广阔的市场。从技术层面上分析，应用程序的工作负荷和数据都是在虚拟化层的顶层运行的，对其与底层硬件的结合不再有要求。

虚拟化的商业用途最先应用于桌面系统，紧接着是对服务器计算工作负荷的虚拟化，目前的虚拟化数据及其交付发展迅猛。应用程序、计算机负荷和数据等都步入虚拟化高速发展的轨迹。企业可以在不久的将来真正实现 IT 与业务的联合部署，同步部署，无缝部署，从而满足包括一些苛刻的业务要求在内的广泛需求。

CIO 们为让 IT 更成功和有效，已准备将内部 IT 基础构架的技术重点转向外部 IaaS 和 SaaS 的云租赁模式。

IaaS（IT 即服务）终将是大势所趋。超越传统的资本密集型数据中心是 IaaS 的实现平台。IaaS 和 SaaS 这两个云计算关键平台的威力在于将焦点转移到满足零 SLA 影响，RPO 和 RTO 的实际价值的实现方面，减少了项目的积压任务，为业务提供了更好的 IT 服务，而不仅仅是运行一系列成本昂贵而又过时的"发电厂"。21 世纪，IT 的最终目标不再是简单地维持正常运转，相反，更应为重要的业务和特殊战略需求而竭尽全力。

2.4.1 再论敏捷数据中心

今天如果在谷歌上搜索"敏捷"二字，在 0.21 秒时间内就能找到约 3 730 000 条结果，比云计算（1 420 000 条记录）多出了一倍多。虽然这样的对比并不十分科学，但至少说明敏捷的确是一个相当热门的词条。从敏捷软件的开发到企业敏捷战略，"敏捷"一词如雷贯耳，比比皆是。敏捷性的管理促进了新产品、新服务的研制和发展。

不仅是 ZARA 和 Coach，像谷歌、苹果、Facebook 等公司的业务或服务更是通过整合一系列高效的业务投递技术来适应客户量的增长和需求的不断变化，而这就是敏捷性最充分的体现。

生活中我们往往喜欢尝试新鲜事物。比如，当我们走进一家熟悉的快餐店，在点自己熟知的食品前，无意间会看看餐单上的新品。如果一家快餐店永远推不出适合食客口味的新品，恐怕只会落到被淘汰的份，最终沦落成只有少数铁杆食客才会光顾的没落老店，或者濒临倒闭苦苦挣扎的街边小铺。

敏捷，不仅能使企业充满活力，而且使它们的服务能够满足客户不断变化的需求，无法做到敏捷这点，它们的客户将会流失，最终企业会走向灭亡。

企业需要保持敏捷性，IT 基础设施以及应用程序必须具有良好的敏捷的运行能力。一家企业想要实现业务上的敏捷性，IT 敏捷性是必须具备的。

当企业想要抓住机遇或规避风险时，IT 团队必须快捷地给出有效的系统方案。敏捷性非常符合概率定律的观点，概率律也叫"概率定律"，英文为" The laws of probability"，即指没有规律的过程从大体上却呈现出规律性。根据概率定律，企业必须迎合世界高速变化的节奏，其成功的概率才会越来越大。显然，如果你确定了企业的业务发展方向，但是你的 IT 工作滞后的话，业务的敏捷性就无从谈起。尼可拉斯·卡尔所说的" IT 无足轻重"的情况经常发生在 CIO 无法给 CEO 一个满意的 IT 系统建设方案时。还没出招竞争就在运筹帷幄上比对手慢上一拍，可谓是输在了起跑线上。

当然，没有一个 CIO 希望企业业务方面借口 IT 系统不给力来解释其业务的失败。怎样最好地达到敏捷性显然是我们需要不断思考的问题。" Keep it Simple，尽量简单"是人们经常讲的一句话。IT 研究的人员需要快速地对当前复杂的市场形势做出准确的判断，企业由此对 IT 商务人才的需求大幅度增加。这些商务人士必须快速地以最简单的方式，使企业在短时间内完成战略转变。

按西方管理理论，我们需要把复杂问题细分成简单问题加以解决。毋庸置疑的是，分解速度和解决速度都必须足够快速才好。云计算服务以其高效和自动的处理特性可使企业快速应对市场需求，其采取的是一种类似杠杆作用的高效方式。可以预料，云计算这根杠杆的威力，足以撬动地球。

随着业务的增长，企业需要的 IT 基础设施不仅是量和质的保证，更需要有足够的灵活性和敏捷性来保障其业务的高效运营，以适应不断增长的业务需求。但由于基础设施投入了较多的资金，导致了现在许多企业得不到充沛的投资，从而促使现有的基础架构更富有灵活性和弹性。

数据中心对于绝大多数的用户来说，就是互联网的另外一端提供计算和存储能力的工厂，就像 IT 业的发电厂。数据中心通过过去几十年的不断发展和调整，形成了当今市场中两种基本的形式：一种是面向互联网提供服务；另一种是企业私有的，不对外开放。目前的突出问题主要体现在以下几个方面：

1）管理成本不仅太高并且复杂。粗略估计，企业 IT 的 70% 的成本用于运维和管理，30% 用于硬件投资。负责管理企业的 IT 系统正变得越来越庞大和复杂，运维成本的比例仍在不断增长。就目前的分析表明，数据中心的总成本中，有 16% 来自电能消耗，24% 来自硬件成本，另外 60% 来自于管理。企业一般会把 IT 部门作为一个后台部门，因为它是不直接创造利润的，降低管理成本即成为各企业 CIO 考虑的核心问题。

数据中心的能耗有多方面，其中主要包括服务器，网络交换机和存储本身的电力供应，空调的电力消耗和通风散热的电力消耗等。自 1996 年以来，数据中心的电耗上升了 8 倍。根据摩尔定律，由于计算机的能力越来越强，虽然计算机硬件本身的价格在下降，但是计算机耗电量却显著增加，相应的通风和制冷需求也成倍增加。市面上的计算机硬件的价格的确越来越低，然而其在电力消耗上的花费却越来越高。有人预测，美国数据中心的电力消耗量在 5 年之内将翻倍，并且超过在硬件上的成本。

2）用户需求迅猛增加是所面临的又一问题。用户需求量的增长既有数量上的增加，也有质量上的更高要求。这样的情况完全符合目前人们对于服务的需求，即是数量多源化，质量高层化，内容多样化以及个性化。在目前的信息产品和服务中，用户追求更快的数据处理速度、更完善的统计分析和更紧凑的流程整合等。为了满足用户的需求，数据中心的服务必须能随机应变，做到对用户有求必应。

3）IT 资源的使用效率低下无疑是第三个显著的问题。目前数据中心的设备的平均资源使用率不到 20%，即大部分资源都处于待用中，并没形成真正的生产力，而相应的电力成本和管理成本却依旧不减。

解决上述这些问题显然不是轻而易举的事，不但需要有大智慧，更需要有创新。云计算除了技术创新，还要业务创新，业务是对象，创新是方向，云计算的本质是一种手段。随着云计算的发展，资源提供商将转变公共资源的提供内容，通过提供像邮件服务、企业资源规划系统（ERP）、客户关系管理系统（CRM），以及一系列的特定商业应用来满足整个行业链的发展需求。这里的重点要放在业务创新上，即必须在理解业务现状和明确预期结果后，才能考虑云计算的技术实现手段。云计算是实现特定业务目标的中介手段。在未来几年里，这些服务提供商将凭借发展规模经济和专业化服务来降低服务成本，从而让更多的企业客户来使用其所提供的更优质服务。

云计算除了具备启动资金少、汇聚计算资源迅速及按需付费的优势以外，还具备管理模式简单、系统分配资源弹性化、设备与具体位置的关联性不大等优势。所有的这些优势不仅为 IT 产业带来了新的希望，更为企业提供了一个跨跃式提升竞争能力的方法和平台。但这需要变革者不仅能适应这种没有地域性差别的工作方式，还需注重合作共赢的理念。云计算为企业的合作与创新提供了平台，使企业工作能从过去遥遥无期的工程周期、老套的工程设施模式及大量的工程评估中得以解脱，云计算能充分体现企业强有力的竞争优势。

基础架构即服务（IaaS）是一种服务模式，它是通过外包的方式为支持企业运营而提供计算机基础架构。通常 IaaS 提供硬件、存储、服务器和数据中心空间或网络组件，有时也包括软件。基础架构即服务有时也称作硬件即服务（HaaS）。

一个 SaaS 供应商提供了基于策略的服务，它负责为客户提供安置设备的房间、运营、维护。用户通常是采用按计算用户数或效用的方式来付费的。IaaS 的特性包括：自动化任务管理、动态缩放、平台虚拟化、互联网连接。基础架构即服务、软件即服务和平台即服务被称作云计算服务的三大类别。

基础架构即服务是一种配置模型，企业可以把用以支持运营的设备外包出去，包括存储、硬件、服务器及网络组件。服务供应商拥有设备，他们负责为设备提供房间、运营和维护。客户通常基于用户数付费。

基于需求的数据中心，也称作基础架构即服务，通常根据资源消耗情况，按小时计费的方式提供计算机动力、记忆、存储服务。你仅需为你所使用的服务付费，而你所用的服务是根据你的需求定制的，当然，你需要负责监控、管理、维护你的基于需求的基础架构。IaaS 最大的管理优势是它提供了一个云端的数据中心，你无需安装新的设备或花时间在等待硬件采购的环节上，这等同于获得了额外的 IT 资源。

基础架构即服务（IaaS）具有标准的、高自动化的特点，其中涵盖了计算资源、存储及联网能力，通过一个服务提供商来主管，是根据需求情况提供给客户的。用户可采用基于网页的图形化用户界面，类似一个 IT 运营的整体环境控制平台，来自助配置基础架构。API 访问的基础架构也可作为一个选项来提供。

根据国家住房和城乡建设部在 2014 年一季度末的报告，在我国新型城镇化建设过程中，已有 104 个城市开展了智慧城市规划建设，80% 以上的二级城市明确提出将建设智慧城市。在所有 57 个智慧城市建设指标中，会综合考虑不同城市的行政级别、所属区域、发达程度等因素，采用"一城一策"的方针。其中绿色 GDP 和互联网高科技智慧 GDP 占了非常高的比例。云计算与大数据的产生的基础核心是数据中心，新一代的数据中心对相应技术和运营因素提出了诸多新的要求。

自互联网诞生以来，全人类经历了一场创新革命。这个创新更是观念上的创新、模式上的创新和技术上的创新。从云的总体框架来看，云的不同层面的实现一定是承上启下的，上面是面向每个不同行业服务的，面向智慧城市需求的，而下面是面对各个不同资源的整合与管理服务，中间层是云提供商的多种服务产品和管理解决方案的集合。

高性能的计算中心能帮助我们规划并实施好数据中心的解决方案，有一个可扩展的、灵活的框架，既提高了服务质量，还降低了成本。目前最热门的一些技术，像云计算、大数据、移动互联和社区网络全都诞生于互联网，云的出现彻底改变了我们的 IT 服务，改变了我们的数据中心。弹性／可扩展性是从提供按需分配和高业务的高敏捷性这两个方面来提高现代数据中心的能力的，有个完美的方法可优化数据中心和基础架构技术，并且具有配套的业务流程和工具。我们通过掌握的数据中心技术和运营能力可直接影响业务成果的获取；通过减少所需的试点项目的时间来加速产品的市场推广，降低基础设施、能源、维护的成本；通过优化业务流程和供应能力，降低运输成本，甚至让交货时间从几天缩短到几分钟。最终，利用市场领先的技术和流程，使 IT 能够快速响应业务需求，从而掌握更有效率、更低成本地运营数据中心的能力。

敏捷数据中心参考构架，如图 2-1 所示。

敏捷数据中心益处如下：

- 管理员得以实现更精细地控制基础架构及其性能。
- 管理员可以通过公有云轻松地管理关键任务服务器和负载，甚至提供一个完整的新应用程序平台，根据生产需求来准备使用和配置。

它减少了停机时间，并提高了基础设施的利用效率。

- 当云计算资源出现私有云与公有云过载的危机时，管理员有能力转移工作量。

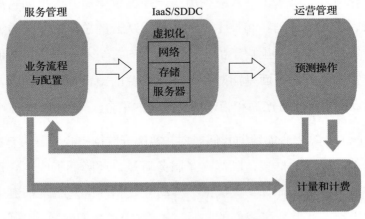

图 2-1　敏捷数据中心参考构架

2.4.2　云服务

2014 年的云计算模型已远远不只是 IaaS、PaaS、SaaS 这三层那么简单了。云计算很多组件都能作为一个服务，这些服务到底属于 IaaS 还是 PaaS 呢？无论这些组件现在放在什么位置，很多功能或组件肯定会随着时间的变动而变动。

通过单个技术上的突破来做成优良的组件比较容易，但总体结构要想达成一致和取得突破就很难了。然而，无论未来如何，我们看 NIST 云计算的 IaaS、PaaS、SaaS 这 3 个模型，最后字母都是 S，即服务（Service）的意思。换位思考，无论云计算最后是如何实施的，向用户提供"服务"都是体现云计算的价值的唯一途径，而绝非是软硬件或各种资源，或某些能力的集合。从用户的角度看，云计算一定是某一种服务，只要对用户企业内的解决方案具有很好的了解，才能提高服务水平。能提供"好服务"的公司通常是把自己真正当成了用户。

云里资源和服务的使用与否，是否有更改、分配、释放，和冻结，必须要有资源管理系统来合理管理这些资源的存在状态。除此之外，还需要有完整统一的权限管理，这些管理平台可让用户更好地使用云计算平台的资源。

今天所有的云供应商都无法摆脱价格竞争战中的降价旋涡。云服务市场瞬间变成一个利润低、拼运营和服务的竞争市场。云服务每年的价格至少降低 30% ~ 40%，每隔 18 个月，性能翻倍而价格减半，每过 3 年，价格只剩原来的 1/4 ~ 1/3。云计算供应商只得不断地创新服务项目才能继续维持。无论是 Backup-as-a-Service、DR-as-a-Service，还是 Capacity-as-a-Service，产品线将更广，最终目的是给用户带来更多的增值服务。对用户来讲，得到完整的服务是他们的首选，还必须有非常好的用户体验。所以，做云计算事业要成功并不简单。云就是要提供好服务，通过自动化的、主动的运维来实现，无论公有云还是私有云都会有其应有的价值。

云计算和大数据技术作为信息化转型升级的新引擎，在技术方面渐入佳境。到目前为止，全世界云计算对服务还没有一个能定量和定性、定考核和评审的机制或标准。从我们对于云服务的平台来看，云服务的好坏主要是由这 3 点来决定的，第一是服务的资源，第二是服务的能力，第三是服务平台的核心竞争力。而这一切都需围绕企业的核心可持续性价值来开展。

2.4.3 服务"云"

分布式 IT 系统，因受其复杂程度和脆弱性影响，没能为 IT 组织提供及时的、实惠的方法以满足业务上的需求。IT 一般以架构为核心，需要投入大量的人力物力来持续维护，交付的仅仅是基础架构。虽然在过去的 30

年里，我们总想把 IT 的地位提升到能与业务的地位同在一个层面上，但时至今日也仍是杯水车薪，只是徒劳而已。如今的企业无不希望 IT 能更敏捷地满足企业业务上的需求。

面向服务的 IT 交付无疑是解决这个问题的最佳选择。未来的 IT 是以服务为中心的，IT 是创新的引擎，IT 交付的是服务，IT 是推动业务不断成长的动力。若想实现 IT 的这种转变，就必须引入交付服务的设计理念，遵从集成化、模块化和自动化的核心内容。

哈佛大学的本·沙哈教授在他的幸福课程中坚定地认为：幸福感是衡量人生的唯一标准，是所有目标的最终目标。一个幸福的人，必须有一个明确的、可以带来快乐和意义的目标，然后再努力地去追求。在如今的大数据时代，企业所追求的最终目标是创造出有益于社会市场的产品和价值，IT 必定会成为众多企业为实现这一目标所采取的重要手段之一。"让业务关注业务"是我们多年的口号，似乎我们今天对这句话的理解也越来越清晰了。

云计算的核心是顶层的 SaaS 和商用系统，但它又一定与下层基础平台层密不可分。所有交付服务的 IT 都用到传统的数据中心，可见从传统向新型过渡需要有一个循序渐进的过程。在这个过程中，用户可以有多种选择：第一，应该选择开放的 IT 平台，比如 x86 服务器，这样可以更好地实现投资保护；第二，应该选择一个能够提供端到端解决方案的供应商，这样才可以保证 IT 系统具有弹性和更好的性价比。服务器、存储与网络是数据中心架构的三大支柱。依靠这三方面用心去思考以进行创新，如何实现未来商业的期望是每个 IT 人值得去思考的问题。

服务器是我们接触最多的设备，国内外品牌五花八门，任意挑选。在服务器设计理念方面，飞速增长的业务需求、云部署模式的发展、虚拟化技术的普遍应用、成本的约束等主导着服务器设计的改变。需要符合从现有规模到超大规模的计算发展的需求。这并不意味着将把重点完全转移到超大规模计算方面来，而要满足各种规模企业的需要。总的设计导向，重点是可适应应用方面的变化要求，依托现代的工业水平，追求更卓越的可靠性，在工作负载方面进行优化。同时必须具备更好的可扩展性，为虚实的应用设计做好准备工作。当然，将软件应用、服务管理向灵活性、敏捷性方面发展也是必须的。

存储在信息建设的三驾马车中是起步最晚、历史最短的。从数据到知识，数据存储的发展和变迁在过去的 20 年里发生了翻天覆地的变化。把最早的存储管理实现了多维数据的联合分析作为开端，20 世纪 90 年代初期的数据仓库解决了多个独立系统的数据整合和集成问题。随后的联机分析帮助企业实现了数据的存储管理和快速组织，而今以广为需求的数据挖掘来帮助企业实现探索性分析，可以自动发现隐藏在数据中的模式和有用的信息。商业智能和人工智能已经成为大数据时代数据存储和分析的发展方向。综合运用数据仓库、联机分析和数据挖掘，可以实现辅助商业决策，实现非结构化数据、海量数据、实时数据的分析，一定会重新定义经济，帮助企业实现新的目标。那么，改变存储的经济效益也成了存储必须考虑的创新点。要改变存储的经济效益，最根本的原则是在恰当的时间，将正确的数据存放在正确的位置上，使存储具有更好的经济性，敏捷、弹性地配合业务数据的动态变化是数据中心得以实现灵活高效地交付的坚实基础。

云带给人们的印象往往是烂漫无边，气势非凡，无拘无束，来去自由的。在早先，网络工程师们就习惯将云画入原理图中，其用意无非表示自己的网络可连接到其他未知的、不相关的网络，尤其是广域网。虽然当时工程师们使用的是较为模糊的标志，然而，"踏破铁鞋无觅处，得来全不费工夫"，随着网络的逐步普及以及带宽的数量增加，在线计算服务的使用已使得云计算由原本的想象变成了现实。目前的网络和 Web 浏览器不同于过去的计算机网络，其能够比较容易地连接到分散在世界各地的软硬件资源，这主要是通过网络实现的。为推广"交付服务"的概念，理解好开放式网络的重要性及开放网络的理念在目前看来尤其重要。

传统的网络一般以专有网络的形式出现，而未来网络却更趋于开放式的，主要体现在标准的编排和自动化工具、实现路径的多元化、任何操作系统、基于开放式标准的硬件、商业化的硬件基础这些方面。实现高效而敏捷的网络的路径一般有基于管理程序、基于控制器和编程管理这3种。基于管理程序的解决方案适用于已经部署了大量虚拟化软件或实现了网络功能虚拟化的用户；基于控制器的解决方案是一种革命性的SDN（软件定义网络）实现方式，它利用开放、开源的openflow协议创建了一个完全独立的SDN网络，这种网络可以兼顾物理的和虚拟的环境；编程管理是利用传统的标准管理接口和脚本语言的可编程性，可提供丰富的接口，能够实现可编程的监控与管理，适用于传统的网络客户。

2.4.4　云服务平台

人们如今都不可能会认为"苹果"是硬件公司或是软件企业。引领科技前沿的IT组织正在匹配或超越敏捷性、安全性以及公有云替代的成本点，拉近与IT服务代理模型的租户的距离。苹果的自制操作系统、iTunes软件和App Store无处不在，以及这些极其富有黏性的软件服务使全球的"苹果粉丝"在狂增，苹果产品畅销不衰。可见，多数存储系统的价值是由软件引发的，这就是平台的巨大效应。

平台和圈子可算是当今世界非常热门的词语。在互联网的初创时期，人们构建了一个技术平台来满足对业务的基本支持，而在如今的移动互联网时代，可供企业和独立开发人员创建自己应用平台的功能和手段齐备。IT组织可以通过基础的IT即服务平台配置，"消费化"并简化服务访问，通过一个自服务门户来加以实现。

除了让各个行业用户都能享受到一个引人注目、统一的访问平台之外，门户网站和基础服务目录在过去的 10 年间一直是 IT 的强大登录行业重要的桥头堡。通过门户、基础服务以及行业的理解，平台服务可使它们能轻松地实现新概念行业应用与现有数据中心 IT 系统和大数据的集成。它能使企业用户和独立开发人员更轻松、快速地构建和测试新应用，从而实现大规模部署并广泛应用。

生态系统也是 IT 行业经常用的概念。我本人就非常推崇生态系统，因为我相信团队的力量和专业化能带给我们许多优势。但事情往往跟我们的想法背道而驰，在生态系统还未建成时，恰恰容易形成无数个企业级的信息孤岛。

云计算时代的到来，让我们又燃起了创建一个互联网生态系统的激情。如果业务主管可以轻松订阅业务相关的云服务，数据中心负责人可以快速构建、购买和管理云服务，开发人员、业务线主管和 IT 负责人能够根据他们在企业中的角色在云平台上顺畅自如地展开协作，那么所有的这一切都将以服务汇总的方式被一一呈现，它所释放出来的能量既可开发服务，加强与客户的交流，推动科学进步，还可不断地演变为一个交互、学习和持续改进的云服务循环。研究、开发、营销、销售和客户服务都变成一系列整合的活动，云平台的服务最终可帮助企业打造出一个灵活、敏捷、极富竞争力的互联网系统。

对架构设计师来说，创建一个敏捷业务的架构意味着创建一个信息技术（IT）架构，以满足现在及未知业务需求的不断变化。当然，面向服务的体系结构（SOA）也是一种企业架构（Enterprise Architecture，EA），它的诞生源于企业的需求。面向服务架构是一种 IT 架构设计模式，运用这种设计，用户的业务可被直接转换成能通过网络访问的一组相互连接的服务模块。SOA 是云计算被企业使用进程中比较重要的一个步骤，正是企业对于业务敏捷架构的需求催生了它与云的密切联系。

SOA 和其他企业架构方法相比有所不同，SOA 具有相当的业务敏捷性。

业务敏捷性是指企业对变更反应迅捷，有效地进行响应，并且通过变更来获得竞争优势。云计算最终可帮助企业实现敏捷计算并获取利润，需要具备成熟的面向服务的企业架构。

2012 年以来，云计算迈进实质性应用阶段。2013 年中国云计算产业的规模已达到 1000 亿元。2013 年 ~ 2017 年全球云计算市场的复合增长率将达到 17%，国内市场更高，将达到 26%。以 26% 的复合增长率来算，2017 年云计算市场将达到 372 亿元。作为一个创新领域，千亿级市场空间并非是通行无阻的未知蓝海市场。移动互联网迅猛发展，IT 企业只有通过技术革新和突破发展，加快转型步伐，才能抓牢机遇，谋求到发展机会。面向服务的 IT 交付为应用提供基础设施，允许应用从实物的基础设施中灵活地分拆出来。在 IT 系统向云计算迁移的趋势下，其云服务组件包括所有的基础设施资源、操作系统、中间件、数据库，以及相关的管理软件、工作流、自动化部署系统、监测和工作负载管理等。这种交付模式以虚拟化和自动化为基础来提供 IT 服务。

面向服务是实现业务灵活性的关键的 IT 组成部分。面向服务的 IT 交付的方式主要是构成了一个模块化的可重复使用的共用基础设施系统，它们以共享服务的形式交付。这些可重复使用的共用基础架构组件为应用组合提供了一个平台，改变了以往建立多个基础设施以支持不同应用的需求的历史。隐藏了几乎所有的物理层资源和技术的复杂性，以服务组合的形式提供 IT 能力给上层的业务应用。这种新的云 IT 交付模式可以提供跨越 IT 资产的灵活性，从而简化 IT 服务实施的过程，实现服务质量和满意度的提高。

IT 即为服务的两大要素是 IT 虚拟化和 IT 自动化的实现。全面虚拟化一直是被看作面向服务的 IT 交付的技术部分，它实现了云计算的一个基础资源池，如计算能力和数据存储，以便屏蔽物理特性。IT 自动化和服务自助化被认为是一种更好的治理 IT 服务的方法，是根据策略的、面向服务的、动态管理虚拟化资源得出的方法。

2.4.5　统一平台的力量

云计算是一种业务流程管理平台。这个时代全球的经济企业需要不断地将新产品投入市场，并调整现有产品结构，才能满足客户不断变化的需求。在不断研发新产品和开发新市场的过程中，企业往往通过兼并和收购其他企业来扩展现有业务单元，从而实现企业目标。因此，企业的业务流程必须具有足够的弹性才能适应这些变化。

尽管云计算被认为是一个为用户提供计算服务的平台，但是这种观点往往更多地来自于以传统技术为导向的群体企业，他们认为能从云计算中得到的最大收益不是降低了技术成本，而是因为他们能更快地对客户变化的需求做出响应，并及时推出新产品和服务满足了客户而赚取到收益，产生的收益还包括成功地拓展了新市场。概括地说，这就是敏捷红利。

现在的企业与 20 年前的企业相比，最大的区别是缺少自给自足和垂直整合的能力。我们经常提到的生态链，这种横向模式更符合社会和经济的发展。许多企业非常关注外包型非核心业务这种模式，所以将绝大部分时间和金钱集中在创造产品和服务顾客等增值活动上。然而有得必有失，片面的、过分的追求只会导致许多企业过度依赖某个给他们提供服务支持的供应商。企业要想有效地管理业务流程，唯一的解决方式就是找到高效的方法来整合他们的供应商，而不是吊死在一棵树上，毕竟树林能提供的树荫远远比一棵大树提供得更多、更安全、更灵活。

目前一般的企业都依赖由供应商和客户组成的关系网，比以前更加忠于合作伙伴高效率的支持，商业服务无疑需要通过可靠的、可预见的方式来相互支撑，在企业之间需要更加可靠的信息流进行来回传递。因为云计算的出现，使这一切变得轻而易举。云计算不单单是一项新技术，更成为一种新的商业模式。

业务流程管理同样有着自己的践行历程。20 世纪 90 年代，Michael Hammer 和 James Champy 的成名之作《公司再造》（《Reengineering the Corporation》）一书在所有美国公司中引发了一股有关改进业务流程的汹涌浪潮。这两位管理学大师在书中给我们展示了这样一个观点——重新设计公司的流程、结构和文化能够使绩效显著提高。然而由于缺少对变革管理及员工变革主动性方面的关注，很多想把该理论付诸实践的公司反而饱尝其不少副作用。

如今，业务流程改造有了一个广为流行的新名词——业务流程管理。由于受到全球竞争激烈、消费品化及政府监管的刺激，很多国际化公司正在重新审视业务流程，探寻更高效的方法，通过自动化或外包的手段来实施新的业务流程。公司坚持把业务流程管理，这种通过分析、建模和监控持续优化业务流程的做法，当作解决业务难题和帮助公司实现自己财务目标的系统方法。

业务流程也叫经营流程，它是为了实现一定的经营目的而执行的一系列逻辑性强的活动的集合，业务流程输出的是满足市场需要的产品或服务。根据功能、管理范围等的不同，企业的流程管理一般分为生产流程层、运作层、计划层和战略层。借助于业务流程管理，企业间通过密切合作，组建起适当的商业服务模式，按 3 个步骤为特殊的客户提供最优质的服务。

业务流程管理系统不仅可监控这些企业间的服务情况，还为所有的人透明地提供他们需要的实时报告，这样就可以随着条件的变化，不断及时地调整提供这些服务的业务流程。业务流程管理系统完全能监控好企业所采用的事务处理系统之间的数据流量。一个业务流程管理系统从全局视角描绘了一个系统的完整数据流动图，关键是它可指出何处是瓶颈，这些瓶颈包括数据流动下降的地方或对整个流程的效率产生影响的地方。

到 2013 年为止，动态业务流程管理系统逐渐成为企业在艰难环境中寻求高效过程的必要手段。越来越多面向客户的流程都将根据客户的特殊需求进行适当的配置，提供商也会使用业务流程管理系统及时调整他们的流程，来满足客户各种各样的需求。类似于同一款大众桑塔纳轿车会经历 30 年的出产那样的历史将一去不复返。

在云环境中部署业务流程管理系统成为一种新的方法和尝试，该方法可以使在同一价值链中的企业进行相互合作，齐心协力地帮助客户针对反应灵敏性产品和服务方面而进行持续的更新。由此，基于云计算的业务流程管理系统很快成为企业之间通力合作的基石，这种企业之间的合作将有针对性地为单个客户定制特殊化的产品或提供专门的优质服务。

在 21 世纪，云计算服务风靡全世界，从而促进了敏捷性经济的发展。通过云计算服务，科学家们可在健康和环境问题上实现合作；企业之间可在全球范围实现合作，来量身定制所需产品和服务；并且在这些商业网络中，企业得以把精力放在各自的强项上，而把客户所需产品的其他功能交由其他企业来完成。

正是在这种不断响应和满足客户需求变化的敏捷流程下，依托云时代的敏捷基础架构，才使得许多企业能够利用自己的优势获得大量的赢利机会，这些赢利就是多次所提到的"敏捷红利"。目前的国际市场会时不时根据生产成本来适时调整产品的价格，正如实时股市不断调整股票价格一样。所以说，追求敏捷红利是大多数企业最易获得的超过国际市场平均利润的机会。

从技术层面看，无论是互联网阵营、运营商，还是 IT 供应商阵营，目前在云计算平台建设市场来比较，细分强弱后是难分伯仲。从商业属性及创新层面看，互联网阵营一马当先，优势明显。不得不说，云计算服务市场在中国目前仍处于发展初期，不仅是中国的云服务市场规模占全球云服务市场的份额仅是个位数，而美国却占到 60% 以上的份额，更主要的是在现有国情下，我们需要找到如何实现自上而下的融会贯通，使得 3 个平台形成一体化的方法。加强与互联网企业、IT 厂商和 IT 基础服务商的合作是一种必然趋势。

无论是虚拟私有云构建的解决方案，还是混合云部署和运营的需求，云计算管理必须实现云服务配置、云计算运营管理和云业务管理三大功能的协作。云服务配置是指以服务的形式自动调配所有核心的基础架构、应用和桌面资源。云计算运营管理一般是实现软件定义的数据中心采用 IT 即服务式的聚合管理。云业务管理是将云计算服务作为运营 IT 的关键元素和核心价值部分，是直接针对业务运营来控制和管理的。从目前的云计算服务市场看，还没有一家公司具有如此实力。从底层的基础云平台来看，混合云服务平台与商业 SaaS 云平台为企业提供专业的托管混合云服务，而这将形成未来云计算对中国企业升级创新的强劲动力。

服务管理的能力需要横跨不同云的部署模式，特别是私有云和公有云、物理基础架构、多管理程序以及网络服务，以实现基于政策的配置。统一管理异构云的另一个功能是可以在任何云上面部署任何的应用，以低成本实现嵌入式、集成的云运营管理。建立完整传输虚拟机和应用的桥梁，以及形成在这平台管理中实现地域协作的能力。当然，云成本控制的能力也是统一管理平台最核心的内容。

多年来，亚马逊的 AWS 一直以规模最大、品质最佳的云计算平台而公之于众。不过，随着谷歌、微软和其他玩家的加入，云计算领域，特别是公有云的竞争变得日益激烈，大家甚至开始质疑 AWS 的旧习带给其业务发展的是喜还是忧。成了价格最优惠的服务提供商，这对于亚马逊来说是不言而喻的优势。对于用户选择一个公有云服务来讲，价格的确是一个极为重要的原因之一。但是，低价格不是唯一的因素，完善云平台和业务管理的另一个终极目标就是要能看清楚云服务的成本、质量和价值，从而让 IT

部门根据实际情况做出符合业务目标的决策。

私有云市场相对分散，因为其没有清晰的市场领导者。大多数供应商在云基础设施层面上，没有太大区别。他们需要提供附加值或其他云服务或相关服务，例如管理服务、安全管理、通信和合作 App，来提高他们的价值定位。中国供应商总体上并无能力服务于大型企业，这使得很大一个潜在的市场未服务到。他们缺乏相关技能和经验来服务这部分有基础 SLAs和支持能力的市场。当他们在 SMB 部分有所成就后，他们可能会提高自己的能力，但巧媳妇难为无米之炊，没有一些时间是不行的。

由于政策限制，中国的国外云计算供应商比较少。

云计算服务的基础——IaaS 电脑供应商：提供物理或虚拟机器 – 和其他资源。IaaS 为敏捷数据中心和服务目录提供网络，为 VSAN、资源分配提供硬盘、内存、CPU、功耗、操作系统、日志簿和核心软件，从而建设他们的虚拟服务器镜像。IaaS 是通过公司自身资源，或从共享资源服务目录挑选所需的解决方案，为公司提供虚拟服务器。

云经纪业务解决方案通过 SDN 私有网络管理连接到主要的公有云服务。它目的在于为客户的运营需求提供一个无缝连接和一站式服务。从单独的客户到单独的提供者，它通过一个仪表盘和对公有云服务上的交叉管理为客户使用云生态系统提供了一个路径。

不是每次变更都能带来进步，但是每一次进步均由变更引起。

改变事物的本质叫变革，创新是变革的一种，是富于创造性的变化。《礼记·大学》中说："苟日新，日日新，又日新。"意思是如果都能每天除旧更新，就要持之以恒。而创新和进步离不开变革，不创新即会落后。创新是必然的，变革便势在必行。故此，变革需要敏捷。

世异则事异，事异则备变。信息和数据的更新和充实，是变更管理工作的基本工作之一。非标准数据是一种与期望数据存在差异的数据，这种数据的出现是由于不符合自动处理系统的内部规则或不符合性能监控系统的指标而产生的。如果一家企业的系统中出现这类数据，相应人员就应该迅速介入并找到方法加以解决，对企业来说，难点就来自于他们对异常问题或者威胁的检测和应对方式是否合理。

主动的自我改变肯定比被动的自我改变更敏捷，更能适应外围环境的变化。变更管理的目标是确保标准、方法和过程能够得以运用，争取在产生最小负面影响的情况下，变更可快速对服务质量加以处理，从而改善日常的运维，而且所有的变更都必须可跟踪。变更管理特别讲究变更的快捷，以及尽可能减少错误和避免风险。

一直以来，我们总是强调分工，让不同的人做其最擅长的事情。其实，对待计算机也是如此。计算机最适合处理像日常数据录入或任何形式的重复性工作，如采购订单、货物托运、账户余额、订单状态、地址更改等，并且它做这种工作会比人做得更好、更快、更廉价。

同样，人类最擅长的是思考、沟通和发现问题并解决问题。如果我们人类能从日常烦琐的工作中得以脱身，然后进行一些关于解决复杂问题的相关专业的培训，以培养我们在计算机自动化的日常运作中处理异常问题的能力，那么我们就不需要建造过于复杂、过于昂贵的新计算机系统了。当我们成为训练有素、积极进取和被授予权力的真正智能人时，系统就没必要具有人工智能了。我们人类可做感兴趣的事，成为潜心于思考、与他人沟通并解决问题这种类型。而且，我们人类的大脑也会因此变得更加灵活，证明我们人类比任何一台计算机更适合做这方面工作。如果将一些需要死记硬背的、例行的和重复性的日常工作自动化，能大幅降低成本是显而易见的。

另外，传统的 IT 人或技术人员一般与机器打交道的能力远远超过跟人打交道。这恰恰是云平台让我们认识到的专业分工的一部分。如果企业能对非例行任务进行授权，其对客户特殊需求的反应将会变得非常的快捷。正是运用将效率和反应速度相结合的方式，许多企业才具有了较强的竞争力。

企业通过这种协调方式优化好他们公共和特殊的业务流程之后，成本自然会下降，企业通过定期调整自身业务流程就能适应日新月异的商业环境了。

效益是在不断调整产品和服务、适应不断变化的顾客需求的过程中产生的，能满足为苛刻的客户需求所定制的服务，远比这些产品本身更具价值，并且这种定制的服务的销售价格会略高于市场平均价格，因为客户愿意为定制的服务多支付一些费用。换句话说，从开始选择这种倾向型的产品服务类型时，企业就已经领先市场一步了。企业交付给客户的是增值的价值，而非简单的服务或商品。

在创新的过程中，需要人们具有紧迫感。因为具有了紧迫感的人才会去克服原有不良的工作习惯。所以，必须设置一个时间表和资金额度，来控制你的团队在解决问题时所需的成本，这是使员工产生紧迫感最行之有效的方法。

当然，这个时间表和资金额度应被控制在科学合理的范围内，优秀的管理者同样需要张弛有度、赏罚分明。敏捷性和创新性被合理统一后所能激发的能量绝对不可小觑。

2.5　软件定义数据中心 "横空出世"

软件定义数据中心（SDDC）概念的成功是建立在先前的联营所产生的资源整合以及对更改整合的灵活性上的，所以概念的发展和运行支撑框架需要时刻满足实际的资源绑定。SDDC 的基本功能是创造和管理有形及无形资产的联结，目的是为了保证服务的发展速度能够满足商业需要，以及减少 IT 运营的成本。

软件定义数据中心正在摧毁现存的数据中心市场的趋势是势不可当的。虚拟化存在于服务器、存储、网络中，存在于从应用到桌面等各个角落，这些都是 SDDC 的基础。尤其是存储和网络的虚拟化将促使传统的网络和存储供应商把硬件软件相匹配的设计变成更加开放标准的设计。

1. 可扩展性

数据和网络需求在期待中有所增长，我们也将持续在全世界范围内看到数据中心是如何建立和管理的。根据一项预估，截至 2020 年，世界的数据信息量将比 2009 年增长 44 倍，需要 35 兆兆字节的数据存储空间。

从短期来看，会有一个特殊的扭转局面：一个最近的调查显示，大约 73% 的 IT 高管们称他们期望数据中心的需求相比去年有所增长，但他们却没有得到去满足这些增长应该需要的预算。而预算是推动数据中心持续发展和改变的驱动因素之一。SDDC 最近经常被提起，而我们更需要 SDDC 所能具体实现的事情被展现出来。

2. 数据中心的需求

宏观经济仍然处于不稳定的状态，商业正在快速转变，就像虚拟功能正在取代实物资产一样。信息科技本身都在发生变化，没几家公司能清楚在未来几年间他们的财产会有多少会被搬运到私人云端、公有云端以及托管服务供应商那里。随着新兴市场的兴起，新旧领域交替可能会使他们生意的本质发生改变。

网络级精英拥有几乎无限的资源优势，与此相比，大部分企业办不到，所以对他们而言，很重要的一点就是要对自身的服务水平有一个明确的认知，特别是计算出将来所需要的服务容量。容量规划即使对有经验的 CIO

来说都是困难的，对资源的过量使用或使用不足都可能导致不少负面影响。

拮据的预算使得目前对建立数据中心的方式和地点的想法发生了根本性的转变。以模块化的数据中心为例，表面上它可以看成被包装成一个集装箱或者集成包装结构的事物，并且能够迅速地移动和满足需求，并不需要像传统数据中心那样需要较多的成本和构造时间。

谷歌拥有一个浮动数据中心的专利，能通过大洋的海浪功能，以及海水来进行冷却。去年圣弗朗西斯科港湾公司建造了一艘驳船，被发现之后，业界由此产生了不小的波动，到后来被揭秘那不过是一个数据中心。从此以后，用海水进行冷却的方法变得不新鲜了，一个瑞典的公司最近就通过海水冷却使每年的冷却成本节省了100万美元。

其他自然的冷却资源，例如新鲜或环绕空气冷却的使用，已证明可减少对其他高费用、高能耗的节能方式的依赖。再比如，比特币挖矿公司在冰岛建立了基地，利用北极空气、低成本的水力发电和地热的优势来满足它高能耗运营的需要。

3. 安全和隐私驱动创新

安全顾虑、升级和维护成本、专门技术的缺乏，这些都是中小型企业处理技术问题时面临的现实问题。

根据《福布斯》的报道，电子安全是服务信息块面临的三大问题之一，在2012年，所有攻击的31%瞄准了少于250人的企业单位。无论这攻击是来自外部还是内部无聊的雇员，维护安全的成本都很可观，容易把小企业逼上绝路。

云计算可以解决安全顾虑，因为它允许企业主利用大规模的最佳实践和技术提供商，这比那些服务信息块更严格可靠。另一个好处是，安全费用通常包括在云服务里面，这使得预算变得简单，避免了那些因为升级或维护而产生的高额费用。

应该相信，信息安全的持续性非常重要，并且数据中心也将见证聚焦于安全和隐私的创新的出现。期待从技术到政策的安全创新能为数据中心的将来一路高歌、创造辉煌。

根据高效可衡量的数据中心的基础设施日趋完善的重要性，必须要坚持创新，而且不能局限于实体建设和空间中。因为数据需求将会飞速扩张和改变，IT 部门必须拥有更多的操作灵活的数据中心。无论个人的情况如何，数据都会将以指数级增长，这就特别需要数据中心的灵活性和敏锐性。

技术正在以我们无法想象的速度发展。感同身受，我们在商场所购买的电子产品似乎在我们回到家之前就担心可能变得过时，这并非危言耸听。同样的事情也曾发生在 IT 系统上，而这系统是信息服务块的核心生命力。

那种每 3 年就替换服务器的企业，升级办公软件就为了能够体验最新技术的优势或者仅仅为了能够和供应商的技术支持要求相兼容，跟上节奏是一件需要耗资的 IT 行为。再考虑到事实上 40% 的信息服务块对技术支持采取一个"自己解决"的策略，我们就不难明白为什么许多企业希望从云端求得一个解决方案的举措了。

通过跟一个云供应商合作，信息服务块能够卸下很大比例的 IT 升级和维护的任务。它们被确保能在一个可预测的费用范围内保持系统的最新。

4. 有效性

在当今变化迅速的环境中，数据增长旷世空前，我们能否准确预测未来 5 年、10 年甚至 25 年的工作量要求呢？云计算能力和服务软件正在改变企业预测和设计数据中心的能力方式——促使原本的预测过程淘汰。企业需要从新的角度来转变其基础设施方面的工艺需求。公有云仅是答案的一部分。

众所周知，一个数据中心的使用寿命为 10 ～ 15 年，核心设备大概需要 5 ～ 8 年升级换代一次。新一代数据中心的第一个核心特点就是一切以业务发展为出发点，全部业务要实现动态交付。模块化 IT 软硬件可以加速实现更自由的扩展和更换，同时，还能对不断追求高服务质量的特点给予充分的支持和支撑。数据中心的所有资源必须以一种服务的形式来交付，这些服务必须有标准、有定义、有级别和有保证，我们的服务一定是自助式的，用户可以按需索取，同时按使用来计费。

模块化数据中心已经成为满足不断增长的业务需求的必要解决方案之一，实现的路径就是 IT 设备的小型化、商业化，最终使得数据中心建设具有更合理的可用性设计，更高的实用性、先进性、灵活性和可扩展性，设备也更加标准化。模块化的数据中心会使得所有服务的价格大幅降低，对于资金相对缺少的中小企业来说，这是他们很乐意的选择之一。达到总成本（TCO）最小化已成为现代数据中心的第三个特点。

未来，虚拟化将由计算层面拓展到存储层面和网络层面，整个数据中心都会被全部虚拟化。无论是模块化还是实现最合理成本结构，数据中心发展的必要特点就是必须是自动化、易操作性、动态性、即可以对数据中心进行动态且自动化的管理，实现工作负载移动性和自动管理，以及高可用性、兼容性。如今云计算时代的数据中心已经从以往的单一数据中心到多数据中心的整合资源的调度，实现大二层区域性的扩展，以多个数据中心的资源整合，实现资源在数据中心之间的流通，通过集约化的共享式的架构来实现资源共享，以降低我们的采购成本，实现管理自动化。

实现所有这一切都由软件来定义，所以数据中心将出现在云计算平台支撑核心的过程中，软件化将带来一次空前绝后的大变革。

随着互联网的飞速发展和企业信息化步伐的不断加快，数据中心已经成为像交通、能源一样的基础设施。IT 资源的应用和管理模式正发生着深刻的变革，它将逐步从独立、分散的功能性资源发展成以数据中心为承载平台的服务型的创新资源。

2.5.1 软件定义"正在靠近"

随着时代的发展，数据量正在以惊人的速度增长，根据互联网数据中心（IDC）的研究，每年创建的数字信息量增长迅速，从 2010 年到 2020 年，达到 40 000 艾字节。而在今天，更重要的是如何使用先进的商业智能（BI）工具和技术，来分析这些大数据。根据美国 Gartner 公司预计，主要受现代化的新型数据中心建立风潮的影响，全球的 IT 基础设施市场正不断扩张。以印度为例，第三方外包数据中心市场预计将保持 32% 的复合年增长率，到 2017 年将达到 550 亿卢比，这其中，大约 70% 的增长将来自于 BFSI（银行、金融、证券及保险业）、媒体和娱乐业、制造业、电信和零售等相关垂直行业。

随着新技术的出现和不断变化的企业业务预期要求，企业的 IT 支出也在不断增加，以确保因企业扩张而带来的对 IT 的敏捷性和高效率的要求。与之相比，传统企业的首席信息官（CIO）在对如何把业务与数据中心进行挂钩方面，就显得相对力不从心。不过现在，控制成本的压力和采用新的方法来管理他们的基础设施这两方面，使他们已开始变得越来越胸有成竹。而他们观点的转变，无疑与当今云计算市场的特点密不可分。

中国国内云计算市场达到数百亿之巨：产业链竞争转向完善的生态系统。例如，百度推出云战略、开发者中心网站；阿里立志打造互联网数据分享第一平台；腾讯云更摆出将全面开放的态势。从开发者分成到广告费，从用户到数据，这些基本上都是面向传统行业的。而这些企业多数以传统形式居多，由于经济增长缓慢所带来的企业 IT 预算削减、熟练 IT 劳动力成本的上升、市场竞争日趋激烈、新的颠覆性技术的兴起等原因，使他们对云越来越看好。

新的一系列趋势，诸如自携带设备 BYOD、企业社会媒体，以及面向互联网（Internet-Facing）的企业的增加，使得越来越多的设备被连接进入企业网络。一些新的输入设备，如智能手机和平板电脑将迫使数据中心通过私有云以及部分公有云应用来实现降低 IT 建设和运维成本，这样的观念也在逐步被 CIO 所了解。借助公有云服务以实现业务转型，并依靠搭建云平台以增强对价值链的控制能力，即对内降低运维成本，对外保持持续增长，向上提升价值空间，这是企业家对新技术的期许。CIO 们正抱着虔诚的心态，以坚定而敏锐的眼光注视着混合数据中心服务供应商，期待其能帮助他们优化 IT 基础设施，并通过战略投资实现投资回报的增加。

2014 年 7 月，在金融系统中发生了一件不幸的事故：宁夏银行的服务器系统宕机，储户不能利用电子系统取出钱了，只能去柜台办理业务。而这次银行业务中断就是一起彻头彻尾的银行信息化事故。与此同时，结合其他一些企业的信息系统宕机事故，似乎又一次呼吁我们，必须改掉重建设，轻管理；重投资，轻维护；重硬件，轻软件；重绩效，轻人才的毛病。当然，在动荡的市场条件和灾害频繁的环境下，要想满足更好的业务连续性需求，迫使企业的 CIO 们不仅必须重新审视他们的灾难恢复和业务连续性计划，同时也需要重新审视运维问题。他们要花费更多的时间和金钱来保持他们数据中心的弹性和强大，从而改变他们被动的管理现状。随着企业 IT 领导人对稳健、安全、动态的数据中心的迫切向往，使得新的应用程序对计算能力的需求也随之不断增加。故此，CIO 除了开始大力投资于技术方面外，还要提供所需的整合，更需要应对相关监控和安全管理方面的问题。

2.5.2　未来的数据中心由软件定义

虚拟化和云计算这两大先进技术将影响未来的数据中心。虚拟化并不是一种创新技术，不过随着工业化进程的不断深入，其为数据中心带来了实质性的优化和效率，还使产能利用率和功耗效率得到提高。

云计算的出现正改变着对数据中心的定义。移动性和社交媒体在数据中心管理的方式上发挥了巨大的作用。总体来看，大数据、云计算、社交媒体和移动设备无疑会对下一代数据中心的开发起到推波助澜的重要作用。虽然对云计算的推广相对较慢，但事实上，企业热衷于利用多种云环境已慢慢成为一种不可阻挡的趋势。这说明企业内部云连接器是开放的，而且相关的标准也已出现：软件定义的网络（SDN）。SDN是高度可编程和可扩展的网络结构，可以动态地满足应用程序的实时需求——而这无疑将是在全球范围内重新定义未来数据中心的又一种新兴技术。在全球范围内，预计SDN市场规模将从2012年的1.98亿美元增长到2017年的21亿美元。

从软件定义的数据中心（SDDC）方面来，无论是单一的存储或是存储虚拟化的环境，SDS都允许在主机环境中创建一个抽象层来屏蔽存储管理的复杂性。SDDC将云计算和SDN技术结合为一个可管理的实体，它也可以在数据中心的设备上创建虚拟化的融合覆盖，使服务器与存储和网络实现无缝互操作。

随着企业业务的快速增长，解决方案提供商正在整合IT系统以实现快速部署，并加强灵活性。诸如思科的UCS、甲骨文的Exadata、IBM的Dataplex和PureSystems产品，以及惠普的Matrix，均可以帮助企业采用并实施更快的解决方案，为数据中心服务提供商提供认证技术，为实现基础设施的快速部署铺平道路。

在如今竞争激烈的大环境下，影响企业商业前景的不稳定因素变得越来越多，CIO们的目标是让数据中心更加动态化以保障千变万化的业务需求。在数据中心方面，CIO们更加追求灵活性，竭尽全力优化整合服务器或网格之间移动工作负荷。此外，他们需要能够快速扩展的IT资源，以满足不断变化的业务需求，并确保这些资源对于业务部门而言是随时可用的。

这样一来，就给他们必须保证数据中心业务动态带来巨大的压力。

同时，整合系统和虚拟化带来了更好的 CPU 资源利用率，实现了比在一个机箱电源更集中的计算。导致每台机架超预期的电能功率需求减少，由此带来了更小的冷却需求。物理数据中心需要与低与冷却相关的电力成本，并提高用电效率，电力和冷却成本可能在很大程度上决定未来数据中心的设计和部署方式。

亚马逊已经在 IT 基础设施外覆盖了应用程序界面（API），因此永久改变了企业消费科技服务的方式，不仅提高了企业的业务敏捷性，还为管理和政策执行带来了新的挑战。现在，随着企业 CIO 努力突破障碍，满足战略目标和用户预期，市场调研机构 Wikibon 共同创始人和首席分析师 Dave Vellante 认为，企业在采用云计算方面陷入了一个"过河小卒只进不退"的局面。

当别人建设数据中心时，你可以租该项服务，企业可以运用混合云来提供私人基础设施服务，建设新的基础设施，来推进电力需求用模块化"接线总机"数据中心的建设，将私人基础设施服务潜入公有云，一旦有需要就将计算能力从其中分离出来。

该计算的新范式是将用户连接到应用，公有云仅是谜团的一部分。新兴技术，例如 OpenStack，将会在确定企业提升适用性、表现、安全性和可延展性的需求中起到很大的作用，传统数据中心将会为软件主导的基础设施和超大规模让步。快速增长的工作量使得传统的折旧周期成为过去式。

作为一个整体，IT 产业生态系统需要为现代数据中心开发出一系列的解决方案——从数据中心本身贯彻应用。混合云计算是未来式，有着光明的前景，但仍然是充满挑战的一部分，混合云的成功取决于生态系统是否能够作为一个整体朝着这个愿景发展。我们相信 Software 将会引领一种新方式，公开硬件资源（例如 OCP）和软件资源（例如 OpenStack）是达到这个愿景的关键。

我们需要开发超前卫的 AI 系统来探测和矫正数据中心中可能出现的问题。然而，在开发出完全自动化的 SDDC 数据中心之前，这一切只是在做白日梦。

从头开始建立 SDDC 环境是非常复杂而耗时的过程，它需要精心的设计和严密的计划；需要挑选和规划每个细小的部分，包括服务器、网络、储存、操作系统、虚拟化和应用软件；需要安装数据库软件，验证软件和硬件配置，安装补丁，以确保最新的配置；在整个云内需要执行合理的政策和最优后的方案。

2.5.3 现实挑战与驱动并存

为了能在全球的经济环境中更具竞争力，现代企业必须同时面对多个挑战和恶劣的竞争环境。相关业务的发展趋势包括：

1）24×7×365 的业务。工作日的概念在移动互联网时代似乎正渐渐被人淡忘，因为客户和员工期望得到的是全天候的服务。对于企业来讲就这意味着，它必须保持 IT 基础设施、应用程序和服务只允许有最小的中断或停机时间。

2）跨地域的团队、合作伙伴和客户。利益相关的合作者总希望通过任何设备和网络在任何地方开展工作。对 IT 部门的要求就是，支持不同系统的移动应用程序，同时确保应用程序性能和数据的一致。

3）社交商业化。移动互联网时代的员工或合作伙伴，甚至是客户，都期望在任何时候都可以与同事在网上进行互动。IT 服务可通过支持和改进协作和通信工具，比如统一通信、视频会议，来帮助他们实现这个想法。

4）竞争激烈的全球市场。随着企业不断寻求提高灵活性和驱动的办法来降低业务成本，这种压力导致业务需求越来越迫切。在技术上，必须支持下列业务的驱动：

- 创造新的收入增长点
- 增加企业竞争力
- 使业务更加贴近客户
- 降低企业的成本
- 提高员工的工作效率

在过去 5 年中，在不断提高的需求面前，IT 预算却一直保持停滞不前。在 2013 年 5 月 Stratecast IT 决策者的调查中显示，超过一半的受访企业表示他们的预算将保持不变或下降。从 2014 年开始能源成本不断下降，未来的资本支出会面临更加严格的束缚，相信对预算操作的审查监控也会更加严格。尽管如此，IT 部门仍然每年都励精图治地协助推动业务，维护客户数据的安全性和保密性，并遵守好监管规则。业务需求的增加，IT 服务所面临的挑战就将不断升级，变得不易管理和掌控。

为了应对这些挑战，IT 部门也开始认识到，他们需要改变传统的、劳动密集型的和资本密集型的经营模式，寻求并发现一种更好、更有效率的模式，如虚拟化和云计算，既能降低成本又可提高运营效率。这些模型的主要好处是它们能够在整个数据中心支持未来业务需求的前提下不断得到发展和扩大。

虚拟化是当今数据中心的基础，而云计算的好处是不言而喻的。这些技术为今天的业务创造出实实在在的利益和效率，由此产生的效益更可用于满足扩展业务时的需求增长。但未来的 IT 部门需要运行一个崭新的模式，即从一个后台的配置和管理的 IT 组织，向可解决方案和应对战略技术业务的 IT 组织转变。通过利用虚拟化和云的优势，将自己转变为可面向业务的服务供应商，把让员工、合作伙伴和客户访问到所有 IT 资源作为服务目标。通过这种方式，它从旧的、被动配置的管理组织，向积极致力于创新和生产力解决方案的组织转变。

服务器虚拟化可以帮助企业将资金开销和运营开销的成本削减 50% 以上，同时还可实现更高的业务敏捷性。但问题是我们以后将向何处发展呢？让我们先从技术创新开始。

2.5.4 软件定义数据中心不得不说的事

IT as a service 模式助力软件定义的数据中心（SDDC）。

谷歌和亚马逊都将他们的服务器超低的运营成本和可扩展性引以为豪。基本概念是 5000 台服务器由 2 名工程师来运维，而且可以处置 5% 的系统在同一时间宕机问题。然而，我们必须意识到，单一地创造一个类似谷歌或亚马逊这样的私有云，并不是放之四海皆准的好办法，因为并不是所有现有的工作负荷都可在高度标准化的环境中运行。

大多数的企业通常无法获得可在云服务中运行的源代码来重新编译那些遗留的应用程序。这里遗留的应用程序往往已运行了几年甚至几十年，相比之下，项目经理曾提到过，软件定义的数据中心将能够从技术和服务水平协议的角度确定一个具体遗留应用程序的需求，并建立相应的运行环境，使之能够简单模拟非虚拟化的传统基础设施（同样，此处是一种愿景）。只要能够提供足够精细和严格的服务水平协议，SDDC 就可以效仿亚马逊或谷歌的规模经济，将某些工作负载迁移到公有云上。

随着企业计算和存储需求的不断增长，要求未来的数据中心需要有能力来支持他们的需求。遗憾的是，许多如今的数据中心交付给客户的都只能满足短期需求的开发，这使得这些交付产品成为不了企业长远 IT 的战略资产。显然，客户需要数据中心的合作伙伴应具备考虑客户长远业务需求的产品开发能力，客户需要的是设备方面有真正合作价值的伙伴，是能帮助客户实施符合客户整体 IT 战略规划的数据中心，而不是浮于表面的资产负债表上的数字。

现在有个普遍现象，即许多已实现软件定义的厂商更倾向于采购带有软件的硬件，而不是直接购买软件授权。融合版本应用程序已预装在认证的硬件上，与之前的传统硬件解决方案如出一辙。不少人仍然希望打开设备外壳，并在已可运行的设备上插些其他设备，胡乱集成。似乎只有看到布满设备与网线的机柜才觉得物有所值，这是目前不少人花钱购物的心里。按此道理，似乎数据中心也该有大量的线缆才对。

从根本上说，软件定义解决方案需要远程以及动态可编程性。这就产生一个问题，谁（或什么）来做编程呢？为 IT 部门提供数据中心整体基础设施的价值可能很方便。但 IT 部门每个月创建的按需产品，在数据中心有多少，我们如何知晓呢？更大的问题是，需要为每个应用程序的基础设施进行优化以获得持续回报：在未来软件定义的世界，最终的操控手将是应用程序。

DevOps 是英文 Development 和 Operations 的组合，表达的意思是一组过程、方法与系统的统称，用于促进应用程序 / 软件工程的开发、技术运营和质量保障（QA）部门之间的沟通、协作与整合。DevOps 的出现是由于软件行业越发清晰地认识到：为了按时交付软件产品和服务，开发和运营工作必须紧密合作起来。但是，DevOps 极有可能只是个过渡手段，未来的基础设施部署、配置和优化都将通过应用程序来控制。

似乎这个世界最终将形成一个完整的闭环，代码最开始将紧耦合基础设施，然后慢慢通过高级语言把操作系统与虚拟化抽象出来。软件定义将通过应用程序提供基础设施感知与自检测管理等功能，经过"软件定义"的软件运作可确保用户的既得利益不受损失。

它对现今数据中心意味着什么？我们已知道各种不同版本的软件定义解决方案，有些还经常互相冲突，如简单化（做一件事）、敏捷性（做许多事)、有开放 API（独立的控制面板）作为扩展管理，也有完全自行管理，通过制定策略集管理，通过规模扩张获得更便宜、更有弹性的计费方式，还可最大限度地利用资源获得扩展收益，通过最大化规模获得更高速度，建立在商用服务器硬件上，嵌入特殊能力，预融合，看起来很均匀，部署在逻辑上，对云计算友好，可以自定义，以及其他神乎其神的说辞。

在杂乱无章的表象下，我们到底有没有底线呢？无论"软件定义"这个词最终是哪种定义，我们应该持续关注基础设施的自动化升级，重新定义数据中心。应该选择理想的 SDDC 合作伙伴来为自己提供服务。选择理想的合作伙伴，利用技术组合可以节省大量成本并提高了运作效率。比如，用户报告如下：

- 及时减少 50% 的时间来建立并提交一个新的应用。
- 减少数据中心运营 30% 的成本。
- 降低了 41% 的安全事故。
- 减少了首层应用 37% 的停机时间。

随着客户在虚拟化使用方面的越发成熟，并更坚定了将 IT 用作一种服务的态度，他们可以更加快速地为业务交付新的应用与服务，从而提升业务部门对 IT 服务的满意度，并通过推动业务的应用和服务，来对提高业务部门的盈利能力产生更直接的影响。

IT 行业正在经历一段去粗取精、去伪存真的转变的旅程。最终的目标是：IT 成为驱动业务的创新、竞争和创收的关键角色。在这个转变中，IT 将持续面临各种挑战：如何在维护现有运营的同时，用更少的资源不断满足新服务所带来的新需求。

只要把 IT 作为一种服务就可帮助 IT 达到这一目标。在一个软件定义的数据中心，利用虚拟化和云计算组件（其中，计算、存储、网络、安全资源由软件定义并管理），是如今的 IT 组织通过正确的路径需要达到的 IT

即服务（ITaaS）的目的，但转变技术知识是这段漫长旅程中的一部分。

技术为 IT 的新方法提供了关键性的基础支持。但 IT 组织需要一种新的运作模式和工作同步的新技术来帮助它实现这个目标。作为一个组织，IT 必须从只是简单管理运维系统的部门，转变成与业务目标紧密相连的组织，并且创造出新的基于技术的服务来推动业务以实现其目标。

在一个软件定义的数据中心（SDDC）架构中，数据中心基础架构资源已被虚拟化，成为一种能自动地、自主服务地、基于消费地向业务交付的服务，这样就为 IT 组织提供了一种通向 ITaaS 和下一代 IT 的蓝图。

成功部署后，ITaaS 使企业实现了他们对 IT 投资的丰厚回报，并极大地改良了 IT 服务质量，使新企业在受益交付时变得更快捷。同时，成功的部署提供了更高的效率和灵活性，以便对所有 IT 服务的更好管控，并提高了必要的安全权与监管控制。而且，这样的结果也无需做无奈的选择，没必要为了一小部分选定的服务提供商或服务交付选项做其他的安排。不论对内或对外，IT 部门都可以整合各个供应商，并在各种渠道中（或公有或私有，或混合云环境）做交付。

灵活性、效率和流动性是现代数据中心管理上的三大特性。通过这 3 点就可以学好如何监控能源的使用，保持云在正常状况下的灵活性，并跟上移动用户的步伐。

当软件定义遇到
数据中心

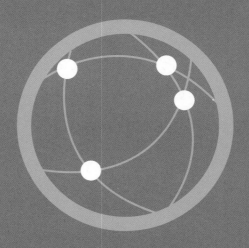

3.1 数据中心的挑战

1. 能耗效率

因能源成本的不断增加,数据中心面临能耗和散热的双重压力。据互联网数据中心(IDC)数据显示,目前企业所生成的关键数据正以 52% 的复合年均增长率不断攀升,由此造成企业的数据中心规模越来越庞大,服务器和存储设备的数量大幅增长。这种快速的增长给数据中心在环境控制、电源与冷却、空间管理等方面造成了巨大的压力,随着高密度数据中心设备的广泛应用,对企业在能耗和散热管理方面也提出了新要求。在过去的 10 年中,数据中心的服务器供电密度就平均增长了 10 倍。由于数据中心约 60% 的资产支出和 50% 的运营成本都与能源有关,因此,设计、建造并启用高能效的数据中心已成为企业的一项重要的工作,同时企业对于能耗测试也产生了迫切的需求。

2. 资源整合

传统数据中心架构的资源无法共享,服务器与存储性能得不到充分利用,庞杂的系统更是降低了运维效率。

3. 绿色成长

通过刀片、虚拟化、服务器整合等技术可以减少机器数量,简化 IT 部署，实现数据中心的绿色成长。虚拟化的目的是将已整合为一体的资源以一种与实物的位置和状态无关的方式进行组织，以实现自由的跨业务平台的资源调用。在虚拟化工作中，底层的资源被抽象地分为计算资源、存储资源和网络资源，可有效地供上层应用调用。以虚拟化技术为核心的云计算作为电信业、互联网业和 IT 业市场和技术的热点，随着数据中心的服务器的规模越来越庞大，物理的服务器数量成倍增加，硬件成本不断涨高，管理和运维云计算所需众多服务器的成本也会增加。为了降低硬件和运维成本，必须对大量的服务器进行整合利用。通过整合，可以将多种业务集成在同一台服务器上，以直接减少服务器的数量，有效地降低服务器的硬件购买成本和管理难度。虚拟的数据中心结构不但能有效提高硬件的使用效率、减轻 IT 人员的工作量，还可降低固定资产投资与运营成本。但是虚拟化的软件同时也会造成业务性能的下降、额外的时延、存储接入访问变慢等问题，会影响用户体验的质量。网络服务上虚拟软件层对性能的影响到底有多大呢？在客户操作系统和主机之间的延迟增加了多少呢？多个虚拟机同时运行之间是否对性能有很大的影响？这些都需要用严格的测试来进行验证。

4. 信息安全

面对众多新型病毒和安全隐患，数据中心的安全策略及容灾计划亟待完善。随着数据量的爆炸性增长和数据中心的不断发展，数据中心在整个网络中的地位无疑越来越重要，数据中心的安全问题不得不引起业界的高度重视。在移动互联网和云计算时代，数据中心将面临不少新的安全挑战，除了传统的互联网安全风险（如病毒、攻击等）外，云计算引入的同时也带来了更多的不安全因素，例如 IaaS 服务的虚拟化系统、PaaS 的分布式计算系统等存在的软件漏洞和不稳定性，对此我们需要进行更多的研究才能应对。数据中心的安全防护是一个系统性的工程，需要从现实空间区域的分区规划、网络隔离和过滤、服务监测和设备本身的安全加固等方面考虑，并且需要将整个数据中心的系统维护流程和用户身份认证审计等各要素统筹考虑进去。

3.2 迎接数据中心新时代的到来

在数据中心时代，胜败取决于性能和安全运营效率。那么，决定成功的因素是什么呢？

（1）能源管理

对于许多大型数据中心而言，能源是排在人力资源之后的第二大变动费用开支。它可以占据 30% 的运营预算消耗。一直以来，数据中心的低效也是出了名的。在过去的 5 年中，数据中心花费比运行服务器高出两倍的资金来解决空调能耗的情况是司空见惯的。谷歌、雅虎、Facebook、亚马逊和其他公司已经开始大量削减能源消耗，它们的战略包括配置设备通风口（热通道）、直流配电，甚至把运营中心建在废弃的矿井上或其他偏远的低成本地区。

（2）高效网络

要既高效又不延时地从存储系统 A 中获取数据并传输到服务器 B，与此同时，A 和 B 又不在同一地域，这算是如今的计算机所面临的最大难题。几乎每个企业、科技公司都在研究创新的方法，以减少传输由智能手机、PC、工业设备和其他联网物件生成、收集的大量数据的时间，有效实现数据的处理和分析。目前，尝试着强行攻克延迟时间问题的方法，也就是购买比实际需要多的计算机和其他设备，这样就可以进行并行工作或者提高速度。然而，这个方法显然不是灵丹妙药，只是不得已而为之。这种建设数据中心的旧方法的花费容易超出预算。

我们可能会看到一种解决延时的综合解决方案。光纤传输数据的速度比电线快，它可用来连接服务器库。新的存储也会发挥重要作用，因为通信标准和技术的面世需要花费额外的时间。存储能有效地掩盖这些连接中存在的延时。

（3）虚拟化

月有阴晴圆缺，人有悲欢离合，资源利用也总存在忙一时闲一时的情况，服务器在大部分时间都是闲置的。数据中心的计算资源一般只有大约15%的处理周期在进行工作。虚拟化可通过合并同一硬件上的不同应用程序来减少闲置时间。这一技术最先应用于服务器，现在已推广到存储系统和网络设备。

（4）位置战略

"位置！位置！还是位置！"是我们传统商战中的一句俗话。这里所谓的"位置"，指的是数据中心所在的自然环境和社会环境。即便在移动互联时代，除了韩国和日本之外，大部分国家的带宽基础设施还是无法满足需求的，数据多于带宽的问题将变得更紧迫。怎么解决？数据中心的选址战略备受关注，原因是，大量巨型数据中心的发展会占据成千万平方米的空间。除此之外，还要考虑更多坐落于工业园区的中型数据中心设施。

除了这些中型设施，未来还会有小型的数据中心出现，如一个装满处理器、驱动程序、电缆和其他IT设备的垃圾箱大小的或小型变电站大小的数据中心。通过将实物基础设施分布在业务周边，数据可以被更快速地传输。这无疑会优化带宽功能，这里的位置战略和公用事业为保证能源能够遍及各地所采用的战略是一样的。

（5）培训和人员

有个问题是，企业更青睐于选择外面的云服务供应商，还是运营内部的数据中心呢？有些时候，你不能将一种战略资产外包。这种转变会增加对数据中心雇员的需求，还会持续打乱城市出行模式和土地使用计划。

数据中心时代会延续多久我们并不清楚。如果有更多的计算能力可以分布到边缘地带，那么这些太集中、太中心化的计算能力将失去价值。但是目前数据的增长远远超出了我们单独处理它的能力。整个数据中心时代也许产生不出像克莱斯勒大厦或帝国大厦那样的标志性建筑，但它的存在周期会持续很长时间。

数据中心发展成为组织单位的战略资产的关键时，我们需要明白其发展的周期会是 25 年以上。尽管这是众所周知的信息，但目前所设计和建造的一般数据中心都难以体现它的实际价值：企业数百万美元的投资旨在组建起可支撑不断扩张和发展的应用和硬件的平台，而不想刻舟求剑、劳而无功。

作为一个公司整体 IT 战略之一，数据中心会在 20 ~ 30 年内成为公司重要战略资产，并持续发挥它作为一种资产而支撑业务和企业发展的价值。类似持续不断升级设备的投入将不再被企业所接受。

对数据中心的提供商来说，要将数据中心作为长期存在的交付资产，需要在总体拥有成本上投入最大的关注，以能够做出最有效率的决定，包括操作和运维。例如，成功采用了该策略的美国西南航空公司（SWA）为了实现它们的商业目标——"低票价，准时到达"，认识到，需要掌握可操作性的标准化组件，以消除混乱、短缺和错误的操作。通过将标准化的波音 737 飞机作为唯一的机队机型，该公司能利用相应零件的一致性来培训、检查和设定程序。数据中心也不例外，通过使用一个标准的设计和组件，进行有效的运作，不断改进设备或设施，扩展基础上的相通性，这大大强化了美国西南航空公司在这方面的经验和能力。

如果数据中心是一个单位组织的战略资产，那么它必须用必要的工具来分析和了解其性能及精确度，以及有效计划的能力。由于数据中心里的应用程序非常复杂，而且混合的设备需要同时运行，如果不能在其开发周期内持续地投入，那么一个封闭的管理平台将不会为你提供所需的有效分析和可扩展的规划结果。开放管理平台可确保你能利用新兴的应用程序提供更广泛的视角和控制操作。如果要确保数据中心的建设与企业的新硬件以及应用程序的需求保持同步，那么，开放平台的建立无疑是战略规划中非常重要的部分。

建立一个高效的且共享的基础构架，以支持大多数应用程序的使用，是数据中心的基本能力。以更低的成本和更为简化的方式，使整个信息系统更好地为企业提供服务，满足业务新需求是必需的。在保持整个信息系统实现简化和降低成本的同时，需要确保所提供应用程序的服务等级。确保技术投资最大化、安全化和合规化，确保服务质量以及关键业务 7×24 小时可用。使信息科技基础设施建设与商业需求保持一致，减少企业新产品和新服务推广的周期，使企业得以在竞争激烈的新兴市场迅速扩大业务。

图 3-1 展示了现代数据中心所需具备的特点。

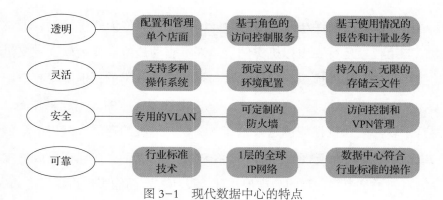

图 3-1　现代数据中心的特点

3.3　软件定义的"生态"

1. 什么是"软件定义"？

在这个词被完全抹黑前，我们先看看它可能的意思，比如软件定义网络（SDN）。网络升级到 SDN 后，IT 团队可以动态并以可编程的方式配置与塑造逻辑网络层，还可以通过远程控制来维护底层物理网络（以及其他设备）。

一旦基础设施变得可以远程编程、通过软件进行定义，它将获得新的灵活性。网络变更时不再会让整个系统戛然而止，也不再需要手动移动线缆，更不用对设备一台一台地更新配置文件了。之前需要花费一个周末的繁杂操作可简化为一键切换状态 A/B，SDN 重新定义了网络的可维护性。

这种远程可编程特性将为整体环境带来第三方智能与优化（所有堆积的服务器资源可能被大数据应用所用）。虚拟化朝数据中心迈进了很好的一步，将物理的基础设施抽象为总资源池，可以更好地关注逻辑层面的工作负载。利用对资源的软件甚至硬件的可编程特性，企业可以更有弹性地配置和建立架构，完善连通性、安全性、性能以及数据保护方案。

2. 软件定义，还是可软件定义？

早先许多嵌在硬件与固件中的功能，现在都已作为软件提供，通常作为虚拟应用程序运行在虚拟机实例上。许多驱动最终会变为软件定义世界中的应用程序。软件模拟在内部测试与开发中是常见的，但随着具有廉价 CPU 和内存的商业服务器越来越多，虚拟化管理程序的效率越来越高，这使得基于软件的系统性能也越来越高。例如，传统的存储阵列以前只能通过 OEM 提供的软件连接服务器，在经过数道包装后，它现在已成为虚拟化存储阵列了。当然，专门为虚拟化环境设计的产品能表现得更好，如 HP StoreVirtual VSA、EMC ScaleIO、VMware Virtual SAN 和其他产品。

软件定义意味着所有关键的非服务器 IT 基础设施（如网络、存储与安全性）都可以通过软件来实现，进而实现了效率、自动化、灵活性与服务质量的提升。在流行的 SDDC 版本中，完整的数据中心中几乎所有的资源都可以通过软件来定义，并完全托管在虚拟化计算环境里。

简单地用软件实现还不够资格被称作"软件定义",这个词同样适用于整个服务资源(如网络或存储)。只要拥有支持 SDN 的网络交换机,必然会出现适用于软件定义基础设施的硬件与固件解决方案。换句话说,模块化的(可能是专有或高度专业化的)物理资源池将被精心配置,用以实现弹性调整、动态分配与可编程配置。

3. 软件定义的生态是什么?企业为什么需要它们?

对于目前任何一个企业单位,通过虚拟化来支持业务的增长已变得越来越关键,所以可以用它创建和部署优化的 IT 基础设施,提高这些服务的速度和效率可帮助企业获得竞争优势和更高的价值及盈利能力。"多快好省"永远是企业追求的目标。

企业正在改变他们与客户互动的方式,把移动、社交、大数据和分析平台这些面向大众的新系统与传统的后端 IT 系统相集成,从而共享数据,使决策更快速,过程更有效率,并且改善客户的直观感受。但是,这样的整合新技术也给 IT 管理提出了一个前所未有的难题。依据云最适合特定资源调配和要求最佳性能水平和运输成本来看,按照已有的方式建设传统的大规模数据中心的效率会很低,过程也会很复杂。

软件定义的生态会使数据中心更可定制化并更有效。对于所有应用程序使用相同的标准和资源的方式将无法胜任,取而代之的是根据工作负载类型、业务规则和资源的可用性,这样一种完全不一样的基础设施构架。一旦这些业务规则与资源就位,最佳实践是统筹如何构建、部署、规模化和优化这些服务,而这些服务是基于业务的需要去平衡和构建连接我们各个工作负载之间的工作负荷和资源。工作负载是使用模型和资源来定义和组合的,同时通过业务规则和策略来管理和部署。

软件定义的生态提供了多种核心优势,如图 3-2 所示。采用软件定义生态的企业的 IT 运营,到现在为止,主要还是通过传统的手工处理。

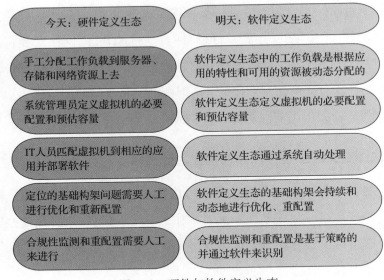

今天：硬件定义生态	明天：软件定义生态
手工分配工作负载到服务器、存储和网络资源上去	软件定义生态中的工作负载是根据应用的特性和可用的资源被动态分配的
系统管理员定义虚拟机的必要配置和预估容量	软件定义生态定义虚拟机的必要配置和预估容量
IT人员匹配虚拟机到相应的应用并部署软件	软件定义生态通过系统自动处理
定位的基础构架问题需要人工进行优化和重新配置	软件定义生态的基础构架会持续和动态地进行优化、重配置
合规性监测和重配置需要人工来进行	合规性监测和重配置是基于策略的并通过软件来识别

图 3-2　硬件与软件定义生态

从 20 世纪 90 年代以来，当技术供应商认识到金融市场的软件比硬件更有价值后，非常多的 IT 供应商一直在摸索并试图将自己定义为软件公司。到 2010 年，这种狂热达到顶峰状态，供应商开始把他们的解决方案定义为"软件定义"。从软件定义网络开始，随后很快出现了软件定义数据中心（SDDC）。不久之后，存储行业也加入这个热潮并出现了软件定义存储（SDS）。

自给自足的技术能力已成为科技行业发展的强大潮流和推动力。在提供处理、存储、网络和其他基本的计算资源之后，用户能够部署和运行任意软件，包括操作系统和应用程序。在这样的环境下，用户不需要管理或控制底层的云基础设施，只需控制操作系统、存储和已部署的应用程序，或有限控制的网络组件（例如主机防火墙）。

一般情况下，集中的 IT 团队容易创造出较高的期望值，正是由于这点，业务用户可在基础构架和运维团队的帮助下，控制好技术驱动创新的步伐，并逐渐被赋予拥有自主技术工具的能力。在目前不确定和实现高性能的动态环境中，组织单位需要实现新层次的敏捷性才行。他们的策略必须适应不断变化的环境，并通过不断创新来创建竞争优势。他们还必须利用新兴的机遇促进灵活性和可扩展性的发挥，以面对新的竞争对手，从而实现更高水平的成本效率、运行效能和生产力，以满足客户和股东的要求。

对于许多首席信息官（CIO）来说，数据中心使其倍受煎熬。相对于它们包含的应用程序和硬件，它们已无法实现定期更换。灵活和敏捷的数据中心是亟待探索的关键。一个灵活的数据中心需要采用虚拟化技术，基础设施要全自动化，还需要弹性服务目录和其他新兴技术的融合来加快基础设施的建设。与之相比，传统的数据中心可能要求业务部门等上几个月甚至是一年，才可在瞬息万变的市场机遇面前采取行动。灵活敏捷的数据中心让高效率和低成本得以实现，以前几个月才可完成的事情，现在几个小时便能做到。

3.3.1　软件定义生态与云计算

越来越多的企业希望使用云计算，并加快业务创新，然后将新业务赋予他们的最终用户，从而提高数据中心的总体效率。云通过新的消费模式交付，通过访问自助平台能提供的服务方式来获取所需的各种资源，并按使用量来支付所需要的服务。虽然企业通常认为云平台能提供 IT 服务，但他们还应该考虑如何使用最优的资源使业务利益最大化，以此来部署这些工作的负载。

软件定义生态是数据的基础设施、企业和云服务供应商必须依托这些才能提供最有效的、可伸缩的云解决方案。结合云计算转换能力与软件定义生态的优势，使云计算的工作负载达到最优的性能、具备可靠性和可伸缩性。软件定义生态已成为业内领先的技术，更多的企业将运用它来增强他们的云基础设施。

然而，并非所有的工作负载都将以云计算服务的方式来部署。自动化、集成和优化的好处是，一个软件定义生态可以提供也可实现传统的、非云的环境。通过在非云的工作负载下投资软件定义生态，企业可为将来的云基础设施打下基础，也给眼前的业务带来立竿见影的裨益。

3.3.2　必然并非偶然

为什么企业的基础设施需要打造成软件定义生态？为什么传统的基础设施从长远角度考虑对业务不利，我们发觉有以下几个原因：

1）IT 部门发现，如果不采用软件定义环境的综合考虑，未来将越来越难以满足企业的需求，而且要花更多的预算来维护现有的老旧硬件和基础设施（旧的硬件和小型机），而不是创造和构建新的解决方案。数据中心专业化所产生的对技能的更高需求和独立管理的需要，可能会抬高企业的劳动力成本。

2）业务需求优先级别的错误排序或级别设定，会直接导致基础设施资源的使用效率低下。2013 年，德国工业 4.0 提出的一个核心内容就是，如果要通过软件实现业务智能化，但由于我们很难预知商机何时出现而要花上几周才能完成服务器部署，这很可能使企业错失商业良机。

3）使用不同的技术快速地对不断变化的环境和市场条件及时反应，意味着企业将拥有更多的增加营收和驱动创新的机会。

3.3.3　想说爱你不容易

目前，缺乏开放的基础设施标准在很大程度上阻碍了交互性的实现，同时增加了成本，局限了选择范围，也限制了系统方案提供商的生态系统。即便是有移动互联网的前端整合，但因大多数 IT 环境的基础设施和平台有多个供应商，所以企业往往只寻求能够适应现有情况的模型，而不再需要增加了基础设施成本的解决方案。从协同工作角度来看，很多新的工作负载模式，如移动、社交和大数据分析，有时是由其他业务线部署和管理的，而 IT 部门直接参与其中的情况微乎其微。这使得 IT 流程和资源变得低效，阻碍了重要客户数据和业务数据的整合。

当前的 IT 组织单位是高度专业化的，包括其服务器技术、虚拟化、云平台、存储环境和网络基础设施。这种专业度很强的人力的成本对业务来说是极其昂贵的，企业将越来越难以找到合适的人员来实施和管理这些技术。如果不考虑应用程序在新架构中的适用性，那么可能无法继续使用它们。除了那些本身就是基于云平台产生的新的工作负载，软件定义的目标就是结合旧的基础设施和应用程序，全方位地防止管理、数据和流程上的孤立分散，因为这些都会增加成本并使响应速度变慢。

3.3.4　最佳实践

接受软件定义生态是个需要循序渐进实现的过程。大多数公司的业务需求会经历以下这些阶段。

虚拟化的普及和深化是第一阶段。许多企业尽管完成了服务器资源的虚拟化，但在它们的数据中心中（包括存储或网络）并没有完全实现虚拟化部署。如果只对服务器虚拟化而没有一个通用的整体框架，那么只能独立工作的存储和网络工作起来就会举步维艰并过于复杂，但开放虚拟化将会打破这些瓶颈，加快技术的集成，为企业提供更多的选择。

资源的智能调配是虚拟化后的第二阶段。当企业用自动而非手动的方式构建和部署基础设施组件时，自适应的流程开始响应，企业就可以直接在已知的规则和最佳实践的基础上设置并激活虚拟服务器、定义模板和工作负载的属性。通过智慧的资产资源识别和智慧的资源调度，企业可以轻松地根据不断变化的业务策略，来配置基础设施，并且平衡资源供应与业务需求。

大数据处理能力的增强是第三阶段。企业的 IT 部门可以渐渐不依赖于静态的资源，它必须能够在整个数据中心的环境下收集和共享所需的数据。企业需要构建一个可灵活扩展的基础架构，以响应实时的事件，并支持及处理随着产品和生产运维的增加而产生的大量数据。

事务弹性扩展是第四阶段。随着数据量的增加和实时性要求提高，数据处理事务的数量和能力也相应地提升。工作负载需要有弹性事务扩展的能力，即基于不断变化的业务需求无缝地扩张和收缩的能力。下一代的工作在面对当前的 IT 基础设施时，将在很大程度上依赖于对应用服务器的控制。

指令处理能力更灵活是第五阶段。随着实时数据量的增加，处理数据的指令也会相应增加。工作负载需要更加灵活的指令处理能力，即能够基于变化的业务需求，进行无缝缩放指令的能力。要将下一代工作负载规划在现有的 IT 基础设施中，就要求对应用服务器有更高的控制能力。

基于策略的优化是第六阶段。基于策略的优化有助于企业根据组件来定义它的工作负载，比如应用程序服务器、数据库和基础设施，并定义治理、部署、扩展和优化这些工作负载的服务。随着新的工作负载使用模式的出现，企业可以重复调用这些模式，使 IT 基础设施自动化调整以应对不断变化的工作负载需求。

实现"能感知应用"的基础设施是第七阶段，也应该是我们的终极目标阶段。服务等级目标和策略在软件定义环境的推进过程中被部署和建立起来，所有的资源被自动调整到最佳的交付状态；基础设施基于服务水平目标，实现零服务级别影响，并且可以持续优化工作负载；根据实际的需求，实时分析并预测最佳结果，可为工作指令匹配相应的基础设施资源，确保最高优先级的工作也达到所需的服务水平。

3.3.5　群雄逐鹿

软件定义生态提供了一种"认知世界应用"的基础设施，通过整合应用型专门人才可以满足工作负载的独特要求，例如传统的三层应用程序、Web 2.0 服务和大数据。不同于那些只针对软件定义的计算，提供局部解决方案的 IT 供应商，软件定义存储与网络相结合的技术也同样重要，因为它不但为企业提供了一个多样化的灵活的平台，还可优化工作负载性能水平，更好地整合资源。这特别有助于企业加速优化基础设施的协调服务。

作为企业的一种战略资产，数据中心必须支持离散的、独立的、佣金式的扩张。出于各种原因，现在一般数据中心的基础设施并不支持这方面的需求。对于许多大型的多租户的数据中心，客户必须提前对未来的容量需求做好计划，以确保未来有进一步需求时数据中心仍然有可用的资源。这种战术需求并未提供给客户所需的灵活性和控制力，不能应对映射出目前多数企业单位业务特征的持续演变和发展的 IT 需求。决定数据中心发展方向的应该是客户的发展进程与计划，而绝非数据中心本身。

不断扩张的互联网和全球网络增大了对数据存储空间、计算能力和复杂网络的需求，这种需求催生了对现有数据中心基础设施的升级需要，从而增加了数据中心和企业的资本及营运开支。独立的扩张是目前众多数据中心供应商公认的增长模式。这种扩张也增加了连接、统一和集中数据中心资源的复杂程度。但决定数据中心的承载能力的关键因素并不是建筑或占地本身，这是笔低回报率的投资，因为你建造的设施并没反映出你的战略规划，或实际投入的成本。

现代商业发展是一个永恒的命题。为了克服不断上升的对于资源池、简化数据中心网络和整体管理的需求所带来的种种弊端，软件定义数据中心（SDDC）这一复杂的概念诞生了。这个概念可以帮助传统的数据中心的用户无缝地向上扩展他们现有的基础设施，从而减少开销。这也有助于统一服务器的存储和网络，以及简化对所有资源的管理。SDDC 有助于克服延展性、灵活性、可管理性和降低成本等方面的障碍，进而帮助企业和服务提供商更好地管理他们现有的数据中心和网络。

更广泛的互联、更强的全球物流能力、越来越相互依存的经济体系，这 3 方面已经引发了一场全球性的竞争，即一场全球企业争夺这有限市场中的潜在客户的竞争。目前的 IT 部门由此正面临越来越大的压力——尽管面对的是捉襟见肘的预算拨款，安逸于过时的 IT 模式下工作的员工，也无时间或资源来了解新事物，但 IT 部门仍需在应用和解决方案上为一线业务提供强有力的支持。IT 的改变在不断进行，现有技术完全能帮助企业实现业务变革的目标。

3.3.6　企业宝藏

软件定义生态可以让企业受益匪浅，设计的目标如下。

1）灵敏的反应。软件定义生态能基于业务需求和企业的资源属性迅速自动地将最有用的资源部署给新的工作负载。随着新的解决方案的出现，它使业务线得以快速开发、部署、测试、再部署解决方案以加速软件交付的周期。在确保开发人员和 IT 架构师专注于代码编写而不是基础设施配置的前提下，软件定义生态能够将新业务上市的时间从几周压缩到几天。这便加快了企业的响应速度，加大了差异化，从而提高了竞争优势。

2）简化。软件定义生态可自动执行的基础设施优化和配置任务，而无需配置一系列专业的管理技能。通过免除许多专业级别的管理任务，企业将大幅度降低运营成本，也更容易招到拥有匹配技能的员工。软件定义生态针对成分复杂的资源提供了集中的、跨领域的管理，以确保服务水平和监控资源的利用率；除了能降低成本，在实施新的企业任务和应对更高价值的任务时，还可简化并提高员工的工作效率。

3）适应性。软件定义生态可实现实时响应，以支持不断变化的业务和客户的需求。无论是波动的企业业务负载需求，或不可预测的需求周期，还是业务需求发生变化，软件定义生态都能自动重新配置资源，以确保优先将资源分配给最重要的工作负载。软件定义生态不断优化环境，使 IT 基础架构最大限度地提高获取业务成果的能力。适应性增强后，客户满意度和忠诚度也将得到提高。

与传统的基础设施相比，这将使企业更易于组建、管理和扩展，也能更快、更有效地提供云计算、大数据和分析、移动及社交商务服务。

3.4　IT 变革之旅

自从在 50 多年前 IBM 首次应用虚拟大型机时，虚拟数据中心的概念就产生了，但目前只有几家公司能跨整个分布式数据中心，达到相同的效果。

IBM 在大型机虚拟化领域的创造性工作为多年后威睿（VMware）的崛起提供了帮助。就当 IBM 虚拟整个计算环境——大型机时，如今的公司，如威睿、思杰与红帽在整个数据中心架构（包括服务器、存储与网络）上，正尝试着完成同样的提升。IBM 的工程师 Robert Creasy 和 Les Comeau 在 1964 年所做的开创性工作，即给每个大型机用户提供虚拟机、独立的操作环境，令很多的应用得以在同一个大型机下同时运行。到如今，一股新的浪潮已涌现，那就是从整个底层物理架构隔离操作系统与应用层，利用现代分布式数据中心完成同样的变革。

实际上，新的软件定义数据中心的管理层变成了诸如整个数据中心的 PC 操作系统，即便不简化底层物理架构，也可确保应用得到它们运行所需的资源。

随着计算从大型机转移到分布式环境，虚拟化问题变得更加复杂，但解决方案基本上是一致的。这需要数十年的进化，从工作进度到根源分析，再到运行自动化和配置、变更管理，对于整个流程，目前只有少数几家公司有能力在数据中心实现。

新的虚拟数据中心能够虚拟所有数据中心的硬件，并让应用根据具有重要性与时效性的策略去运行，不管实物资源在哪里，都能在最恰当的资源上得到运行应用。存储与网络硬件能够像服务器那样商品化已屡见不鲜了，自助服务 IT——用户只需要单击几次鼠标就能发布他们自己的应用与服务——也必将成为现实。

当然，梦想并非是现实，异想天开终究无济于事。即使用户希望简化，但现有技术越复杂，新的技术往往就会应运而生，经常造成无意识的且无法预见的结果。不过随着软件定义数据中心的出现，IT 部门可以实现彻底变革。

3.4.1 奠定基石：虚拟化

数据中心基础设施的虚拟化，特别是服务器虚拟化，通常只是企业运用软件定义数据中心架构的 IT 演化之旅的第一步。正确的服务器虚拟化方案能够带来数据中心的变革，尽可能减少对预算和技术资源的依赖性。更重要的是，虚拟化解决方案能够帮助企业 IT 部门更高效地应对更多的基础设施层面的挑战。比如，在虚拟化基础设施中，IT 部门能够根据需求部署服务器容量，从而便于实现大规模应用。

虚拟化方式能够比较容易地被重复使用与部署，这使得虚拟化设备能对应用程序进行测试与规范。而且，通过使用应用程序，我们可在同一个数据中心或远程数据中心的各个服务器之间进行便捷快速的、低成本的切换，使得虚拟化能够有效地优化与加强高可用性与灾难恢复能力。成本低、速度快、易于实施已使服务器虚拟化向虚拟化数据中心成功地迈出了第一步。

据 2013 年度面向 IT 决策者的一项调查显示，58% 的企业已经实施或拟在不久的将来实施服务器虚拟化，作为推动 IT 进程的第一步。然而，在服务器虚拟化模型方面，其他 IT 组件——如网络、安全和存储基础架构——仍然保留着实体化模式，已实现虚拟化的不足 10%。虽然这种模式提供了成本和运营效率，但它却能通过衍生而增加潜在的商业利益。

3.4.2　进阶模式：云计算

对于那些已享受到虚拟化所带来福利的企业单位，云计算无疑是它们推动 IT 演化之旅的下一步打算。企业通过转向云私有化，来获得更高的效率与业务灵活性。私有云架构是建于虚拟化基础之上的方式，是通过叠加服务管理平台和自我服务能力来实现的，它们可以通过自动化和自助服务数据中心环境的搭建而降低企业额外的运营成本。

即使构建私有云的过程需要长期的时间投入，但它还是成功地引起了各企业普遍的关注。尽管只有 10% 的企业已采用私有云，但有 30% 的企业预计在未来两年内落实云服务，另外还有 27% 的企业正在考虑应用私有云。

正如调查结果所显示的那样，尽管企业在 IT 进化之旅上各有不同表现，但考虑到企业的需求和文化特点，一般都会应用云服务。然而，虽然大多数企业打算在未来实施云服务，但是从它们的计划可以看出，它们各自往前推进的速度却大相径庭。对于那些渴望获得额外收益的企业，正确的云计算基础架构可以使它们有能力进入混合云服务模式，即私有云模式与公有云模式、多租户云模式共同运行。在这种模式下，一些工作，尤其是关键类任务、敏感类访问登录、隐私类数据，就能保留在私有云环境中，而相对不太重要的工作就可使用公有云服务。

服务器虚拟化可帮助企业单位将资金开销和运营开销削减 50% 以上，同时还可实现更高的业务敏捷性。

但是，今后又将如何发展呢？将虚拟化扩展至更多的工作负载，无疑会在成本和服务等级协议（SLA）方面更广泛地获益，但我们还面临一个更加有益的任务——将数据中心的其余部分虚拟化，使得数据中心的所有服务都变得成本低廉且易于调配，并可作为虚拟机进行管理。这种全虚拟化数据中心的体系结构就是软件定义的数据中心（SDDC），它对于实现 IT 即服务至关重要。

SDDC 是一种体系结构式的方法，可将你所了解的虚拟化概念（抽象、池化和自动化）扩展到所有数据中心资源和服务上。SDDC 可以通过运用强大的策略驱动型自动化，显著加快并简化全面虚拟化的计算、存储和网络连接的初始调配及后续管理工作。最终，这将使 IT 部门和业务两部门的敏捷性、效率、控制力、选择性都发生翻天覆地的飞跃。

3.4.3 遨游云端：IT 即服务

互联网巨头的巨型数据中心足以影响和改变整个基础设施产业的生态链，传统的基础设施和解决方案交付模式、硬件更新模式由此受到挑战。从资源到能力，从能力到竞争力的发展，引领 IT 组织向全服务化模型转变的不再是单纯的技术的可用性和合适性，而是互联网时代，大数据时代复合型人才的思维，是跨界文化交织而成的结果。IT 功能前所未有地走到了前端，现在有非常多的 CIO 会感受到 IT 对于后台支持和服务设计的精确到位，更多要求 IT 需要对其业务单元的服务需求负责。这种变化更多来自于市场的反馈和驱动，让 IT 充分意识到变革的必要性。今天的业务部门确实拥有 IT 来源的选择权，如果内部 IT 并不能够提供一个实效和优价的解决方案，企业战略驱动的业务单元就会充分选择外部的替代方案。

通过今天的信息科技，用超大数据集合，结合多个数据库信息交叉分析，从而可以获得原有商业智能（BI）得不到的商业洞察力。用标准化的程序、分布式计算及功能更强大、表现力更强的数据可视化工具可进行结果展现。IT 在对商业环境特定分析及应用收益方面有着明显的优势，其中包括欺诈分析、风险量化，甚至包括市场气氛趋势分析。所有的这些能力不是 IT 与生俱来的，很多是被动建设系统过程中的产物。目前 IT 已意识到这种能力完全可以是 IT 的核心竞争力的表现，这对企业的核心竞争力有着无与伦比的重要性，从而逐步从后台型转变为前台型。IT 必须成为交付卓越"客户"、体验专业服务的特殊部门，除此以外，为适应业务部门的成长轨迹，还必须具备更精确的商业洞察力和对商业改变的理解力，才能实现成本管理的弹性需求。

所有这一切，都是从用户体验开始的。客户关系管理提供商 Salesforce 的成功给了我们非常好的可见的模型。IT 需要从技术导向往服务导向转变，协助业务部门实现有针对性的营销，要能识别销售、市场机会和消费行为的变化。敏捷性来自于审视业务用户的需求。

IT 即服务驱动业务出成绩。

虚拟化和云计算——无论是私有、公有或混合的形式——都可以充分满足当前不断上升的业务需求，与此同时，它们也将推进 IT 演化之旅，以便更好地实现当前和未来的业务目标。

云计算、移动性和大数据的增长将进一步刺激企业在数据获取与存储方面的需求，但预计，预算与资源短缺的问题在短期内仍会存在。

为了实现企业所期盼的成功结果，未来的数据中心需要一种全新的服务交付模式，IT 将被视为一种服务（ITaaS），它能够提供企业所需要的所有计算、存储、网络、安全性和可用性——以一种服务的形式——能够在企业所选的任意硬件上运行。

一个软件定义数据中心架构能够将数据中心基础架构中除计算功能以外的其他元素虚拟化，如网络、存储和安全性。在 ITaaS 模式中，自动化将代替手工操作，员工可以通过自助服务目录或企业门户网站来享受 IT 服务，这不仅可以减轻 IT 工作人员的工作负荷，同时也将带来全新的解决方案，以此驱动更高的生产力和更高质量的交付物。当 IT 成功地切换至 ITaaS 模式后，各业务线也将改变对 IT 部门的认知，不再将其视为一个成本中心，而是一个企业内部的价值创造者。

经营业绩是衡量上游与下游提升、驱动创新以及 IT 与业务战略目标并行程度的关键指标。

3.4.4　技术模式再造

将 IT 转变为服务导向的模式是一场技术变革。这场技术变革主要依赖的并不是实物资产，而是 IT 是否能够汇集所有可用资源并实现对这些资源的自动化管理，即以自动化方式交付新数据与应用程序，这使得 IT 团队可以将更多的注意力放在与业务战略目标相关的高价值任务中。IT 服务交付模式的实现需要一个全新的数据中心基础架构，即以软件定义的数据中心。

在软件定义的数据中心中，软件基础架构平台将配置、协调和分配所有的基础设施资源——计算、存储、网络和安全——使得数据和应用程序能够有足够的容量、可用性和响应时间，而无需系统停机或限制对关键应用程序／数据的访问。该软件定义的数据中心架构还包括全套的虚拟化和云计算管理工具，可以帮助最大限度地降低云计算的复杂程度，它有效地利用可用的服务器、存储和网络资源为企业打造自己独有的云计算能力。通过更有效地管理软件层的整个数据中心，IT 不仅能够实现更高的效率，得到更低的成本，同时能够降低管理的复杂程度。

3.4.5　运维模式创新

1. 改造运作模式

软件定义数据中心架构中的虚拟化和自动化程度比以往任何的数据中心都要高，这使得精明的 IT 领导者，从典型的管理、维护的服务器上转移出资源，将更多的精力放在创造新的、能出结果的解决方案上来。因此，IT 可以将管理固定资产的运维工作转移到能够提供促成业务目标的关键性的服务上来。

例如，ITaaS 的组织正在推进如下关键指标的改进：

- ITaaS 能够提高 IT 员工的工作效率，以便他们能花更多精力来部署新的应用程序、服务和容量。实际上，这可以提高整体的经营成果。最近的一项调查显示，新的业务机会由此增加了 30%，而在部署 ITaaS 模型后所增加的业务收入所占比例超过 20%。
- 有关 ITaaS 的调查报告显示，安全事故和停机时间显著减少，由此可见，可靠性提高了。
- 更有效地利用基础设施并减少维护负担，让 IT 的高可信度计算成本减少了 50%，从整体上降低了 70% 的计算成本。
- 在 IT 生产力提高的基础上，所有的 IT 资源都被简化管理并自动化，这使 IT 部门能够将 IT 资源从手工作业模式转移到更具战略性的投资上来。

软件定义的数据中心是 IT 演变的下一个阶段，并且是迄今为止最有效、恢复能力最强、最经济高效的云计算基础架构方法。

实现这一转变的是软件定义的数据中心（SDDC）。SDDC 架构使大多数企业的 IT 部门的计算、存储、网络安全、可用的基础设施及资源具备以下特性：

- 抽象和软件定义
- 池化的企业资源
- 由自动化、智能化、策略驱动的软件管理服务交付

对于那些开启了 IT 转型之旅的企业而言，在当下选择合适的数据中心架构，可以使 IT 在将来顺利地完成 IT 即服务的转型。从传统的模式到软件定义数据中心的架构，使企业的业务能够实现 IT 即服务驱动的数据中心的变革。我们从技术和运营模式的角度深入研究软件定义的数据中心架构，就会发现基于软件的数据中心架构是如何基于 ITaaS 交付模型，为 IT 组织提供高效、灵活、可控的、可选择的转型，最终实现最大化的企业盈利和运营优势的。

2. 业务逻辑驱动的自动化

软件定义数据中心为我们构建了一个宏伟的愿景，描绘了企业 IT 将如何以最佳方式服务于企业的业务目标。实现这种理想状态的关键在于，在企业服务水平协议和法规条款的基础上，允许应用程序定义自己的资源需求：计算、网络、存储、软件。为了确保可扩展性、柔韧性和灵活性的实现，并最终转化为可观的低运营成本，我们必须从业务逻辑而不是技术配置说明的角度来定义这些需求。然后，这些业务逻辑元素将被转换成一组应用程序编程（API）接口指令，使得管理和虚拟化软件能够规定、配置、移动、管理和搁置相关的业务服务资源。总之，软件定义的数据中心转变了传统的以基础设施为中心的数据中心理念，将重点放在确保计算、网络和存储元件在应用程序或以业务服务为导向的环境中的正常运行。这是一种根本的范式转换，从而改变了 IT 的角色定位，即从被动的服务供应商变为主动的变革推动者，确保了足够的承载未来工作负载的能力。软件定义的数据中心是围绕应用程序工作负载的需求，使企业用户得以用最高效且又符合服务水平协议的方式运行应用程序。

从定义来看，软件定义的数据中心是基于从实际数据中心自动化和编排层中获得的需求定义的，是与时俱进、恰合时宜的。软件定义的数据中心核心地带并不需要出色的程序员在每次出现新的应用程序负载、服务水平协议或公司政策时，手动调整自动化或编排工具。软件定义的数据中心能够"自动"提供特定的应用程序环境，来确保满足企业用户所要求的可靠性、高性能和安全性。

随着企业计算和存储需求的不断增长，数据支持中心必须要能满足企业长远的需求。不幸的是，目前数据中心的客户所能够获得的交付物往往不具备良好的思维方式，使得它们无法成为能够支持更为广泛的 IT 策略的战略资产。客户不应将数据中心视为一个装饰用的"随身物品"，而要将其视为一个能将自己的长远需求与产品开发紧密结合的合作伙伴。这一探索的最终结果，有助于帮客户实现在总体 IT 战略计划框架下的优质数据中心所需的设备与供应商伙伴，而不是资产负债表上无用的数据。

软件定义的数据中心的另一个主要驱动力是，其固有的交互操作能力可使 IT 解决方案在任意硬件基础上得以实施，而不受硬件厂商或制造商的限制，并拥有支持多租户的额外优势。预计未来软件定义的数据中心将会在异构环境和混合云服务中得以实现，更加关注从软件层面定义的安全性。软件定义的数据中心领域杰出的厂商包括 VMware、HP、EMC 和 IBM 公司，而不久后 6WIND、Pica8 和 Coraid 等公司也将脱颖而出，成为这个领域的主要创新引领者。软件定义的数据中心市场研究报告既分析了市场动态、未来发展蓝图和全球趋势，还提供未来 5 年的竞争情报和预测。

3.4.6　如何开始？从哪里开始？

对于那些还没有开始实施的软件定义生态的企业，下面几个步骤是至关重要的：

1）尽可能多地去将资源和应用虚拟化，包括存储和网络。这可使企业的基础设施可编程、更高效。集成跨多平台和资源的管理工具（计算、存储和网络），通过单一控制点协调所有资源，这样就能优化整个环境。

2）投资基础设施，利用开放标准，如 OpenStack、OpenDaylight 和开放的虚拟化的标准，以确保更大的创新，整合和选择 IT 基础设施。SDEs 是一种开放的标准，它可帮助企业充分利用有广泛的解决方案的生态系统。

3）简化和加速服务交付，可降低成本。运用软件和基础设施配置的最佳实践，快速部署新的工作负载。使用这些最佳实践用的实现可重复的、无差错的迅速调配基础设施和流程自动化的方法，能使 IT 运维保持创新。

软件定义的数据中心就是虚拟化、软件化数据中心的一切资源，专门的软件会代替专门硬件，它们会贯穿数据中心的方方面面。虚拟化是从服务器虚拟化开始的，它所带来的好处在前面已经提到了。而网络、存储是物理性很强的资源，虚拟机虽然带来了一些灵活性，但却没有办法在其他资源上体现出来。软件定义的数据中心就是把数据中心所有的传统、物理、硬件的资源进行虚拟化和软件化。

软件定义的数据中心在各种底层硬件架构上面加载了一个虚拟的基础设施层，它提取所有的硬件资源并将其汇集成资源池，能够支持安全高效自动地为应用按需分配资源。它可以将虚拟化技术的好处扩展至包括计算、存储、网络与安全以及可用性在内的数据中心的所有领域，从而实现支持灵活、弹性、高效和可靠 IT 服务的计算环境。

软件定义的数据中心提供让数据中心适配新形势和新应用所需的一切，管理从存储到网络和安全的方方面面。因虚拟化一切，底层硬件的任何变化都与上层应用无关，有了这个基础，可伸缩性和性能问题便迎刃而解。包含有大量遗留资产的数据中心因此得以提高效率、降低成本、实现动态化。

软件定义的数据中心的核心框架如图 3-3 所示。

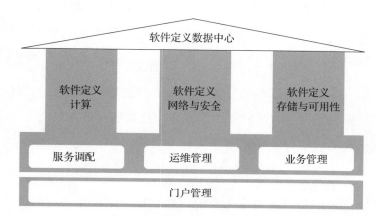

图 3-3   软件定义的数据中心的核心框架

1. 软件定义的计算

软件定义的计算是针对 x86 系统的虚拟化技术，它可以将 x86 系统转变为通用的共享硬件基础架构，原先由多台服务器完成的工作可以整合到由数量不多的服务器完成。摆脱了竖井式的结构，服务器物理硬件、操作系统和应用以松耦合的方式连接，虚拟机及其上面的操作系统和应用完全独立于底层的硬件。

除此之外，软件定义的计算通过把服务器计算资源抽象化、池化和自动化来实现资源的自由调配和充分利用，它可以使资源被充分地利用，并按需调配。当数据中心的服务器需要升级或维护时，即可通过虚拟机迁移技术把服务器上的虚拟机在工作状态下迁移到另一个主机上，从而始终保持业务的连续性。服务器虚拟化大大增加了数据中心的灵活性和 IT 的敏捷性，减少了管理上的复杂度和 IT 响应时间。

2. 软件定义的网络与安全

现有的网络体系结构对底层物理硬件有很大的依赖性，因此灵活性很差。除此之外，这种不灵活的体系结构对工作负载和应用的扩展与迁移都有很大的限制。在安全方面，传统的安全防护的价格非常昂贵，对虚拟化平台不具有感知能力，使用时不够灵活，管理难度大，总之不能很好地满足新架构的需要。

软件定义的网络与安全会创建一个 2 ~ 7 层的网络服务，通过创建软件驱动型抽象层把网络连接和安全组件与底层物理网络基础架构完全分离，因此可确保硬件独立性，使得网络连接与安全服务得以摆脱与硬件绑定的限制。

它可以从终端主机的角度忠实地再现物理网络模型，因感觉不到工作负载的任何差异，所以，软件定义的网络与安全对上层应用是透明的，上面的业务可以不做任何修改而继续使用。

3. 软件定义的存储与可用性

软件定义的存储可以对存储资源进行抽象化处理，它把应用于服务器的先进技术运用于存储领域，可对异构存储资源进行抽象化处理，以支持存储的池化、复制和按需分发，并以应用为中心进行消费和管理，最终实现基于策略的自动化。该方案使存储层与虚拟化计算层高度相似，都具有聚合、灵活、高效和弹性扩展的特点。它们的优势也有异曲同工之妙，即全面降低了存储基础架构的成本和复杂程度。

软件定义的可用性表现在，可以提供本地高可用、数据保护以及灾难恢复等解决方案，它可以最大程度地保证业务的连续性。本地高可用解决方案是指在站点内部、物理主机之间对应用进行保护，使其免受单个主机停机影响。数据保护解决方案是指可以用简单无中断的方式来备份整个虚拟机，包括操作系统、应用二进制文件和应用数据。灾难恢复解决方案是指可以使企业管理从生产数据中心到灾难恢复站点的故障切换，同时，它还可以管理两个互为恢复的站点，且具有活动工作负载站点之间的故障切换功能。

4. 高效敏捷的运维管理与服务调配

软件定义的数据中心的所有计算、存储及网络资源都是松耦合的，可以根据数据中心内各种资源的消耗比例来适当增加或减少某种资源的配置，这样便使得数据中心的管理具有较大的灵活性。

高效敏捷的服务调配方案不仅可以管理基础计算资源，也可以管理桌面资源。它提供了一个可以跨不同云提供商的，管理、调配虚拟机和物理机，并管理它们的生命周期的自助式门户。

而运维管理解决方案可使用户更全面地了解基础设施所有层的情况。它可以收集和分析性能数据、关联异常现象，并可识别构成性能问题的根本原因。它提供的容量管理可优化资源使用率，基于策略的配置管理则可确保合规性，并消除数量剧增和配置偏差问题。实际应用发现，依赖于关系映射和成本计量功能的方式为基础设施和运维团队带来了更高级别的应用感知和财务责任。

上述这些自动化的管理方案是传统数据中心所没有的功能，它可以实现由较少的工作人员对数据中心进行高度智能的管理。此特性一方面能降低数据中心的人工维护成本，另一方面能提高管理效率，提升客户体验。

从第 4 章开始，我们将从软件定义的数据中心的构架说起，比较详实地介绍软件定义的计算、网络和安全以及存储。

第 4 章
04

庖丁解牛——软件
定义数据中心

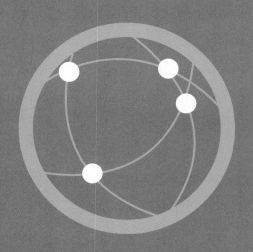

4.1 核心"三驾马车"

软件定义数据中心（SDDC）是将数据存储设备中所有元素的基础设施——CPU、网络和安全、存储，被虚拟化和作为服务交付，通过从硬件抽象和软件实施，部署、搭建、配置和操作整个基础设施。

1. SDDC 的核心组成和功能

软件定义数据中心的终极目标是，集中控制数据中心的所有方面——计算、网络、存储——通过独立于硬件的管理和虚拟化软件，而这个软件将提供的高级特性，正是形成目前大多数硬件厂商主要差异的原因。

2. SDDC 的 3 个核心功能介绍

虚拟化的核心是软件定义数据中心。SDDC 的三大核心是服务器虚拟化、网络虚拟化和存储虚拟化，如图 4-1 所示。

服务器虚拟化的是服务器用户与服务器资源（包括单独的物理服务器数量、处理器、操作系统的数量和身份）之间的一层面纱。目的是使普通终端用户不必理解和管理复杂的服务器细节，同时提高资源共享和利用率，并增强经过扩张后的维护能力。

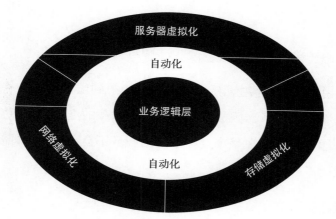

图 4-1　软件定义数据中心的核心组件

网络虚拟化，即在一个网络中通过分配可用带宽来结合可用资源的方法，每一条被分配的带宽都是独立于带宽的，同时每一条都可以实时分配（或重新分配）给一个特定的服务器或设备。

存储虚拟化是通过多个网络存储设备的物理存储整合而形成的技术，看起来就像通过一个中央控制台管理的一台单一的存储设备一样。

以下进一步介绍这三大核心功能。

1. 服务器虚拟化是整个技术的核心

关于服务器虚拟化的概念，业界有不同的定义，但殊途同归，其核心是一致的，即它是一种方法，能够在整合多个应用服务的同时，通过区分应用服务的优先次序而将服务器资源分配给最需要它们的工作负载，从而简化管理和提高效率。其主要功能包括以下 4 个方面：

（1）集成整合功能

虚拟化服务器主要是由物理服务器和虚拟化程序构成的，通过把一台物理服务器划分为多个虚拟机，或者把若干个分散的物理服务器虚拟为一个整体逻辑服务器，从而将多个操作系统和应用服务整合到强大的虚拟化架构上。

（2）动态迁移功能

这里所说的动态迁移主要是指 V2V（虚拟机到虚拟机的迁移）技术。具体来讲，当某一个服务器因故障停机时，其承载的虚拟机可以自动切换到另一台虚拟服务器，而在整个过程中应用服务不会被中断，即实现系统零宕机的在线迁移。

（3）资源分配功能

由于虚拟化架构技术中引入了动态资源调度技术，系统将所有虚拟服务器作为一个整体资源来统一进行管理，并按实际需求自动进行动态资源调配，在保证系统稳定运行的前提下，可实现资源利用最大化。

（4）强大的管理控制界面

通过可视化界面实时监控物理服务器以及各虚拟机的运行情况，实现对全部虚拟资源的管理、维护及部署等操作。

2. 服务器虚拟化的益处

采用服务器虚拟化技术的益处主要表现在以下几个方面：

1）可节省采购费用。通过虚拟化技术对应用服务器进行整合，可以大幅缩减企业在采购环节的开支，在硬件环节可以为企业节省 34% ~ 80% 的采购成本。同时，还可节省软件的采购费用。软件许可证的隐性成本是企业不可忽视的重要支出，而随着微软、红帽等软件巨头的加入，虚拟化架构技术在软件成本上的优势也逐渐得以体现。

2）可降低系统运行维护成本。由于虚拟化在整合服务器的同时，采用了更为出色的管理工具，减少了管理维护人员在网络、线路、软硬件维护方面的工作量，使得信息部门得以从传统的维护管理工作中解脱出来，将更多的时间和精力用于推动创新工作和有益于业务增长方面的活动，这着实为企业带来了利益。通过虚拟化技术可减少物理服务器的数量，这就意味着企业机房耗电量和散热量会降低，同时还为企业节省了空调、机房配套设备的改造升级费用。

3）可提高资源利用率。保障业务系统的快速部署是信息化工作的一项重要指标，而传统模式中服务器的采购安装周期较长，在一定程度上限制了系统部署的高效率。利用虚拟化技术，可快速搭建虚拟系统平台，大幅度缩减部署筹备的时间，可以提高工作效率。由于虚拟化服务器具有动态资源分配功能，因此，当一台虚拟机的应用负载趋于饱和时，系统会根据之前定义的分配规则自动进行资源调配。从大部分虚拟化技术厂商提供的数据指标来看，通过虚拟化整合服务器后，资源平均利用率可从 5% ～ 15% 提高到 60% ～ 80%。

4）可提高系统的安全性。传统服务器的硬件维护通常需要数天的筹备期和数小时的维护窗口期。而在虚拟化架构技术环境下，服务器迁移只需要几秒钟就可大功告成。由于迁移过程中服务并没有中断，管理员无须申请系统停机，在降低了管理维护工作量的同时，提高了系统运行的连续性。目前，虚拟化主流技术厂商均在其虚拟化平台中引入数据快照以及虚拟存储等安全机制，因此，在数据安全等级和系统容灾能力方面，比原有单机运行模式有了较大幅度的提高。

综上所述，虚拟化架构技术整合服务器可以为信息化建设的迅速发展提供更为广阔的发展空间，能为企业在降低采购费用、节约运行维护成本、提高使用效率、增强系统安全性等方面带来显著的优化效果。但虚拟服务器架构的实现并不是行业 IT 架构变革的终点，而是新的起点，正所谓"雄关漫道真如铁，而今迈步从头越"。只要发挥锲而不舍的精神，相信在不久的将来，绿色、节能、高效、安全的虚拟化架构技术必将为助推行业信息化建设提供更为坚实的保障。

3. 软件定义的网络连接

传统网络连接是数据中心灵活性的最大障碍之一。执行网络操作时仍需要手动对设备进行逐一调配。虚拟局域网（VLAN）的管理是一件令人头痛的事情，这种网络由众多单独的设备通过复杂（而且往往特定于供应商）的接口绑定在一起。而软件定义的网络连接可以避开这种复杂性。

4. 简化、自动化的网络调配和部署

与服务器虚拟化在计算方面的做法相同，软件定义的网络连接把网络连接服务与底层物理网络硬件分离开来。这样可方便地创建敏捷安全的虚拟网络，并以编程方式调配该网络，将其与工作负载连接，并根据需要对其进行放置、移动或扩展，甚至能够跨集群、单元和城域集群执行这些操作。

5. 动态重新配置网络并减少开销

在需要将应用移动到数据中心的其他部分时，会根据需要在软件驱动的操作中动态创建一个新网络路径。软件定义的网络连接还可将网络服务（如核心访问和负载平衡）与网络硬件脱离，并将其嵌入随应用"运行"和移动的软件中。

VXLAN 是一种软件驱动型虚拟 LAN 标准，支持在任何给定时间将虚拟机轻松地转移到具有池化计算容量的位置。网络从物理约束中解脱出来，不再局限于单一站点，而是可扩展到世界上的任何数据中心。

操作得到显著简化后，其成本必定大为降低，而且 IT 部门实现了敏捷性，从而可快速部署、移动、扩展应用和数据以响应业务上的需求。

6. 软件定义的安全性

与网络连接一样，基于物理硬件的安全体系结构非但不灵活，而且还

十分复杂。IT 安全在传统意义上依赖于计算机和网络身份，处理起来非常困难并且难以更改。使用专用设备提供安全、负载平衡和网关服务还会加剧复杂程度。

7. 更轻松、更有效的保护

软件定义的安全性可让事情变得更简单，并可通过转移到基于人员和应用身份的安全模式来加强保护力度。对安全资源进行跨物理边界的抽象化和池化可实现自适应安全性，从而使针对专用物理设备的需求减至最少。所有设备均由通用安全策略语言来管理，其基本规则由软件自身翻译。安全策略会自动执行，可在提高业务灵活性的同时大幅度减少人为错误。

8. 支持虚拟化的可移植安全性

在软件定义的数据中心内，应用在移动或扩展时都会保留自身的安全设置。支持虚拟化的防火墙和自适应信任区域可以保护和隔离关键应用。集成式防火墙和网关服务可以保护虚拟数据中心的边缘安全。

9. 存储虚拟化

虚拟化环境中的计算机资源按需分配，因此这种环境需要动态地进行存储分配。软件定义的存储通过对存储资源进行抽象化处理来支持池化、复制和按需分发，从而解决了这一难题。这使存储层具备了与虚拟化计算类似的敏捷性、聚合、灵活、高效，并能够弹性横向扩展。

10. 分布式存储模式

软件定义的存储，又称为分布式存储，可通过池化内部服务器磁盘为虚拟机创建共享资源。存储和计算是共同管理的，因此可以在虚拟机级别进行复制和备份。这能实现数据的智能放置并增强基于策略的存储自动化，可随时为特定虚拟机交付不同的 SLA，同时优化资源利用率，并将管理成本开销降至最低。

11. 从纵向扩展转为横向扩展

分布式方法不可或缺的能力是对存储进行线性扩展，以满足不断变化的数据中心需求和业务需求。通过添加配备了磁盘的服务器，处理能力和存储 I/O 带宽均可随存储容量同步增长。

随着服务器价格的下降和能力的提高，数据中心只需一个商用 x86 硬件池便可同时满足其计算和存储的需求。届时，在性能、容量和可管理性方面，软件定义的存储凭借其经济高效性可轻而易举地超越传统存储系统。

4.2 优势和好处

软件定义的数据中心架构可帮助企业在其选择的系统环境中获得最大的灵活性，包括其数据中心运行和公有云提供商提供的服务。利用现有的投资，软件定义的数据中心具有为 IT 提供更强互操作性的多基础设施环境的能力。

最终，不管底层的硬件和软件基础设施怎么样，SDDC 架构使 IT 组织具有更大的灵活性、更快的速度和更好的服务质量，以此来控制、灵活自由的选择、部署和交付关键业务及其应用程序。

实际结果是具有变革意义的，软件定义的数据中心可帮助 IT 为业务部门创造战略优势，正如虚拟化对于计算和内存一样，软件定义的数据中心对于 IT 部门总体而言会带来很多好处。软件定义的数据中心的主要特性包括：

- 标准化——跨多个标准 x86 硬件池交付的同构基础架构可消除不必要的复杂性。

- 全面——针对整个数据中心结构优化的统一平台，可灵活支持任何工作负载。
- 自适应——可根据不断变化的应用需求动态配置和重新配置的自编程基础架构，实现最大的吞吐量、敏捷性和效率。
- 自动化——采用内置智能机制的管理框架，消除复杂而易出问题的管理脚本，以更少的手动工作实现云级运营，并节省大量成本。
- 恢复能力强——基于软件的体系结构可以弥补硬件故障方面的问题，并以最低的成本提供前所未有的恢复能力。

在 IT 和业务中的主要优势如下：

1）无缝的混合云支持。在内部数据中心和公有云服务中实现了软件定义的安全性与合规性，从而获得真正高效的混合云优势。使用单个窗口界面管理整个基础架构，并可根据需要跨混合环境动态移动资源和工作负载。

2）前所未有的恢复能力。基于软件的体系结构可以针对发生故障的硬件做出补偿，以最低的成本实现关键操作的故障切换、冗余和容错。如果硬件发生故障，软件会自动将工作负载重定向到数据中心内任何位置的其他服务器上，可最大限度地缩短服务级别的恢复时间。

3）适用于所有应用的单个统一平台。无论对于旧式平台还是创新平台（例如 HPC、Hadoop 和对延迟敏感的系统），软件定义的数据中心为每种应用都提供了足够的灵活性、效率和服务等级协议（SLA）。通过可编程且基于策略的软件自动执行调配和管理，通过调整软件层而不是硬件来执行更改和平衡工作负载。

4）更加简单。软件定义的数据中心将复杂而不灵活的专有硬件替换为高效的自适应基础架构，该基础架构分布在多个标准 x86 服务器池中，作为软件交付。

5）更少维护、更多创新。内置智能可根据定义的策略自动执行调配、放置、配置和控制，从而免除手动干预，将 IT 人员的工作精力从基础架构管理方面转移到能够提供更大业务价值的事务上。

6）无可比拟的资源利用率和成本节约。通过池化和智能地分配资源，软件定义的数据中心可以充分利用所有现有的物理基础架构容量，使 IT 投资增值。应用摆脱了专用硬件的约束，变得极具弹性和移动性。工作负载可以在数据中心自由移动，通过动态分配和转移池化的资源以适应不断变化的需求模式。

7）面向未来的数据中心。软件定义的数据中心使用户能很好地应对未来的 IT 挑战，包括提供新的实时社交应用，此类应用能处理每年高达 50% ～ 60% 增长率的数据量。

8）实现 IT 转型。数据中心的新时代已经来临，软件定义的数据中心现已面世。当今的世界业务优势越来越依赖于应用和技术，软件定义的数据中心是实现这一目标的最佳方法。各大软件提供商和数据中心提供商正在不断推进软件驱动型基础架构，以帮助大家将云环境的效率和敏捷性提高到新的水平。

4.3 解开软件定义数据中心的 DNA 密码

为了确保可伸缩性、弹性和成本效率，软件定义数据中心（SDDC）将运行在平常的硬件设备上。所有自动化和管理任务都是作为一个集中的软件解决方案通过计算、网络和存储组件分别进行的。

性能、容量和生命周期管理，原有高度复杂的数据中心将存在于软件定义数据中心终极形态的 DNA 遗传基因中。

最终，软件定义数据中心需要解决 IT 操作和业务人员之间一直存在的对立性，因前者将负责使 SDDC 创造出足够强大的能量，而后者将制定业务规则使 SDDC 能用服务等级协议（SLA）兼容的方式协调工作负载。所需的应用程序环境会自动搭建并且基于 SLA、政策，和成本效率的考虑，确保工作负载被合理地分配。

由于部署采用了虚拟化，服务器系统管理员现在已俨然成为企业 IT 部门的大功臣。他们既可帮助企业节省大量的资金，还能更加积极地响应业务部门的需求。同时，开发人员不仅在企业 IT 部门内部受到高度重视，而且这种重视很快扩大到整个企业。

随着企业 IT 部门的不断发展进步，系统管理员和开发人员之间的界限正在变得日渐模糊，基础设施现在被 DevOps 人员视为代码。相比之下，网络管理员已然落后于那些系统管理员同行了。而鉴于一个系统管理员可能会简化和扩展 IT 规模，以衡量每台服务器所占用系统管理员的工作量的比例，网络管理员现在要涉及处理更复杂的冗余多协议标签交换 MPLS 网络、分布式数据中心和授权给系统管理员的虚拟化技术。

更糟糕的是，系统管理员或开发人员现在可以很容易地部署虚拟交换机和虚拟网络，而这其中的许多人连网络领域的培训和经验也没有。当开发人员用几行代码就能部署一个安全的虚拟网络路由时，他们何须满足一个无关紧要的配置要求呢？在大量竖井式的企业内，网络团队成员们可能从来没有学过关于如何配置新的虚拟网络的相关知识，相反，只有当出现状况时才意识到他们缺乏相关的专业知识。他们希望在他们的控制之外创建一个网络，但缺乏相关的仪器来帮他们迅速找出问题的根源，从而无法完成故障排除。

在数据中心越来越多地开始采用虚拟化、自动化和软件定义的数据中心之后，不仅数据中心的网络团队正在开始走向衰败，整个 IT 部门，乃至企业的业务部门都在受到这一系列衰败趋势的影响。不管网络团队如何强调自身在企业中的地位，企业基础设施架构和管理正在促使这些现代企业网络发生着变革。网络团队需要确保相应的技能和技术，才能够在企业虚拟环境中运行，以便使企业能获得部署虚拟化的全部好处，真正实现软件定义的数据中心。但网络团队在实现与服务器对应的奇偶校验方面，尚有一系列问题需要解决。

虚拟服务器承载了多台虚拟机，这意味着一些在两台机器之间的流量会在同一主机上完成而不触及物理网络。网络工具主要侧重于监控和管理物理网络，连接到该网络内的机器则超出了其能力范围。在流量停留在同一个物理主机服务器的情况下，网络团队对于诸如谁在跟谁进行交流以及服务器或网络上是否发生了延迟等相关细节是无法感知的。当涉及一款网络应用程序的故障排除时，这一盲点将妨碍网络团队，并最终增加用户们的停机时间。当用户无法访问相关的应用程序，并继续保持生产时，企业的业务也将受到影响。所以网络团队必须参考完整的可视性，将虚拟主机的流量添加到他们的框架。

服务器虚拟化使我们便于安排工作负载，例如在服务器上运行台式机，以及利用逻辑网络隔离一组虚拟机。这些新的安排在虚拟台式机及其用户、以及软件定义的网络虚拟机之间创建了一种特殊的网络关系。在这两种情况下，网络覆盖通常包括数百或数千隧道，容纳这些特殊关系并掩盖了底层物理网络的复杂性。类似于虚拟主机的流量，隧道向虚拟机传递的流量以及和虚拟机之间的流量可以抑制故障排除的努力，并最终降低用户体验和商业经营成果。因此，来自于虚拟机工作负载的隧道流量也同样需要网络团队的认可及澄清，以保证虚拟台式机或虚拟网络的成功运作。

那些拒绝企业部署虚拟化的系统管理员被称作"服务器拥趸"。但是除了一些顽固的残余"服务器拥趸"仍在继续坚持外，大部分企业已经从部署虚拟化中快速获得了巨大的经济效益，并同时减少或避免了大量的停机时间。而在此之前，一位典型的企业系统管理员只能管理 50 台服务器，现在却可轻松地管理数百乃至数千台的虚拟机。要做到这一点，自动化工具必须遵循相关的规则来进行配置、管理，甚至销毁虚拟机。软件代码接管了重复进行的繁重的情报信息处理工作，再返回给管理员。对于网络团队在实现相同的可扩展性的过程中，自动化的原理同样适用。网络管理员需要具备管理网络服务的能力，包括监测、负载平衡、服务质量和遵循相关安全规则和政策。随着自动化程度的提高，IT 企业能够创建一个软件定义的数据中心，扩展所有层的规模，包括网络，而不仅仅在虚拟机层。否则，网络服务在创造和编排数据中心业务流程方面仍然是一个瓶颈。随着越来越多的企业日益从基本的服务器虚拟化转移到复杂的虚拟架构，企业的网络团队也需要与他们的服务器管理同行们共同进步。若网络团队不参与虚拟环境网络组件的灵活性的部署过程中来，IT 企业将会遭遇到很多不必要的复杂问题和拖长应用程序停机时间。基本能见度的恢复，使得网络团队可以开始接受虚拟架构和更先进的自动化方案的探索。最终，将归结到 3 个方面的改进：基础设施需要包括虚拟环境的可视性和可编程化的改进；管理员需要具备类似于 DevOps 人员的相关技能的改进；企业需要打破传统的竖井结构的改进，其已经屡次被证明是推广虚拟化技术的阻碍了。

4.4　服务体系框架

软件定义数据中心服务体系的 4 个核心如下：

- 聚合。通过一个集中的、在线的"店面"站点提供全方位的服务目录。
- 集成。用户可以通过自助服务获得预集成的、由云提供商提供的增值服务。
- 自动化。自动化和精心安排的服务可满足各种各样的需求。
- 管理。通过在线仪表盘进行服务监控和管理，并计量和集中收费。

1）可扩展的服务目录。所有的服务通过一个单一的、可扩展的、用户特定的服务目录得以展现。

2）服务项管理。通过门户网站提供和管理所有的请求和服务需求。

3）信息简报和基于消费的报告。信息简报和报表为用户提供所需信息的访问，包括计量和消费数据。

4）警报和事件管理。集成的事件和请求综合管理为用户提供实时警报、事件和请求信息。

一旦服务部署完成，它们将被在基于使用和管理政策的层面上进行治理。统一的业务服务管理，能够在公有、私有、混合云和传统的 IT 服务中提供管理监控和操作服务。政策的实施和管理、集中策略管理使企业能够规范和调整 IT 服务，以应对不断变化的业务需求。按使用的服务付费，在服务计量的基础上使用，使业务了解 IT 是如何服务于业务的，提高业务对 IT 的认知和理解。

SDDC 是一个集成的抽象层，通过软件定义出了一个完整的数据中心，它将整合虚拟化的、存在于实物中的资源，使它们能为用户的需求提供服务。

第 5 章

05

软件定义的
计算

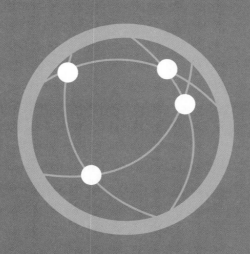

5.1 何为软件定义的计算

狭义来说，软件定义的计算就是服务器的虚拟化，通过虚拟化可以在底层硬件设备实物资源之上提取出一个抽象层，从而为系统提供与实际形式不同的资源，如图 5-1 所示。从本质上说，硬件资源是有限的。服务器虚拟化突破了这些限制，将整个服务器虚拟化成为逻辑实体——虚拟机。通过虚拟化层可以在单个实物机器上运行多个操作系统。虚拟化层使得上层的操作系统独立于底层硬件，从而为在单台服务器上整合各种基于服务器的服务带来许多可能性。

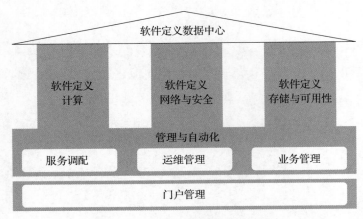

图 5-1 软件定义数据中心框架

下面是业界比较公认的关于服务器虚拟化的定义：

简单来说，服务器虚拟化就是淡化用户对于物理服务器上的计算资源，如处理器、内存、I/O 设备的直接访问，取而代之的是用户访问逻辑的资源，而后台的物理连接则由虚拟化技术来实现和管理。

5.2　软件定义的计算非常重要

软件定义的计算，即通过软件实现的对服务器计算能力的虚拟化。它是软件定义数据中心（SDDC）的基础，位于云计算基础架构的最底层。

软件定义数据中心的概念不同于其他的云服务，其重点关注基础设施即服务（laaS）。laaS 产品实现了抽象化、自动化、封装和基于虚拟化的云互联来创建一个基于软件的数据中心。"软件定义"将是数据中心下一次变革的发展方向，它基于虚拟基础设施之上，通过私有或混合云，创造了 laaS。将一个虚拟化数据中心转变为软件定义数据中心后，才能够启用自动化和自助服务功能。在实际应用中，软件定义数据中心的概念重新定义了数据中心的软件和虚拟化管理员的角色，实现了基础设施即服务。

基础设施虚拟化平台是软件定义的计算的具体实现，也是软件定义数据中心的最核心的基石。

通过图 5-2 可以看出，在服务器实现虚拟化之前，管理员部署一台服务器需要大约数周时间，并需花费上万美元。有了服务器虚拟化后，虽然部署一台虚拟机只需要几分钟时间且仅花费几百美金，但是，在该虚拟机"周边"部署所需的各种网络安全以及存储等设备仍需数天的时间，并且需要耗费数千美元。可见，虽然服务器虚拟化可以加快虚拟机的部署，但是与之相连接的网络安全以及存储等组件并没有跟上服务器虚拟化的步伐。有关网络和存储虚拟化问题，我们会在后面的章节中谈到。

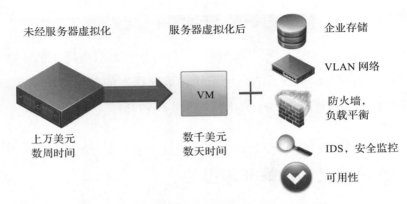

图 5-2　服务器虚拟化带来的时间和成本益处

在虚拟化服务器环境中，应用程序和基础设施工作负载是被部署在完整的虚拟机（VM）里的，其中包含应用程序代码、操作系统和配置说明，它们被组合在一个独立的包中。因为操作和部署逻辑是基于应用程序代码完成的，而不是独立在服务器上进行的，虚拟机可以很容易地移动，并通过管理控制台加载到任何拥有超级管理守护程序的服务器上。安装有超级管理守护程序的服务器使每个 VM 相信它有完全访问服务器的处理器和内存权限，这将优化服务器的容量，使得多个虚拟机可以共享一台物理服务器。一流管理守护程序旨在消耗最少的服务器资源，使物理服务器能支持最大数量的虚拟机。

服务器虚拟化是软件定义数据中心三组件（计算、网络、存储）中最早出现也是最成熟的。目前，我们看到对采用多虚拟机管理程序策略越来越多地被接受，已成为未来的趋势，其目的是为了可以不依赖于任何一个虚拟化供应商，并利用虚拟机管理程序平台创造出不同的成本和负荷的特性优势。配置管理、操作系统镜像生命周期管理、应用性能管理以及报废资源管理是目前服务器虚拟化面临的最大挑战。目前许多企业厂商，如惠普、CA Technologies、IBM、BMC 和 VMware 等，提供了各种解决方案应对这些挑战。

5.3　软件定义的计算的优势

软件定义的计算的解决方案是针对系统的虚拟化技术的，旨在解决上述所面对的众多难题，并将系统转变成通用的共享硬件基础架构，原先多台服务器完成的工作可以通过整合由少数服务器来完成，摆脱了孤岛式的结构，服务器物理硬件、操作系统和应用以松耦合的方式连接，虚拟机及上面的操作系统和应用得以完全独立于底层的硬件。

与此同时，服务器虚拟化解决方案通过把服务器计算资源抽象化、池化和自动化来实现资源的自由调配和充分利用，使资源得以充分利用，并按需调配。当数据中心的服务器需要升级或维护的时候，通过虚拟机迁移技术可把服务器上的虚拟机在工作状态下迁移到另一个主机，并始终保持业务的连续性。服务器虚拟化大大增加了数据中心的灵活性和 IT 的敏捷性，还可以减少管理的复杂度和 IT 响应时间。图 5-3 就展示了软件定义的计算是如何提高 IT 敏捷性，从而提升业务价值的。

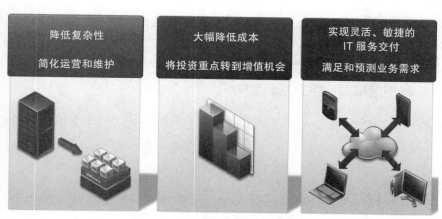

提高 IT 敏捷性以提升业务价值

图 5-3　软件定义的计算的优势

软件定义的计算平台可帮助企业客户节约资金、能源和时间，简化管理和运营。

通过整合硬件和提高服务器利用率，可降低 IT 成本，还可帮企业将现有硬件利用率最多提高到 80%，将硬件需求减少到原来的 1/10 以下。

通过从单一控制点管理整个虚拟基础架构，企业能够将执行部署的时间缩短 50% ~ 70%；还可以从中央位置管理虚拟机；也可以监控虚拟机及其主机的性能。

自动化数据中心的虚拟基础架构可以实现峰值性能，提供物理基础架构所无法实现的性能、可扩展性和可用性级别。能够实现通过实时迁移虚拟机避免计划内停机；还能通过自动执行负载平衡实现基于策略的 IT 资源动态分配；也可消除许多重复的配置和维护任务。

5.4 软件定义的计算之体系架构

软件定义的计算是通过平台来实现的，它能够让 IT 以最低的 TCO（总体拥有成本）满足要求最为严苛的关键业务应用的服务等级协议（SLA），加快现有数据中心向云计算的转变，同时支持兼容的公有云服务，从而为构建混合云模式奠定了基础。

1. 基于虚拟数据中心基础架构

基于虚拟数据中心的基础架构由基本物理构建块（例如虚拟化服务器、存储器网络和阵列、IP 网络、管理服务器和桌面客户端）组成。

2. 计算服务器

软件为虚拟机提供资源，并负责运行虚拟机。每台计算服务器在虚拟环境中均称为独立主机。可以将许多配置相似的服务器组合在一起，并与相同的网络和存储子系统连接，以便提供虚拟环境中的资源集合（称为群集）。

3. 存储网络和阵列光纤通道

SAN 阵列、iSCSI SAN 阵列和 NAS 阵列是最为广泛应用的存储技术，这些技术可以满足不同数据中心的存储需求。存储阵列通过存储区域网络连接到服务器组，并在服务器组之间实现共享。此安排可实现存储资源的聚合，并在将这些资源配备给虚拟机时使资源存储更具灵活性。

4. IP 网络

每台计算服务器都可通过多个物理网络适配器，为整个数据中心提供高带宽和可靠的网络连接。

5. 虚拟管控中心

虚拟管控中心可为数据中心提供一个单一控制点，它能提供基本的数据中心服务，如访问控制、性能监控和配置功能。它将各台计算服务器中的资源统一在一起，使这些资源得以在整个数据中心中的虚拟机之间实现共享。其原理是，根据系统管理员设置的策略，管理虚拟机到计算服务器的分配，以及资源到给定计算服务器内虚拟机的分配。

在虚拟管控中心无法访问（例如，网络断开）的情况下（这种情况极少出现），计算服务器仍能继续工作。服务器可单独管理，并根据上次设置的资源分配继续运行分配给它们的虚拟机。在虚拟管控中心的连接恢复后，它又可重新管理整个数据中心。

6. 管理客户端

集中管理组件为数据中心管理和虚拟机访问提供多种界面，包括基于 Web 访问的和可安装的管理客户端。

7. 虚拟化管理程序

虚拟化管理程序是虚拟化的核心和推动力，提供与其他操作系统所提供的功能类似的某些功能，如进程创建和控制、信令、文件系统和进程线程。虚拟化管理程序控制和管理服务器的实际资源，它是用资源管理器排定虚拟机顺序，为它们动态分配 CPU 时间、内存和磁盘及网络访问。它还包含物流服务器各种组件的设备驱动器——例如，网卡和磁盘控制卡、虚拟文件系统和虚拟交换机。

虚拟化管理程序可将虚拟机的设备映射到主机的物理设备。例如，虚拟 SCSI 磁盘驱动器可映射到与主机连接的 SAN LUN 中的虚拟磁盘文件；虚拟以太网 NIC 可通过虚拟交换机端口连接到特定的主机 NIC。

8. 虚拟机监视器

每个主机的关键组件是一个被称为虚拟机监视器的进程。每个虚拟机开启后，将在虚拟化管理程序中运行一个虚拟机监视器。虚拟机开始运行时，控制权将转交给虚拟机监视器，然后由虚拟机监视器依次执行虚拟机发出的指令。虚拟化管理程序将设置系统状态，以便虚拟机监视器可直接在硬件上运行。然而，虚拟机中的操作系统并不了解这种控制权转交，而以为自己是在硬件上运行的。

虚拟机监视器使虚拟机可以像物理机一样运行，而同时仍与主机和其他虚拟机保持隔离。因此，如果单台虚拟机崩溃，主机本身以及主机上的其他虚拟机将不受任何影响。

9. 虚拟机

虚拟机是一个由虚拟化管理程序控制的软件构造体。所有的虚拟机配置信息、状态信息和数据都封装在存储于数据存储中的一组离散文件中。这使虚拟机具有可移动性，并且易于备份或克隆。

10. 虚拟机的特性

虚拟机具有如下基本特性。

- 分区：可在一台物理机上运行多个操作系统，并在多个虚拟机之间分配系统资源。
- 隔离：虽然多个虚拟机可以共享一台计算机的物理资源，但它们相互之间保持完全隔离。由于是相互隔离的，虚拟环境中运行的应用在可用性和安全性方面远优于在传统的非虚拟化系统中运行的应用。
- 封装：虚拟机实质上是一个软件容器，它将一整套虚拟硬件资源与操作系统及其所有应用捆绑或封装在一起。通过封装，虚拟机获得了超强的移动性，并且易于管理。
- 硬件抽象化：虚拟机完全独立于其底层物理硬件。可为虚拟机配置与底层硬件上存在的物理组件完全不同的虚拟组件。

由于虚拟机独立于硬件，再加上它具备封装和兼容性这两大特性，因此它可在不同类型的计算机之间自由地移动，而无需对设备驱动程序、操作系统或应用进行任何更改。实践证明，可以在一台实物计算机上混合运行不同类型的操作系统和应用。

11. 虚拟机的组件

虚拟机通常有一个操作系统、虚拟化管理工具及虚拟资源和硬件，其管理方式与物理计算机非常相似。在虚拟机上安装客户操作系统与在物理计算机上安装操作系统完全一样。

12. 虚拟化管理工具

虚拟化管理工具通常是一套实用程序，能够提高虚拟机的客户操作系统的性能，并改善对虚拟机的管理。在客户操作系统中安装虚拟化管理工具十分有必要。虽然客户操作系统可在未安装虚拟化管理工具的情况下运行，但那将无法使用某些重要功能，也失去了一些便利性。虚拟化管理工具服务是一项在客户操作系统内执行各种功能的服务。

13. 虚拟硬件

每个虚拟机都有虚拟硬件，这些虚拟硬件在所安装的客户操作系统和应用中显示为物理硬件。每个客户操作系统都能识别出常规的硬件设备，但并不知这些设备实际上是虚拟设备。虚拟机具有统一的硬件，统一硬件使得虚拟机可以跨主机进行迁移。图 5-4 就展示了常见硬件虚拟示意图。

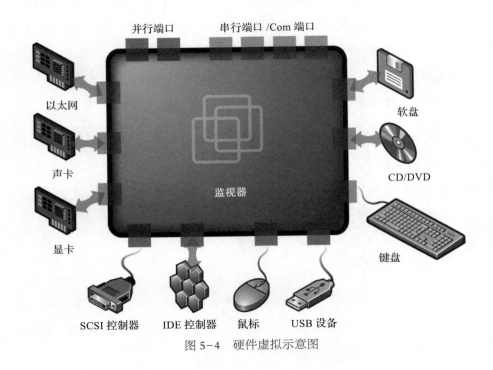

图 5-4 硬件虚拟示意图

14. 存储体系结构

主机级别的存储器虚拟化，即采用逻辑方式从虚拟机中抽象物理存储器层。

虚拟机使用虚拟磁盘来存储其操作系统、程序文件，以及与其活动相关联的其他数据。虚拟磁盘是一个较大的物理文件或一组文件，可以像处理任何其他文件那样进行复制、移动、归档和备份虚拟磁盘。可以配置具有多个虚拟磁盘的虚拟机。

当虚拟机跟存储在数据存储上的虚拟磁盘进行通信时，它就会发出命令。由于数据存储可存在于各种类型的物理存储器上，因此根据主机用来连接存储设备的协议，这些命令会封装成其他形式。

无论主机使用何种类型的存储设备，虚拟磁盘始终会以挂载的设备形式呈现给虚拟机。虚拟磁盘会向虚拟机操作系统隐藏物理存储器层。这样就可在虚拟机内部运行未针对特定存储设备（如 SAN）而认证的操作系统。

15. 网络体系结构

与物理机类似，每个虚拟机都有自己的虚拟网卡。操作系统和应用程序通过标准设备驱动程序或经优化的设备驱动程序与虚拟网卡进行通信，此时虚拟网卡就如同物理网卡一样。对于外部环境而言，虚拟网卡具有自己的 MAC 地址以及一个或多个 IP 地址；与物理网卡是完全一样的，它也能对标准以太网协议做出响应。事实上，只有在外部代理检查 MAC 地址中 6 个字节的供应商标识符时，才能确定自身正在与虚拟机通信。虚拟交换机的工作方式与第二层物理交换机的工作方式相类似。

5.5 软件定义的计算的功能特性

1. 主机、集群、资源池

可在非集群主机和集群中配置 CPU 和内存资源池。主机、群集和资源池提供了灵活而动态的方法来组织虚拟环境中聚合的计算和内存资源，并将其链接回物理资源。

群集可作为单个实体发挥作用和进行管理。它表示共享相同网络和存储阵列的物理服务器组的聚合计算及内存资源。例如，如果服务器组中包含 4 台服务器，每台服务器有 4 个 4GHz 双核 CPU 和 32GB 内存，群集将聚合 128GHz 的计算能力和 128GB 的内存来运行虚拟机。

资源池是单个主机或群集的计算及内存资源的分区。资源池可以是分层的，也可以是嵌套的。可以将任何资源池划分为较小的资源池，以进一步划分资源并将其分配给不同的组或用于其他各种不同的目的。借助资源池，可以根据业务需要分层次地划分并分配 CPU 和内存资源。划分并分配 CPU 和内存资源的原因包括维护界限、执行收费政策，或者适应地域或部门划分。资源池还可用于向其他用户和组委派权限。

2. 虚拟机计算性能

（1）CPU 虚拟化

通过 CPU 虚拟化技术可解决如何在一个操作系统实例中运行多个应用的难题。实现此任务的难点在于，每个应用都与操作系统有着密切的依赖关系。一个应用通常只能运行在特定版本的操作系统和中间件之上，这就是 Windows 用户常常提到的"DLL 地狱"。因此，大多数用户只能在一个 Windows 操作系统实例上运行一种应用，操作系统实例需独占一台物理服务器。这给物理服务器的 CPU 资源造成极大的浪费。能够使多个操作系统实例同时运行在一台物理服务器之上，成为 CPU 虚拟化技术的价值的体现。通过整合服务器，充分利用 CPU 资源，可以为用户带来极大的收益。

服务器整合的益处能够得以实现的前提，是工作负载并不需要知晓它们正在共享 CPU，虚拟化层必须具备这种能力。这是 CPU 虚拟化与其他虚拟化形式所不同的地方。

（2）多内核和虚拟化

多核处理器为执行虚拟机多任务的主机带来了很多优势。Intel 和 AMD

均已开发了将两个或两个以上处理器内核组合到单个集成电路（通常称封装件或插槽）的处理器。例如，双核处理器通过允许同时执行两个虚拟CPU，从而提供几乎是单核处理器两倍的性能。同一处理器中的内核通常配备由所有内核使用的最低级别的共享缓存，这就有了减少访问较慢的主内存的必要性。如果运行在逻辑处理器上的虚拟机正运行争用相同内存总线资源且占用大量内存的工作负载，则将物理处理器连接到主内存的共享内存总线可能会限制其逻辑处理器的性能。研究显示，使用多核心可导致大幅度的电耗下降，并提供良好的性能。虚拟化是利用多内核所提供的高性能的最好技术之一。

（3）内存虚拟化

当运行一个虚拟机时，虚拟化管理器为虚拟机生成一段可编址的连续内存，与普通操作系统所提供给上层应用使用的内存具有相同的属性特征。引入内存虚拟化后，同样的内存地址空间，可以让虚拟化管理器同时运行多个虚拟机，并保证它们之间使用内存的独立性。

（4）关键应用虚拟化

越来越多的关键应用已经运行在虚拟化平台之上。

虚拟化给关键应用带来了如下的好处：

- 效益——降低应用程序成本
- 敏捷性——提高应用程序服务质量
- 自由度——缩短应用程序生命周期

将关键应用部署到虚拟化平台，可使应用程序的资源按需扩展，以满足业务变化和适应不同 SLA 的需要。

（5）向大数据扩展

软件定义数据中心和虚拟化平台，使其能够支持 Apache Hadoop 的工作负载，帮助企业在一个通用的虚拟化基础架构上部署、运行和管理 Hadoop 集群以及周边的核心应用，以充分发掘大数据的价值，为业务决策提供真实的依据。

计算平台内置的敏捷性、弹性、负载均衡、可靠性和安全性，为大数据的拓展铺平了道路。以下一一进行说明。

（1）敏捷性

使用虚拟化 Hadoop 可以实现更高级别的敏捷性，有助于部署、运行和管理 Hadoop 集群，同时保持与物理部署不相上下的系统性能。通过一个易于使用的用户界面，企业只需单击相应按钮即可部署资源，从而适应不断变化的业务需求。

（2）弹性扩展

通过将数据与计算分离开来，可以实现弹性扩展，同时保持数据的持久性，可大幅度扩展 Hadoop 集群。通过将计算和数据放置在单独的虚拟机中，管理员可以使用或停用无状态计算节点来适应快速变化的业务需求，同时保持数据的持久性和安全性。智能扩展能力使企业能够提高资源利用率和灵活性，通过对弹性 Hadoop 环境中的资源进行池化来适应突发性的工作负载。

（3）混合工作负载功能

不再需要为 Hadoop 集群购买专用硬件。通过对计算和存储资源进行池化，企业可以创建多个运行于一个物理集群上的分布式工作负载，重新分配未使用的资源，以用于运行其他工作负载。这使企业能够创建真正的多租户机制，以使多种不同类型的应用同时运行在一个物理集群上。

（4）可靠性和安全性

Hadoop 工作负载提供的在企业中广泛接受的高可用性的解决方案，同时通过虚拟机级隔离，可保证数据始终受到保护。使用虚拟化 Hadoop 集群可使企业放心地运行利用率极高的高性能集群。

以下是从服务器整合、统一管理和优化 3 个维度进行的总结。

1）**避免过度部署 – 提高服务器利用率**。通过与服务器的整合，可更充分地利用现有硬件。在传统的"每个工作负载配备一台机器"的服务器调配方式下，大多数服务器只能以其总负载能力的 5% ~ 15% 运行，这导致超额配置和利用率低下。如果将服务器转变为独立于底层硬件运行的虚拟机，就可以缓解服务器数量的剧增并提高利用率。

每个虚拟机代表一个可以运行操作系统和软件应用的完整系统。许多虚拟机可以同时在同一物理服务器上独立运行，这样在高配置的服务器上就可运行多个工作负载。

2）**降低硬件要求**。使用运营管理平台，单位组织可以减少数据中心的 IT 硬件。每台运行主机服务器可支持 300 多个虚拟机。许多组织可在单个硬件上运行多达 10 个应用，这样就将其硬件需求降低至原来的 1/10。

3）**降低硬件和运营成本**。整合硬件意味着数据中心只需配备较少的服务器，从而可降低硬件和维护开支，以及电力和散热成本。借助虚拟化，使单位组织每虚拟化一台服务器，即可节约超过 3000 美元 / 年。

将 IT 资源和预算从战术性维护转移至战略性的大项目。通过自动化，可简化资源调配、硬件维护和性能管理等烦琐的日常任务，这无疑降低了数据中心的 IT 管理成本和复杂程度。

4）**统一管理**。将所有异构操作系统安置到同一个虚拟硬件平台上进行管理。利用详细的性能图表监控和分析虚拟机、资源池以及服务器的利用率和可用性，以所需的详细级别定义您的重要性能指标，并实时或以指定的时间间隔查看这些指标。

5）**缩短调配时间**。在调配新的服务器工作负载时，可以为虚拟机创建模板，从而消除重复性的安装和配置任务。再加上虚拟化带来的硬件独立性，可以将部署新 IT 服务所需的时间减少 50% ~ 70%。虚拟机模板还使公司的防病毒和管理类软件标准实施起来更加轻松便利。

6）**最大限度地提高数据中心的效率**。可随时随地按需提供 IT 资源，这样可在数据中心中动态分配和平衡计算容量与虚拟机的安置。利用内置的资源优化、应用可用性和运营自动化功能，可将 IT 基础架构转变为响应迅速、自我优化能力强的数据中心。

7）**实现虚拟机实时迁移**。能够将虚拟机从一个物理服务器迁移到另一个，同时可确保零停机、服务的连续可用性和全面的事务完整性。虚拟机实时迁移使您无需安排停机或中断业务运营即可进行硬件维护。

8）**按需提供关键任务服务**。在虚拟基础架构中的资源池之间能平衡计算能力。分布式资源调度可持续监控存储、CPU 和 RAM 利用率，并根据预定义策略（这些策略反映组织的业务需求和优先事务）自动分配可用资源。最终，数据中心运行时利用率可达到 80% 以上，同时可为所有应用提供服务级别保障。能够以最低限度的容量规划使服务器的投资实现比期望高得多的投资回报。

5.6　软件定义数据中心实现 IT 控制

由于计算需求不断增长，如今的基础架构基本是静态的。面向未来的"软件定义"的整个数据中心，在底层硬件的改变成为必然。不是所有的更改对于如今的数据中心都是可接受或可实现的。软件定义的架构从芯片层虚拟化加速器、虚拟存储加速器、到网络包加速器等，人们看到的趋势就是标准化的硬件被内置于虚拟化中。

软件定义似乎是在为某个不存在的问题做的一个解决方案。软件定义数据中心（SDDC）包括编排软件，以用于实时配置与管理。有了服务器虚拟化，CPU 与软件就可发出命令重新配置服务器，创建虚拟化，调整容量与使用率。用户可以随意在工作负载之间重新配置基础架构，配置对资源要求高的项目，然后重新为使用高带宽的项目配置资源，而这无需更改数据中心资源。从资源管理角度看我们开始具备对硬件资源全新的监控能力。

软件定义基础架构还处于起步阶段，是否会如曾经的虚拟化那样一步步走向成熟，我们将拭目以待，让我们一起走进软件定义的网络看看。

软件定义
网络和安全

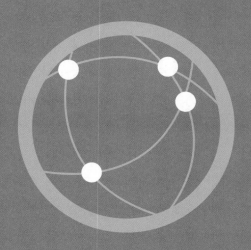

6.1 何为软件定义网络

人们对 SDN 的理解虽不尽相同,但都公认 SDN 概念的诞生地是美国的斯坦福大学,SDN 的创始人是斯坦福大学的 Nick McKeown 教授。早在 2006 年,斯坦福大学曾发起过一个未来网络架构项目 Clean State,该项目的宗旨是研究未来的网络架构变革。2007 年,又出现一个新的安全项目 Ethane。在这两个项目中,一些想法逐渐被提了出来。他们主要关注在控制层面,希望能够随心所欲地控制网络设备,根据他们的意愿来控制报文的转发。OpenFlow 技术就是由 Nick McKeown 教授在 2008 年 4 月最早提出的,发表在一篇题为 "OpenFlow: Enabling Innovation in Campus Cetworks" 的论文中,他详细论述了 OpenFlow 作为一个全新的网络协议的规范的原理。

由该论文课题可知,OpenFlow 提出的原始出发点是用于校园内的网络研究人员实验其创新网络架构和协议,考虑到实际的网络创新思想需要在实际网络上才能更好地被验证,而研究人员又无法修改在网的网络设备,故而提出了 OpenFlow 的控制转发分离架构,将控制逻辑从网络设备盒子中引出来,研究者可以对其进行任意的编程,从而实现新型的网络协议、拓扑架构,而无需改动网络设备本身。该想法首先在美国的 GENI 研究项目中得到应用,实现了一个从主机到网络的端到端的创新实验平台,当时是 HP、NEC 等公司提供了 GENI 项目所需的支持 OpenFlow 的交换机设备。由此 SDN 的网络构架设想得以实现并运用于实际。在斯坦福大学和其他大学的研究人员的努力下，该协议已得到 Facebook 和谷歌的支持，他们都使用该协议规范来运行他们的网络和数据中心。谷歌使用 OpenFlow 后效果显著，谷歌通过一直使用 OpenFlow，更好地解决了自身大部分业务问题，他们已建立了自己的物理的路由设施，转移数据中心之间的网络互联，使"负"随着"载"而变化起来。

要创建所需的网络，就需要大量的工作来预制新的应用环境。尽管预制大量的虚拟机只需要几分钟的时间，所需的网络资源仍需要多方管理界面通过半手动的方式来创建和配置。这要求具备先进的网络技术，而构建时的任何错误都可能导致严重的网络安全问题。软件定义网络（SDN）允许用户指定必须被连接的服务器，以及相关的 SLA，然后，软件将计算并给出满足这些要求的最优方法，而非那种典型的集中式的配置方式。

网络虚拟化技术是在一个物理网络里，通过软件来虚拟出更多的虚拟网络，并通过这些虚拟网络来提供服务。它将服务跟物理网络独立开来，在服务器上通过 VMware、Hyper-V 等虚拟化产品来模拟出多台虚拟机，服务器内部通过 OpenvSwitch 进行通信，对外则通过 VXLan、NVGRE 或者 TRILL、SPB 等 Tunnel 技术构建 Overlay 网络，来与位于其他服务器中的虚拟机通信。对于服务的使用者来说，他们无法完全感知物理网络；而对于服务的提供者来说，他们也可不受物理网络的限制，完全基于虚拟网络来为用户提供服务。

当我们提及 SDN 时，通常指的是支持 OpenFlow 的交换机，但是由于服务器虚拟化对数据中心产生了重大影响，所以虚拟网络已变得非常流行。应用程序已成为企业的生命线，成为推动重新定义网络工作的一个重要方面。一般来说，为扩展网络功能，会产生许多不同的解决方案。最初，软件定义网络描述的是一种精确的采用集中控制器和专有交换机技术，来划分和控制数据流。

但是，更多备选的或颇具竞争力的方法不断被提出来。这些方案应用使网络任务实现自动化（如配置和策略）并为之提供可编程的接口。事实上，在 SDN 的概念下提出了太多的方法，以至于产生出许多错误和混乱。SDN 是一门新兴的技术，因此，获得 SDN 的认可比任何企业采用虚拟化或云计算更有用。虽然 SDN 尚未应用于企业级平台，但企业需要评估它们的前景，分析自身如何能适应当前的环境。企业还需要评估现有的供应商能否适应这种新的网络方法所带来的挑战。

接下来，我们将探讨软件定义网络的独有特色。网络的未来会在一个联网模式下发生戏剧性的转变。

6.2 网络虚拟化需求

软件定义网络可为构建虚拟计算环境提供基本的网络连接和安全功能。它可通过虚拟装置提供出多种服务，如虚拟防火墙、虚拟专用网络（VPN）、负载平衡、NAT、DHCP 和 VXLAN 扩展网络。与管理终端实现管理集成，可降低数据中心的运营成本和复杂程度，可提高运营效益、改进敏捷性和控制力，并支持延展到合作伙伴的解决方案。

SDN 提供虚拟机网络操作模式的网络虚拟化平台。与虚拟机的计算模式相似，虚拟网络以编程方式进行调配和管理，这与底层硬件无关。可以在软件中重现整个网络模型，使任何网络拓扑（从简单的网络到复杂的多层网络）都可以在数秒内创建和调配。它支持一系列逻辑网络元素和服务，例如逻辑交换机、路由器、防火墙、负载平衡器、VPN 和工作负载安全性。用户可以通过这些功能的自定义组合来创建隔离的虚拟网络。

6.3　虚拟网络原理剖析

虚拟网络和安全将网络和安全调配及运营与虚拟数据中心管理集成在一起，从而降低了运营费用和复杂程度。用户可以通过一个中心控制点来管理、部署、报告、记录并集成第三方的服务。此外，用户可以继续使用现有基础架构来构建虚拟网络和安全服务。这样可大幅度简化运营，提高资源利用率，并加强根据业务需要进行扩展时的敏捷性。

与对服务器硬件的计算容量进行抽象化，以创建能够用作服务的虚拟资源池的理念一样，虚拟网络可将网络连接和安全服务抽象成一个广义的容量池，并使这些服务的使用与底层物理基础架构分离。

该统一网络容量池可通过最佳方式分割成多个逻辑网络，以支持特定的应用。当网络与应用关联时，它可以随应用一起移动、扩展或收缩。VXLAN 网络可以跨越物理边界，通过跨不连续的集群和单元来优化计算资源利用率。因为逻辑网络与物理拓扑相互分离，所以无需重新配置底层物理硬件即可扩展 VXLAN 网络。正因如此，就无需再花时间来规划如何调配 VLAN 及管理 VLAN 数量剧增的问题。

随着网络实现虚拟化后，安全性、负载平衡及其他网关服务会与新模式完全一致并与之完全集成，用户可跨集群和单元来实现负载平衡。通信流量的可见性得到增强，安全保护功能也就更加高效。当应用移动或扩展时，它可保持有效的内部隔离和边界安全。

1. 抽象化和池化

创建虚拟网络并确保其安全的第一步是抽象化和池化资源。这与通过对服务器硬件的计算容量进行抽象化，创建能够用作服务的虚拟资源池的理念一样，虚拟云网络和安全可将网络连接和安全服务抽象成一般意义上的容量池，从而使用户能够脱离底层物理基础架构来使用这些服务。该池可以跨越物理边界，通过跨集群和单元来实现最佳的计算资源利用率。

2. 逻辑网络与网关服务

在创建网络和安全资源池之后，用户可将其细分成多个逻辑网络，并将这些网络与特定的应用相连。由于此类网络现已连接至应用，可随应用移动或伸缩。而且，由于逻辑网络从物理网络拓扑中脱离出来，因此无需重新配置底层物理硬件就可扩展这些网络。这解决了规划 VLAN 调配的周期和管理数量剧增的 VLAN 都很耗时这两个问题，简化了操作，并极大地加快了应用调配。通过部署虚拟工作负载加快应用调配，而无需重新配置物理网络根据需要扩展应用，而不会造成 VLAN 数量剧增。通过跨子网边界和不相邻的集群高效地管理计算资源，从而降低成本和复杂程度。此逻辑网络可连接任意网络元素，又是一个可连接更高级别服务的框架，如防火墙、VPN 和负载平衡器。现在，应用将连同其逻辑网络和安全网关服务一起移动或扩展，客户则简单到只需一个窗口即可管理所有服务，从而可降低数据中心的运营成本和复杂程度。

3. 基于策略的自动化

虚拟网络和安全还可以实现增值，因为它可基于策略自动实施和动态扩展网络连接和安全服务，从而充分发挥虚拟数据中心蕴藏的效益和敏捷性。虚拟网络和安全可以与其他网络控制器集成，来完成多种网络与安全服务的调配与交付。

6.4　软件定义网络的价值展现

（1）传统网络与安全体系结构的不足

服务器虚拟化在经过多年的发展后已日臻完善，应用的领域也越来越广泛。它有效降低了成本，提高了资源利用率和可用性，同时还使运维效率得到较大提升，进而缓解了信息化建设所面对的诸多压力。

虽然服务器虚拟化的普及彻底改变了应用的调配和管理，但是，这些动态工作负载所连接的网络仍然未跟上它的发展步伐。网络调配仍极其缓慢，一个简单的拓扑结构的创建甚至需要数天或数周时间。图 6-1 给出了一个典型的示例。

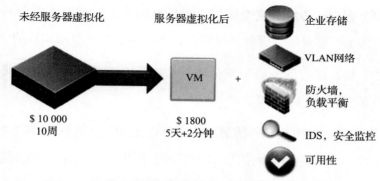

图 6-1　服务器虚拟化后部署一台服务器所需的时间

从图 6-1 可以看出，在服务器虚拟化之前，管理员部署一台服务器需要大概 10 周时间，并花费 10000 美元。有了服务器虚拟化后，虽然部署一台虚拟机只需要两三分钟且仅花费 300 美元，但是，在该虚拟机"周边"布置所需的各种网络和安全服务仍需 5 天的时间，同时需耗费 1000 多美元。这主要是因为当前的网络操作仍然依赖 VLAN 的手动调配并使用管理界面分散的专用物理设备。

可见，虽然服务器虚拟化可加快虚拟机的部署，但与之连接的网络与安全组件并没有跟上服务器虚拟化的步伐，它们严重影响了虚拟数据中心的部署效率。

（2）传统的网络体系结构阻碍了虚拟数据中心的发展

传统的网络体系结构除了会降低虚拟数据中心的部署效率外，在虚拟化环境下，它们还存在很多其他方面的不足。

比如，现有的网络体系结构对底层物理硬件有很大的依赖，它们依赖于专用物理设备，因此灵活性很差。另外，由于各种网络服务的管理界面杂乱无章，非常分散，无法进行统一的集中管理，因此，相应的运维管理工作非常复杂且容易出错。这种不灵活的体系结构对工作负载和应用的扩展与迁移都造成很大的限制。

在安全方面，传统的安全防护手段价格昂贵，对虚拟化平台不具感知能力，使用上不够灵活，管理的难度大，不能很好地满足新架构的需要。

总的来讲，现有的网络与安全体系结构对虚拟数据中心的束缚主要体现在如下 3 方面：

1）不灵活，与物理硬件的绑定使得用户无法灵活地创建跨物理边界的网络。因此，现有的网络无法移动和扩展应用程序。工作负载安置和移动性受制于物理网络，平台服务能力仅受限于硬件设备的功能。使用具体厂商所提供接口的 VLAN 部署起来非常困难，在一些单位组织里，部署一个VLAN 往往要花费好几天的时间。

2）复杂，配置更改需要人为手动完成，如果自动化程度不高，就需要提前做计划并且跨团队协作。这种工作方式非常复杂、耗时，且效率低下。网络的部署与管理没有与应用和虚拟数据中心的部署与管理相集成，这样会降低操作效率。如需维护大量的专有设备，管理工作就显得繁杂且容易出错。

3）高成本，呆板的网络与安全拓扑结构（例如 VLAN silos）阻碍了用户对计算资源跨集群进行池化和负载平衡，这样会降低计算的资源利用率。高级别的服务，例如负载平衡、防火墙、VPN 等是通过专有设备来完成的，这些服务只能被分开来管理和部署。如此一来，管理和维护的成本会非常高昂。

由此可见，现有网络与安全体系结构的限制，将日益池化的动态虚拟世界重新束缚到缺乏灵活性的专用硬件上，人为地阻碍了虚拟数据中心的发展。

（3）使用软件定义的网络和安全来获得效率和敏捷性

必须摆脱极不灵活的网络和安全体系结构，这种体系结构基于手动调配的 VLAN 并可使用分立管理界面的专用设备。通过创建能适应工作负载并随工作负载移动的网络和安全结构，可根据业务需要来快速部署、移动、扩展和保护应用及数据。虚拟网络可使软件主导型网络和安全与紧密集成到虚拟数据中心管理中的基于策略的调配机制结合在一起。使用软件主导型网络服务，能够获得云计算基础架构的全面敏捷性。

（4）通过提高效率和利用率降低运营、采购成本，实现资源的按需增长

虚拟网络无需重新配置物理网络，即可部署、移动或扩展虚拟工作负载。可自动调配和横向扩展网络连接和安全服务，能够更全面地了解虚拟通信流量。在初始阶段，用户可以仅投入项目所必需的最少资源，即可跨集群和单元弹性分配计算资源，在后续的生产实践中，根据实际需要，可再追加所需的资源，从而实现真正的随需而变与动态增长，并最终提高资源利用率。此外，虚拟网络提供了高度可扩展的虚拟网络，既可简化调配，降低运营成本，又可减少对专用设备的需求。

可创建随应用扩展的网络并在需要的位置应用安全服务，而无需升级硬件。虚拟网络和安全可提高应用的可用性，并增强网络性能。

6.5 功能探析

6.5.1 虚拟网络"X"了 VLAN

随着 IT 组织向聚合基础架构和面向服务的模式转移，很多人逐渐发现

目前的数据中心网络连接体系结构是一个限制因素。基于 VLAN 的交换模式由来已久，但它们在数据中心内遭遇了以下难题：

1）容错操作效率低。动态资源调整、高可用性技术在大二层网络上最容易实现，但是创建和管理该二层网络在运维操作上却十分困难，尤其是在大规模操作时更是如此。

2）缺乏灵活性。VLAN 和相应的网络服务既不灵活，也不易延展。随着需求的增减，计算和存储资源需要在无重大运行开销的情况下进行分配。

3）VLAN 和 IP 地址管理的局限性。IP 地址的维护和 VLAN 限制成为数据中心扩展的两个难题，特别是在要求强有力地隔离或处于服务提供商环境的情况下。

为了解决这些难题，诞生了 VXLAN 技术。VXLAN 是一种在常用的网络上通过 Overlay 技术建立虚拟网络的方法。VXLAN 的工作方式是创建第二层逻辑网络，并将其封装在标准第三层 IP 数据包中。无需任何 VLAN 标记，每个框架中的"分段 ID"即可将 VXLAN 逻辑网络相互区分开来。通过利用行业标准的以太网技术，在现有网络之上可以创建大量虚拟网络，并把它们彼此之间以及与底层物理网络之间完全隔离。通过在标准第三层 IP 网络上运行 VXLAN 来优化网络操作，从而不再需要构建和管理庞大的第二层基础传输层。这样，大量相互隔离的第二层 VXLAN 网络可以在通用第三层基础架构中共存，而且在相互之间以及与底层网络之间实现完全隔离。通过支持跨物理边界的"扩展集群"来优化数据中心计算资源的利用率。

在标准交换硬件上运行 VXLAN，交换机上无需进行软件升级，也无需具备特殊代码版本。VXLAN 是创建弹性可移动虚拟数据中心的基础。与 VLAN 不同，VXLAN 虚拟网络可以跨虚拟资源池和物理边界扩展，因此具有更高的效率、可扩展性、弹性和可管理性。使用 VXLAN 技术可以跨不连续的集群或单元来池化计算资源，然后将该资源池划分到与应用连接的逻辑网络中。

VXLAN 工作原理如下：

VXLAN 是一个网络封装机制，利用它可以将虚拟机部署在任意物理主机上，而部署过程不会牵涉任何物理网络。它从以下两个方面来解决移动性和扩展性：

1）它是 MAC in UDP 的封装，允许 VM 间通过一个 Overlay 网络通信，这个 Overlay 网络可以横跨多个物理（二层）网络。它是虚拟机的逻辑网络独立于底层的物理网络，从而使虚拟机跨网络迁移不再需要更改物理网络配置。

2）VXLAN 采用 24 位的网络标识，使用户可以创建 16M 相互隔离的虚拟网络，突破了目前广泛采用的 VLAN 所能表示的 4K 隔离网络的限制，这使得大规模多租户的云环境中具有了充足的虚拟网络分区资源。

封装工作在客户虚拟机的虚拟网卡和虚拟交换机上的逻辑端口间执行。这样，VXLAN 对客户虚拟机和底层第三层网络来说都是清晰透明的。VXLAN 和非 VXLAN 主机（例如，物理服务器或 Internet 路由器）之间的网关服务由虚拟网络和安全 Edge 网关设备来执行。Edge 网关将 VXLAN 网段 ID 转换为 VLAN ID，从而使非 VXLAN 主机可与 VXLAN 虚拟服务器通信。

VXLAN 通过在物理网络的边缘设置智能实体 VTEP（VXLAN Tunnel End Point），实现了虚拟网络和物理网络的隔离，如图 6-2 所示。VTEP 之间建立起隧道，在物理网络上传输虚拟网络的数据帧，而物理网络感知不到虚拟网络。

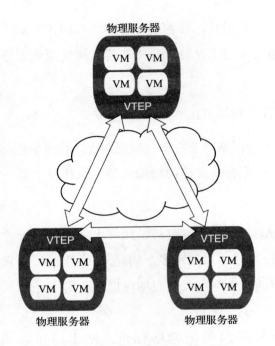

图 6-2　VXLAN 虚拟网络的示意图

　　虚拟机可以跨 3 层网络实时迁移，不需要对物理网络重新配置，业务也不会中断；废弃 STP 协议，可充分利用链路；通过创建 16M 互相隔离的虚拟子网，充分满足多租户数据中心的需求；接入交换机只学习物理服务器的 MAC 地址，不需要学习每个虚拟机的 MAC，极大地节省 MAC 表空间所提升的交换性能。

　　VXLAN 的数据平面需要依赖物理交换机的组播功能（IGMP、PIM），将 VXLAN 内的广播映射为组播，而物理交换机对于 IGMP 组播组的数量支持往往有限，它虽然能够利用将多个 VXLAN 加入同一个组播组的方法缓解交换机组播组规格不足的问题，但存在网络性能下降等问题。另外，广域网络通常不支持组播转发，无法直接实现 VXLAN 在不同数据中心之间的扩展，而需要开发新的机制将组播映射成单播，并发送至其他数据中心。

组播的问题可通过 SDN Controller 与 VXLAN 配合来解决，解决主播问题的主要技术要点如下：

1）SDN Controller 兼做 ARP 代理。SDN Controller 兼做 ARP 代理（类似 Router），获知（MAC，IP）对，在不同 DC SDN Controller 间交换（MAC，IP）表。

2）组播抑制。VM 将内层 VM 的 MAC 到外层 IP（网关 IP）的对应关系及时发布给 SDN Controller，在 SDN Controller 间可及时交换信息。

3）组播头端复制。其可通过头端复制，将应用层带来的组播变成多个单播。

VXLAN 提供跨数据中心结构创建隔离式多租户广播域的功能，并且使客户能够创建可跨越物理网络边界的弹性逻辑网络。

创建逻辑网络的第一步是抽象和池化网络资源。虚拟分布式交换机和 VXLAN 将网络抽象成一般化的网络容量池，并使这些服务的使用从底层物理基础架构中分离出来。此池可以跨越物理边界，从而跨集群和单元以优化计算资源利用率。统一网络容量池随后可通过最佳方式分割成多个逻辑网络，直接连接到特定的应用。

VXLAN 的技术优势如下：

1）优化的网络操作。VXLAN 在标准第三层 IP 网络上运行，不再需要构建和管理庞大的第二层基础传输层。

2）灵活性。通过支持跨交换机和单元边界的"扩展集群"，数据中心服务器与存储的利用率和灵活性可实现最大化。

3）投资保护。VXLAN 在标准交换机硬件上运行，交换机上无需进行软件升级，也不必采用特殊的代码版本。

4）企业可充分利用更高的数据中心自动化程度、敏捷性和效率所带来的优势。

6.5.2 网关服务，我的地盘我做主

网关服务是专为虚拟数据中心提供的边缘网络安全方法，它可提供网络安全、网关服务和 Web 负载平衡等基本安全功能，以提高性能和可用性。此方法可利用容错和高可用性等功能获得无与伦比的恢复能力。

此外，在多租户云计算基础架构中可自动执行和加快虚拟数据中心的安全调配速度。因为安全管理员和虚拟基础架构管理员的职责分离，使得他们只能访问有限的授权资源。它的主要优势有：由于可省去多种专用设备，并可快速调配网络网关服务，因此可降低成本和复杂程度；每个组织或租户拥有一个边缘，因而可提高可扩展性和性能；可通过详细的日志记录简化 IT 遵从性工作；可不再使用集成了防火墙、负载平衡器、VPN 和 DHCP 的专用硬件。

网关服务的主要用途如下：

1）整合边缘安全硬件。借助网关服务，可以使用现有资源来调配边缘的安全服务。

2）快速安全地调配虚拟数据中心边界。可在虚拟数据中心环境周边轻松地创建安全、逻辑性强、独立于硬件的边界（即"边缘"），可更便捷地利用好多租户 IT 基础架构中的共享网络资源。

3）确保 Web 服务的性能和可用性。可跨多个虚拟机集群高效管理入站 Web 流量，并且包含与边缘安全性功能一起部署或独自部署的多种 Web 负载平衡功能。

4）促进遵从性管理。提供证明给其遵从的公司策略、行业和政府法规所需的事件详细日志记录以及流量统计信息等必要的控制措施。

5）保护共享网络中的数据机密性。可对站点间 VPN 提供 256 位加密，以保护在虚拟数据中心边界内传输的所有数据的机密性。

网关服务主要包括：网络地址转换（NAT）、动态主机配置协议

（DHCP）、针对网络边缘的防火墙、VPN 和负载平衡。

6.5.3　分布式防火墙，"长城万里"铸辉煌

分布式防火墙是一款基于虚拟化管理程序，并可适用于应用程序的虚拟数据中心防火墙解决方案。它用于防范内部网络威胁和降低企业安全范围内的策略违规的后果风险。为实现这一点，它使用可识别应用程序、具有数据包深度检测功能，并基于源和目标 IP 地址进行连接控制的防火墙技术。

分布式防火墙使用虚拟网卡级防火墙，可在虚拟数据中心内分段和隔离关键应用，这样可创建弹性的逻辑信任区域，从而使用户免受到网络威胁。借助安全组，用户可深入了解网络通信的内容，并能强制实施细化的策略。它的主要功能特性如下：

1）虚拟化管理程序级防火墙，通过虚拟化管理程序检测功能，在虚拟网卡级别实施入站 / 出站连接控制，可以支持多主机的虚拟机。

2）可以根据网络、应用程序端口、协议类型（TCP、UDP）或应用程序类型实施保护。在虚拟机迁移时提供动态保护。

3）第 2/3 层防火墙（也称为透明防火墙）可防范多种攻击类型，例如密码嗅探、DHCP 监听、地址解析协议（ARP）欺骗和下毒攻击。它还能提供简单网络管理协议（SNMP）流量的完全隔离。

4）采用基于 IP 的有状态防火墙和应用层网关，可远程过程调用（RPC）、Microsoft RPC、轻型目录访问协议（LDAP）和 SMTP 在内的众多协议，可通过仅在需要时才打开会话（端口）来保障安全性。

6.5.4　无代理终端安全防护，值得你拥有

终端安全管理是一项费工费时的劳力密集型工作，终端分布广泛，种类繁多，特别难于管控。传统的终端安全防护手段需要在终端上部署代理

程序，以保证这些代理始终有效且能得到及时更新，这是一项充满挑战的工作，很多企业为此不得不应用终端管理和网络准入控制等解决方案来保证终端的可控性。虚拟化和云计算时代的到来，彻底地改变了这种局面。虚拟基础架构为企业计算环境带来全新的管控手段，使无需代理安全防护成为可能。

6.5.5　高级特性

虚拟网络和安全高级特性包括：高可用性，流量监控与统计，数据安全保护，管理与报告以及生态系统框架。

高可用机制需要对虚拟机进行重启，因此故障切换时间比较长，而虚拟网络和安全的高可用机制不需要重启这一操作，因为虚拟设备一直处于"运行"状态，只是该虚拟设备不提供相应的网络与安全服务。一旦 Active 端的虚拟设备发生故障，那么 Standby 端的备用虚拟设备将在 10 秒内接管会话并继续传输流量，因此，整个会话不会丢失，而且故障切换的时间也被大幅度缩短。

管理员可以观察虚拟机之间的网络活动，以帮助定义和优化防火墙策略，识别僵尸网络，并通过详细报告应用程序流量（应用程序、会话、字节数）来保护业务流程的安全。能计量虚拟数据中心资源的使用量，并确定各个租户的使用量比重。这些统计信息可通过表述性状态转移（REST）API 进行访问，在服务提供商的计费应用程序中加以使用。

6.6　下一代网络虚拟化平台

1. 从管理定义的网络到软件定义的网络

在传统网络中，通信是分等级的。例如，网络结构包括：数据层面，数据包的发送和信息接收；控制层面，确定数据包如何被转发；管理层面，负责配置控制面板。在这些层面上的网络操作都发生在物理以太网运行的路由器和交换机上。每一个本地配置的网络节点都会给自己自助运行下指令。

这种结构称为"管理定义的网络"，虽然高度自动化，但它仍须管理员手动配置每个节点。相比之下，SDN 打破该分层结构。

在这个新的结构中，控制器驻留在中央服务器上，而不是每个单独的网络元件上。其结果是，这个基于软件的控制器可以"看"到整个网络，指导流量如何被转发至各个节点。在这种方式中，网络被认为是通过在控制器上运行的软件来确定的。

其目标是使应用程序自己来独立地进行网络编程。然后，应用程序可以通过 OpenFlow 交换机直接接入控制平面进行优化，而不需要管理员手动配置该网络。这种做法进一步提高了敏捷性和灵活性，能将网络层次扁平化并提高了效率。

2. 基于 OpenFlow 的交换机技术

我们在讨论 SDN 时，重要的是要澄清术语 SDN 和 OpenFlow 之间的本质区别。它们不是同义词，尽管 SDN 是基于 OpenFlow 提炼并发展起来的，但两者并不等同。SDN 是一个网络架构级的概念，强调软件定义网络，强调软硬件的分离。而 OpenFlow 则是一项具体的技术，它强调转发面的标准化。SDN 是一种体系结构模型，用以描述一种能力——分解物理网络的控制层面和数据层面，并具有管理低级别的数据包的能力。OpenFlow 是在 SDN 中配置网络交换机的协议。它类似于一个 API（应用编程接口），类似于信息进入网络的动作。因为它连接着控制器和网络设备，它作为供应商中立的、技术到技术的接口。

OpenFlow 作为一个 API，作用是使网络从传统基于数据包的结构转变为基于数据流的结构。实现这个流程需要两个关键元素：OpenFlow 的交换机和 OpenFlow 的控制器。因为它涉及 SDN 和 OpenFlow 的网络功能方面，它有助于理解层的概念。7 个 OSI（开放系统互连）的层，组成了网络通信框架（L1 ~ L7）。这些通信路径启用硬件和应用程序，具有交换信息的功能。

现代以太网的交换机和路由器都是依靠二、三、四层数据包进行传输的。虽然不同的供应商有不同的流量表，但不同的交换机和路由器都会支持一组共同的功能。OpenFlow 利用功能的通用设置来编制交换机的传输操作。这是对网络中所有的物理 / 虚拟交换机进行编程的唯一的 OpenFlow 控制器。

3. 基于 OpenFlow 技术的控制器

通过使用 OpenFlow 控制器，全球网络级的网络流都可以被定义，而不是逐一地用单独的设备来完成。此外，它使信息的流动被定制化为通过一个个虚拟 / 物理交换机和路由器来传递。所有传统的交换机的控制功能，如路由协议，运行在集中的 OpenFlow 控制器上。通过把这些控制的功能相结合，OpenFlow 令交换机得以支持流的传输，以及支持传统以太网交换机的桥接和路由。集中 OpenFlow 控制器能使一个网络动态地响应应用程序需求，从而提高网络利用率。这是巨无霸工具，非常强大，存在于目前市面上几乎所有基于 SDN 解决方案中。

4. 开放网络基础和 OpenDaylight

由于目前使用和部署 SDN 和 OpenFlow 颇受争议，开放网络基金会（ONF）正在加速采集并标准化 SDN 架构的最佳实践方式。2011 年 3 月，ONF 成立，并且将有关 OpenFlow 的知识产权转移到 ONF。自 OpenFlow

协议诞生以来，1.4 版本作为目前的最新版本，之前已曾有多个版本的更新。作为其拓宽 SDN 和 OpenFlow 发展工作的一部分，基金会赞助了许多互动活动、研讨会和年度全球大会。

另一方面，OpenDaylight 代表了厂商所关注的实现 SDN 的一个实例。如前面提到的，OpenFlow 的是一种以 API 形式呈现给应用使用的功能。SDN 架构有两种不同的联网的 API：南向和北向。虽然 ONF 主要涉及南向的 API，也就是 OpenFlow，OpenDaylight 组织是专门开发北向的 API。由于北向的 API 涉及 SDN 架构机制，代表企业服务或应用，所以支持 OpenDaylight 联盟的厂商会将主要专注这个 API。

这两种 API 都日趋走向规范化，但要指出的是，北向 API 的格式、性能和数据结构都没有被充分了解。要改变这种状况，OpenDaylight 基金会将基于实际应用和案例，测试北向的 API 和代码。

5. 软件定义网络——百花齐放、百家争鸣

SDN 引入以来，提出了许多为实现网络编程化接口的发散式的方法，不同的用户群也贡献了他们的思路和方法。

例如，相比 SDN（包括交换机和路由器的底层数据包流和一个集中控制器），更广泛定义的软件定义组网已发展到整个计算环境。这种环境下所说的组件（比如：路由器、交换机、防火墙、服务器、存储设备）连接在一起时，就可创建一个被称为"基础设施"的实体，支撑起单位组织的数据中心。

相对于有些狭义的 SDN，注意力集中在跨整个基础设施的扩展方法上，例如，不同的供应商所采用 SDN 的数据中心有不同的切入点。

6. 应用的核心基础构架

就网络内的 SDN 的应用而言，由应用程序为中心的基础设施

（Application Centric Infrastructure，ACI）集成所有系统，来支持业务应用的需求，比如 SAP 和 Oracle。ACI 要达到这样的目标，必须通过统一的物理虚拟网络和提供安全、合规和实时可视的系统、租户和应用等级。这消除了手动、竖井分割式的搭建，比如安全管理员主要负责安全策略，而网络技术员只负责分配带宽。相反，ACI 使基础设施本身能够交换信息并主动响应应用程序的需要，而不需要人工的干预。相比之下，虚拟叠加法建立了虚拟 OpenFlow 网络，覆盖最重要的、传统的、非 OpenFlow 的基础设施。鉴于数据中心的发展趋势（例如虚拟化和云计算），数据流在虚拟端口和交换机之间的流动肯定会增加。

虚拟层可以支持基于已有 IP 网的快速部署，并掌控整个基础设施。它使用一个以软件为核心，与虚拟 SDN 控制器相叠加，使用物理交换机和路由器能像传统数据中心那样交互式地操作。专有的网络代理支持通过物理和虚拟服务器之间的网络隧道进行全网的交换和路由。几个标准已经被提出，让虚拟网络架设在物理网络基础设施（包括 VXLAN、NVGRE 和 SST）之上。当然，每个方法都有潜在的缺点和局限性。总的来说，数据中心越来越虚拟化，许多公司正在将他们整个的基础设施转移到虚拟系统构架中去。而 ACI 方法的反对者认为，这个解决方案只是简单地扩展了物理网络进入虚拟世界，但并不算是个重大转变。专家认为虚拟叠加限制了可伸缩性，同时却增加了复杂程度。

7. "白盒" 威胁

在对于软件定义网络的辩论中，SDN 可能目前略占上风，但"白盒"威胁代表着另一个不利因素的产生。它认为，一种由美国廉价制造的商用的"白盒"，比起由供应商生产的有专利的、基于 SDN 的交换机更有优势。假设将一台商用交换机与免费开源软件及其软件负载平衡和安全功能理念相结合，理论上讲，这种设备足以与一台高价的专用交换机执行相同的任务，而成本却十分低廉。

总的来说，SDN 终会成为现实。一定程度上，如何实现这个新功能，是通过专有的解决方案还是廉价的替代品？这个问题成为在市场上针锋相对的焦点所在。从本质上讲，"白盒"制造商对 SDN 采取了非传统的手段，他们扮演了另一个技术实践过程中的"另辟蹊径"的"恐怖分子"形象。

6.7　网络虚拟化和安全

随着美国棱镜门事件曝光以来，信息安全受到许多国家和企业的重视，特别是 2014 年国家成立起网络安全与信息化领导小组，由此断言，2014 年可算是信息安全元年。就当前的信息安全建设驱动来看，主要来自政策性合规驱动和市场需求驱动这两个重要的驱动点。

中国互联网协会发布的《中国互联网发展报告（2014）》中的数据显示，2013 年中国境内有 6.1 万个网站被境外通过植入后门实施控制，较 2012 年大幅度增长 62.1%。境内网站跨平台钓鱼攻击增多，基础网络信息系统、移动互联网环境等均产生较多安全风险。

报告称，中国面临大量境外地址攻击威胁。2013 年，国家互联网应急中心监测发现，境内有 1.5 万台主机被 APT 木马控制。针对境内网站的钓鱼站点有 90.2% 位于境外，境内 1090 万余台主机受到境外服务器控制，其中位于美国的占 30.2%。

除了境外攻击，境内网络安全隐患也呈不断增长态势。数据显示，2013 年，针对我国银行等境内网站的钓鱼页面数量和涉及的 IP 地址数量分别较 2012 年增长 35.4% 和 64.6%。

从政策层面来看，国家成立了网络安全与信息化领导小组，强调自主可控是信息安全领域国家的基本意志体现。同时也出台了相关的政策，要求对信息安全产品、网络虚拟化服务等进行安全审查，通过政策、法律、规范的合规性要求来加强对信息安全的把控。

从需求层面来看，随着愈演愈烈的各种信息泄密事件，大量的企业对信息安全的认识已经从过去的"被动防御"转变成"主动防御"，尤其是新型的互联网金融、电商业务、网络虚拟化业务等前瞻性企业，都把安全当作市场竞争的重要砝码，并寻求各种资源，不断提升用户对其的信任度。

从用户选择网络虚拟化服务的角度来看，很多的网络虚拟化用户或潜在的网络虚拟化用户，它们的一项业务在向网络虚拟化中心迁移时，考虑的前三位要素一般都是安全、技术成熟度和成本，其中首要的是安全。因为由于云服务模式的应用，云用户的业务数据都在云端，因此用户就担心自己的隐私数据可能会被别人看到，甚至被篡改，云用户担心业务中断了影响收益怎么办，网络虚拟化服务商声称的各种安全措施是否有、能否真正起作用等，云用户因不知道服务提供商提供的云服务是否真的可达到许诺的标准，而显得忧心忡忡、心有不安。

从目前来看，云服务在网络虚拟化和网络中的主要威胁来自于以下几方面：

1）安全威胁。根据 IDC 的调查，安全问题一直是网络虚拟化中最受关注的方面。国内的报告也有类似的结论，调查的受访对象都为技术安全性方面而担忧，恰恰是这种担忧阻碍其迁移到网络虚拟化平台。事实上，有些云服务提供商会对用户的数据进行加密，同时还会将用户的数据进行备份，过一段时间后才会销毁这些数据，所以企业在走入云端之前，务必做好这方面的风险预估及应急方案。因此，要让企业和组织大规模应用网络虚拟化技术与平台，放心地将自己的数据交付于云服务提供商管理，云服务提供商就必须全面地分析，并着手解决网络虚拟化所面临的安全问题。网络虚拟化管理着企业的关键数据，企业和个人是否更容易成为黑客的攻击对象呢？这个问题不是没有发生的可能，鉴于网络虚拟化数据安全的问题，如医疗、金融等数据敏感型企业都不被建议应用云技术。

2）数据威胁。数据问题对每位 CIO 来说都是头等大事。因为泄密带来的最大噩梦就是自己公司敏感的内部数据落入到竞争对手那里，这让高管们寝食难安，网络虚拟化则为该问题增加了新的挑战。数据丢失对于消费者和企业双方而言，都是非常严重的问题。而存储在云中的数据则可能因为其他的原因造成丢失。云服务供应商的一次删除误操作或者火灾等自然因素导致的物理性损害，都可能导致用户数据的丢失，除非供应商做了非常到位的备份工作。数据丢失的责任其实并非总是只在供应商一方，比如用户在上传数据之前加密不妥当，而后自己又弄丢了密钥，那么也可能造成数据丢失。

3）内部操作问题。不论是在企业内部还是网络虚拟化服务提供商内部，人员的恶意操作都是非常危险的，后果相当严重。云服务提供商肯定不会透露其雇员在物理服务器和虚拟化方面的水平，更不会透露他的分析和报告政策。来自内部人员恶意操作造成的安全威胁已经成为一个颇受关注的话题。对单位组织存在威胁的、有恶意的内部人员可能是那些有进入企业组织网络、系统、数据库权限的在任的或曾经的员工、承包商，或者其他业务伙伴，他们滥用权限，导致企业组织的系统和数据的机密性、完整性、可用性受损。这也就意味着只要有了一定级别的授权，内部人员就可以获得机密数据并控制云服务，这不是危言耸听，是实际存在的隐患。其实，用户是可获得这些操作信息的，只要在签订服务级别协议时提出来即可。

在网络虚拟化安全保障中，仅仅采用传统的安全技术是不够的，虚拟化带来了新的安全风险。当前，因网络虚拟化安全技术还不成熟，对虚拟化的安全防护和保障技术测评则成为云环境等级保护的一大难题。

把网络虚拟化中心从用户网络接入、访问应用边界、计算环境和管理平台进行划分，构建起在安全管理中心支持下的可信通信网络、可信应用边界和可信计算环境三重安全防护框架。

网络虚拟化已经深刻地影响到 IT 架构、业务系统部署方式，以及服务模式，形成了端（终端）、管（管道）、云（云端）的 IT 架构。

业务系统和数据集中部署在云端，即云数据中心的资源池内。这有利于统一的数据安全保护和业务系统的统一部署、管理，可提升 IT 资源利用率，降低成本和资源消耗。同时，移动互联网络、4G 技术的发展极大地拓宽了管道的宽度，为更加丰富的终端的接入提供了良好条件。在终端侧，对终端设备的性能、规格要求更加宽泛，终端类型也在不断丰富，尤其是各类移动终端，使得终端用户可更灵活地、随时随地地享用云端各类服务。

"端、管、云"的新型模式可以让用户快速、弹性、按需、随时随地地获取到 IT 资源和服务，实现 IT 即服务的转变，这是一次重要的信息化变革。但这种新型的 IT 架构也带来了新的安全问题和安全上的需求。

1）网络虚拟化中心（云端）。针对网络虚拟化中心区域边界、计算环境、虚拟化环境，网络虚拟化中心综合采取身份认证、访问控制、入侵检测、恶意代码防范、安全审计、防病毒、数据加密等多种技术和措施，能够实现业务应用的可用性、完整性和保密性保护。云数据安全建设，依据客户实际需求和相关安全合规标准，能够进行数据创建、传输、存储、使用、共享和销毁等全生命周期的云环境下的数据安全设计，以及数据安全体系建设。为保障用户数据在云环境下的安全使用，有必要保护云环境中的数据的机密性、可用性、完整性。

2）云计算环境下的安全防护等级。网络虚拟化从安全域的角度，可分为安全计算域、安全网络域和安全管理域。安全计算域是相同安全保护等级的物理主机 / 服务器的集合；安全网络域由通信网络和接入网络构成；安全管理域是对整体网络虚拟化中的安全事件收集和管控报警的系统平台。

　　3）网络虚拟化计算环境安全。网络虚拟化计算环境包含私有云安全计算域、公有云安全计算域。其中私有云安全计算域是进行安全设备部署的重点，可采取的安全措施主要包括：4A 系统、虚拟安全网关、主机加固和加密机等设备和手段。公有云安全计算域应采取基础平台安全审查、评定、托管镜像加密和租用应用加固的安全措施，以保障扩散到公有云平台上的资源、数据的安全可靠。

　　4）网络虚拟化边界安全。网络虚拟化边界环境由物理的接入网络边界和虚拟化网络边界组成，物理网络接入边界的防护采取传统安全网关即可，针对虚拟化平台，必须在虚拟平台中部署虚拟安全网关以进行虚拟安全边界防护。

　　5）网络虚拟化通信网络安全。在网络虚拟化环境下，通信网络包括传统网络和虚拟网络两部分。对于从外部网络接入网络虚拟化中心的通信网络，应借助于网络接入边界处部署的 VPN 设备来实现 SSL、IPSEC 的安全隧道通信；在网络虚拟化平台节点内部的虚拟网络，可通过部署在虚拟化平台内部的 VPN 组件来实现其安全隧道功能。

　　6）网络虚拟化安全管理中心。网络虚拟化环境安全管理中心对私有云和公有云中的所属资产、资源的运行状况，以及相关行为、安全事件、安全预警等必须进行集中监管。通过 SNMP、Syslog、ODBC、API 等协议接口和数据文件进行综合分析，以形成安全报表和整体安全态势报告，使得安全风险可视化、风险告警全面化和风险处置专业化，以便实现安全风险集中化管控。

　　网络虚拟化的高速发展，需要有等级保护措施来提供基本保障。现有的许多等级保护建议和方案主要针对的是独立的云环境。网络虚拟化环境下等级保护所面临多方面的挑战，面向等级保护要求的网络虚拟化安全方案要从可行性、适用性、合规性等方面进行方案分析。随着网络虚拟化技术和市场的发展，面向网络虚拟化环境下的等级保护工作需要进一步深入研究，相应的等级保护规范也需要进行动态调整。

6.8　网络与安全解决方案探究

软件定义的网络连接和安全解决方案，可以提高运营效率，发挥敏捷性，并可实现能够快速响应业务需求的延展性。它可在单一解决方案中提供大量不同的服务，包括虚拟防火墙、VPN、负载平衡和 VXLAN 扩展网络。

虚拟网络和安全可实现网络和安全保护虚拟化，从而创建高效、敏捷且可延展的逻辑结构，并满足虚拟数据中心的性能和可扩展性要求。虚拟网络和安全采用的是虚拟安全设备架构。虚拟工作负载网络流量会流经这些设备，并在此应用了防火墙和负载平衡等一系列服务。集成合作伙伴的第三方服务也可通过这些设备访问网络流量。借此，企业可以自信地虚拟化关键业务应用，构建起安全敏捷的私有云，并能够保护虚拟桌面解决方案的安全。

软件定义的网络与安全解决方案能以编程的方式将虚拟网络调配、添加到工作负载，以及在当前数据中心乃至多个数据中心内在任何地方，根据需要进行放置、移动或扩展。这样，通过一个集成式可延展平台，即可大幅度简化操作，实现资源的高效利用和敏捷性的提高，从而根据业务需要进行扩展。

软件定义的网络与安全解决方案在整体软件定义的计算中心解决方案中的位置如图 6-3 所示。

就像服务器虚拟化将虚拟机从底层 x86 服务器硬件分离出来，以改变计算运营模式一样，虚拟网络和安全将基于软件的虚拟网络从底层网络硬件分离出来，以便支持新的网络运营模式。在这种情况下，部署虚拟机周边的网络和安全组件会便捷得多，图 6-4 显示了这一过程。

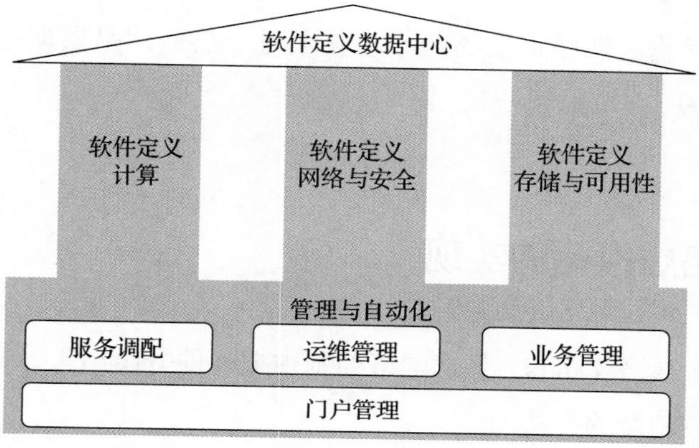

图 6-3　SDDC 模块组件

运用软件定义的网络与安全解决方案，部署一个虚拟数据中心的时间由 5 天变成了 3 分钟！可见，虚拟网络和安全实现了软件定义的快速部署，大幅度提高了数据中心的部署效率。除了这一明显的改变，虚拟网络和安全对前面提到的传统网络与安全体系结构在虚拟化环境下的缺陷也颠覆得面目全非。

通过创建软件驱动型抽象层，将网络连接和安全组件与底层物理网络基础架构完全分离，可确保硬件的独立性，可使网络连接与安全服务摆脱与硬件绑定的限制。

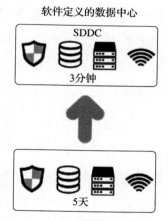

图 6-4　SDN 加速虚拟数据中心的部署

将网络和安全服务绑定到每一个虚拟机，并随虚拟机迁移，无需人工干预即可大量添加或转移工作负载，使可扩展性和移动性都得到了增强。

在运维管理方面，通过统一的集中控制点，可进行快速的编程式调配和无中断部署，这使得从网络调配到部署和维护，都实现了高度的自动化。

除此之外，在任何通用 IP 网络硬件上可以同时支持旧版应用和新应用。可从终端主机的角度忠实地再现物理网络模型，使工作负载感觉不到任何差异，因此，软件定义的网络与安全对上层应用是透明的，上面的业务不做任何修改即可继续使用。

6.9 网络虚拟化的实现

软件定义网络（SDN）是从网络控制中把硬件分离出来，并给予软件应用程序调用控制器的方法。

在传统网络中，一个数据包到达内置专有固件的交换机上，嵌入的规则就会告诉交换机往哪儿转发数据包。交换机就可沿着同样的路径发送每一个数据包去同一个目的地，同样的方式适用于所有的数据包。在企业，智能交换机设计成复杂的专用集成电路来识别不同类型的数据包时，能以不同的方式处理它们，但这样的交换机的价格却相当昂贵。

SDN 的目标是允许网络工程师和管理员快速响应不断变化的业务需求。在软件定义网络中，网络管理员可以从集中控制台控制重塑数据流向，而无需分开控制每个单体交换机。管理员可在必要时改变任何网络交换机的规则——以非常细微的控制方式完成优先、降级甚至阻断特定类型的数据包的操作。这在云计算 - 多租户构架上显得特别有用，因为它允许管理员用更灵活和更有效的方式来管理数据流量负荷。从本质上讲，这允许管理员使用廉价的、商用的交换机，并可更好地控制网络数据流。

SDN 有时被称为"思科杀手"，因为它允许网络工程师支持在多供应商硬件和专用集成电路的交换结构。目前，最受欢迎的软件定义网络是一个称为 OpenFlow 的开放式标准规范。OpenFlow 允许网络管理员远程控制路由表。

软件定义网络风靡一时，但它真的是百毒不侵，一定适合你的数据中心吗？

SDN 承诺让企业的数据中心从纷繁的操作手册和流程中解放出来，把网络环境变成有弹性的资源，以满足日益增长的业务的需要。它的目标是统一的所有数据中心组件，即计算、网络和安全及存储；满足应用程序对资源的需求，能够维持好它们的高性能。新的组网方式概念的背后是专注于消除壁垒，改变一成不变的旧传统。然而，如此根本的转变代表了即将打破客户现有的环境和流程，同时要求供应商改进他们主要的产品和策略。而对于全新的公司来说，与最先进的数据中心合作，就不会有什么显著影响。但在现实中，这样的商业模式显然对大多数公司和数据中心来说，都算是纸上谈兵。例如，专有方案的问题可能直接导致操作兼容性和成本的问题。SDN 在"软件"方面，意味着供应商需要创造独特的、专有的解决方案，并提供给客户。无论供应商是冻结或管理多个解决方案，都可能产生不可预见的成本和 IT 管理问题。最后，随着用户逐渐了解 SDN 的益处和风险，他们会谨慎地对待重新"包装"的过时的解决方案，还应该评估其对于安全的影响。SDN 安全策略必须结合组网的变更以及新的需求和规划一起考虑。SDN 的推崇者似乎无处不在，他们认定建立虚拟网络构架就如同建立起一台新的虚拟机那样简单。但实际上，很难找到那么多有足够经验的人和资源，来建立和管理 SDN 的客户。回顾一下历史，发现启用 SDN 仍然是"路漫漫其修远兮"，要把它规划到企业将来的发展中尚缺少"上下而求索"的过程。

6.9.1　软件定义网络和虚拟网络

软件定义网络（SDN）并不算是一个新想法。SDN 只是一种形式的网络虚拟化，事实上，各种形式的网络虚拟化已经存在超过 10 年了。然而，SDN 有别于网络虚拟化，有可能出现一个不使用 SDN 也能实现网络虚拟化的解决方案，或者使用了 SDN 技术构建的网络，却不具备虚拟化特性。

一个比较好的 SDN 定义是在交互端被编程定义的基础上，目前的路由器以及其他二层网络基础设施的数据和控制功能相互保持独立。相比之下，今天的大多数路由器和其他网络设备混合了这两种功能，因此很难在我们添加几十或几百个虚拟机时调整企业数据中心的网络基础设施。

约翰·斯特拉斯勒是华为公司在美国研究中心软件实验室的首席技术官，他在 SDN 博客中写道：分离数据和控制层面对网络设计具有重要意义。他也提到过，一旦控制层与数据层的功能可以在不同硬件上操作，两者结合就达到将软硬件相结合的最佳的部署条件。这将使资源池可提供不同类型的控制器和转发元素，组成单元可帮助设计师建立特定应用程序的控制器。

6.9.2 如何帮助我们

如果处理得当，软件定义网络可以解决现代数据中心网络的几种常见的问题。第一个问题是虚拟服务器的激增，供应其他网络基础设施仍需要很长时间——比如网络连接、路由器、防火墙。

高德纳的分析师琼·斯科鲁帕说："人们已经忘记了曾经需要两个月的时间来配置一台服务器，而现在只需要花上不到两小时甚至只要几分钟配置。但是，预制一个网络仍然需要两个星期那么久，这是不能容忍的。"

网络可伸缩性跟不上它的存储和计算能力。有个解决方案便是建立虚拟局域网来处理虚拟服务器集合。分析师艾瑞克·翰瑟尔姆认为："这在过去是很好的第一步，但现在已经不是了。""网络利用率水平现在已经成为数据中心的绊脚石。"那是因为 VLAN 连接复杂，不容易扩张。问题是，如今的网络日新月异，成长非常快，要管理好谈何容易。

第二个问题是随着虚拟机数量的增减，如何通过程序来控制这些网络建立和移除呢？ SDN 技术能够通过提供 API 控制底层的网络基础设施；SDN 也可以为企业采用混合云铺平道路，为企业混合构建内部数据中心，并为第三方供应商和合作伙伴网络提供管理和安全服务。

6.9.3 前景虽好，却处境艰难

对软件定义网络（SDN）我们可不能盲目乐观。2012 年，Information Week 对 250 个专业首席信息官的调查表明，约有 70% 的受访者至少在一年内不会有测试 SDN 的计划。

到底是什么原因导致 SDN 只开花，不结果呢？

首先，因为这是个复杂的系列性问题，难以短时间内快速解决。高德纳分析师格里高尔·佩特里和阿克沙伊·夏尔马在一份对于 SDN 的分析报告中写道："按要求提供应用交付环境网络的能力相比按需提供计算和存储基础架构来说要复杂得多。"

其次，在短期内，增加网络容量比重新配置 SDN 网络来得更简单、更便宜。就像城市规划的通勤交通，增加整体能力可能在许多情况下比精确地分配特定的负载能力更容易和更经济。

SDN 在控制面也同样存在难题，与转发面受限于芯片技术不同，控制面上最主要的是标准问题，包括北向接口和南向接口的标准化，以及整体架构的标准化。有关控制面的几个问题是：北向接口如何标准化？南向接口如何标准化？ Controller 的架构应该是怎么样的？转发面向上的接口应该如何定义？这些问题目前都无定论。这将会比转发面更难以统一，因为控制面都是软件的工作，条条大路通罗马，存在无数种标准定义方式。而且，与硬件系统不同，在控制面上最终用户的发言权很大，而用户又是多种多样的，所以这将经历一个比较漫长、充满利益博弈的过程。

除了技术层面的因素，阻碍 SDN 迅速推广的还有一个很重要的原因，那就是重量级应用的缺乏。尽管现在各行各业都在讲软件定义网络，但并没有哪个领域必须得用 SDN。

SDN 立竿见影地带来了极大好处吗？目前还没有。现在强调的是 SDN 是有好处的、能促进网络创新的等，还没有紧迫到需要用户马上部署 SDN 的地步。从分析来看，数据中心走在最前面，但数据中心网络规模太大，而且还牵涉到网络虚拟化技术，改造起来会伤筋动骨，反而是无线、安防等领域可以率先部署。不少公司在这方面做出了一些尝试，比如无线 SDN 的概念已有人在提了。而在数据中心领域，Google 独立使用 SDN 技术对它的数据中心进行了改造，究竟如何改造，规模如何，目前不得而知。日本在 SDN 领域也走在前列，设备商有 NEC，运营商有 NTT，都在积极推动 SDN，NTT 已有一些实际部署。因此，总体感觉是雷声大雨点小，目前还找不出重量级应用。

6.9.4 是改造还是重建

至少目前，软件定义网络（SDN）的未来是难以预测的。一个广泛的共识是它代表了一种模式的转变，将改变网络功能。移动性、互联网的一切和越来越多的数据使我们别无选择——过渡到动态的、可伸缩、可编程网络是至关重要的。然而，从理论过渡到实际远远比先前的技术转换更加复杂和困难。很多问题会在解决时或解决之前发生。现在采用虚拟化和云计算的趋势不断加快，SDN 的采用预计将与之持平，并不断增加。在可预见的未来，传统网络很可能将与 SDN 环境共同存在。

一方面新近成立的网络公司不会放弃 SDN 这块蛋糕。他们有自己成熟的数据中心，覆盖从小型企业到大规模的云提供商。SDN 代表着转变。另一方面，新兴的公司一切从零开始，他们是可选择性组网的支持者。这是因为他们不需要面对一个预先存在的网络环境。这些服务公司并不限制他们的产品线，他们会带着憧憬，而不是带着包袱进入市场。

软件定义网络被广泛地采用，导致企业开始投入大量的资金来购买全新的硬件和软件以取代现有网络设备。企业必须充分适应 SDN 转变和此过程中所带来的其他改变。由于用于生产环境的网络硬件服务周期通常较长，并且相关数据中心的设备比其他数据中心的设备（比如服务器）更加昂贵，因此大多数公司难于立刻替换之前的全部网络基础设施。

供应商的垄断是另一个重要问题，这个问题甚至使决策者对他们的选择开始重新评估。另外常见于其他的虚拟化产品等领域的缺乏互换性、可交替性问题，也是造成决策者顾虑之处。

增加网络自动化的概念也会带来问题。我们是否确定让计算机来自动管理数据中心了呢？当我们使用软件定义网络基础设施的技术时，那些操作人员通常会扮演什么样的角色呢？这些问题是我们决定接受 SDN 时必然要考虑的。

6.9.5 为了未来，打好基础

不管软件定义网络如何大肆宣传，你应该做些什么呢？这实际上取决于你目前虚拟化和云部署的情况，以及对未来何去何从的考虑。

或许你应该先了解你的虚拟机组合，以及未来两三年内的扩张计划。如果你没有涉足任何混合云或连接到你的客户或合作伙伴网络的打算的话，你可能暂时是安全的。但如果你在用别人的云服务器时，你必须开始关注传统的网络供应商能提供怎样的预设连接和云数据中心，他们承诺的升级是否能处理各种各样的需要维护配置的网络。

或许你也应该了解自己的 VLAN 的策略，看看你如果将来要扩展，还需要多少空间？大多数企业用对流量进行控制和优化以调整网络的优先级，来应对整晚的数据备份和复制的负载，到第二天早上数据负载会被恢复，再回到正常业务的场景。但是你可能会因此计划而精疲力竭，因为大量的数据贯穿你的基础设施，会造成管理上的巨大负担。

Forrester 分析师 Andre Kindness 在 2014 年年末用了赫赫有名的"非理性繁荣"来形容白盒网络市场。Kindness 认为，网络供应商热衷于提供白盒产品，因而不能一心一意地开发核心产品和关注主流需求。最后，我们认为，其实 SDN 不只是将数据通过控制功能进行分离，这更意味着全新的网络基础设施需要设计。显然，某些 SDN 会保留下来，随着时光的流逝它会变得家喻户晓。受它的启发，你将更好地建立起未来的网络基础设施。

第 7 章

07

软件定义
存储

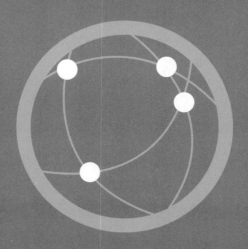

7.1 软件定义存储的发展轨迹

1. 什么是软件定义的存储?

我们先来看下面这些问题:

- 软件定义存储是革命还是进化?
- 软件定义存储是一个设备还是仅为软件?
- 谁,用什么来管理的软件定义存储——应用程序还是系统管理员?
- 软件定义存储是同构还是异构的解决方案?
- 软件定义存储是单一的还是多厂商解决方案?
- 软件定义存储是解决方案还是一个概念?
- 软件定义存储在哪儿"存在"——在存储系统中,在虚拟机监控程序中,或在网络中?

先不急于回答上述问题。我们不妨先来看一下市场发展趋势。

目前,数据中心的数据业务正在以指数形式增长。驱动数据业务增长的主要驱动是新的应用和现有应用的结合,随着社交媒体到大数据业务的广泛产生,现有的数据管理面临巨大的挑战。得益于摩尔定律,我们正处于一个历史上数据业务增长最迅猛的时期。到 2014 年,平均的 CPU 将达到 32 线程,每个处理器插槽将拥有 32 个逻辑 CPU——16 核乘以 2 个线程。HDD 容量迅速扩展，到 2016 年有望到达 60TB 的高度。从高性价比看，SSD 已经成为 CPU/ 内存与 HDD 的重要纽带。

软件定义的存储是软件定义的数据中心的基本组件，可对存储资源进行抽象化处理，以支持存储的池化、复制和按需分发。这使存储层与虚拟化计算层非常相似，都具有聚合、灵活、高效和弹性扩展的特点。它们的优势也相同，即全面降低了存储基础架构的成本和复杂程度。

2. 软件定义存储的定义

软件定义存储（SDS）的定义如下：是一组技术，一套统一的存储服务跨异构服务器和存储，是计算机数据存储技术的独立存储硬件，管理存储基础架构软件的术语。该软件实现软件定义的存储环境，提供策略管理功能选项，如重复数据的删除、复制，自动精简配置，快照和备份。根据定义，软件定义存储软件是独立于硬件的，它是可管理的。该硬件可以或不具有抽象、池或自动化软件的嵌入。这个跨越使得它难以归类。如果它可以被当作商用服务器的磁盘上的软件，它表示是诸如文件系统软件；如果在分层复杂的大型存储阵列软件，它表示是软件，如存储虚拟化和存储资源管理。这是不同定位的产品类别。

软件定义存储的术语经常被用来形容存储软件在商用硬件上运行，并利用商用的组件来构建一个低成本的存储池，这种想法肯定是很具有吸引力的。然而，这一设想并没有被广泛地接受，现在大多数企业的应用程序数据存储仍然是基于传统的外部存储系统。据 IDC 统计，在 2013 年有超过 20 000 PB 的新的存储容量被采购。

大多数存储厂商，无论规模大小，都提供有自己对于软件定义存储（SDS）的诠释

不灵便的老式存储构架，将会觉得 SDDC 所代表的智能灵活的基础设

施是个拖累。要很好地运作 SDDC，则存储需要被重新部署，资源要重新调配，以满足 SDDC 对于存储访问和灵活性的要求。软件定义存储是软件定义数据中心进化中一个十分关键的元素。

3. 存储的现状

在一开始，存储被认为是计算机的外围设备。当 CPU 的功能不断改进和处理成本不断下降时，用户能够存储更多的信息，并从这些数据和信息中获取很多有价值的内容。从此，数据存储在一个 IT 基础设施中的重要地位就得以体现。目前的问题是，存储的成本往往占据了大多数基础设施部署的大部分。另外，因为企业对制度合规性的要求，大多数企业倾向于保留多份单个数据对象，需要保留不同时期和不同形式的备份，所以使得存储的成本翻倍地增加。

7.2　软件定义存储的自画像

（1）以应用为中心的策略，可实现存储使用自动化

软件定义的存储支持对异构存储池中的所有资源实施一致的策略，这使存储的使用像为每个应用或虚拟机指定容量、性能和可用性要求那样简单。这种基于策略的自动化最大限度地利用了底层存储资源，同时将管理开销降至最低。

（2）与硬件无关的虚拟化数据服务

数据服务（如快照、克隆和复制）被作为虚拟数据服务在软件中交付，并按虚拟机进行调配和管理。由于独立于底层存储硬件，使得这些服务的分配极其敏捷和灵活。

（3）通过硬盘和固态磁盘虚拟化确保数据持久性

随着服务器功能的增多，软件定义的存储解决方案可让企业利用廉价的行业标准计算硬件来扩大其存储资源。利用固态磁盘和硬盘作为虚拟机的共享存储，这可获得高性能、内置的恢复能力和动态可扩展性，并将存储总体拥有成本降低 50% 之多。

软件定义存储的体系构架核心是可提供抽象空间及提高存取性。当然，软件定义存储必然对存储供应商的创新性及一体化有所要求，目前很多可以实现软件定义存储的核心能力已经具备，在不久的将来这些技术将真正被实现。

接下来我们深入了解一下软件定义存储的基本组成。

1）基于 API 接口的组建。通过配置存储应用程序编程接口（API），应用程序和客户端可在无人工干预的情况下获得它们需要的资源。虽然这种数据组建方式在公有云存储环境下广为流行，比如 Amazon S3 和 OpenStack 等新兴云平台，但却尚未在企业中成为主流。相当一部分存储服务提供商，包括 EMC、惠普、NetApp，已经或即将实现基于 API 接口的数据组建，这将使得存储管理团队，即便安排少量的系统管理员，也可通过创建服务目录来实现存储的组建。从而能释放存储管理团队的人力资源，使其更多地关注于环境优化，以及确保软件定义存储基础构架的正常运行。

2）存储虚拟化。存储虚拟化将各种异构存储汇聚到一个共享"存储池"中。打破竖井是关键，它可使存储管理团队挖掘出更多的未被利用的存储空间，最大化利用好存储潜能。存储虚拟化也是有价值的，因为它允许无缝迁移跨异构的数据仓库，协助完成每天管理任务，帮助管理在迁移过程中淘汰下来的老旧的硬件。由此，所有主要的存储供应商，例如 EMC，日立数据系统、惠普和 IBM，将存储虚拟化整合到他们的产品系列中。虽然存储虚拟化已经存在了 10 多年，但当存储管理团队在利用基于 API 组建实现自动化迁移时，这个功能甚至会变得更加强大。

3）存储的服务质量。尽管传统的存储系统擅长同时给多项程序分配容量，但是大多数系统还是不能保证其性能的独立。因此，当应用程序加速了其性能利用率时，这些所谓"不得闲的邻居"就会通过占用其他程序的缓冲资源，并使硬盘主驱动处在不断运转的状态，从而干扰其他使用同样物理储存硬盘的程序的运行。诸如 IBM 和 SolidFire 等供应商都提供了存储服务的质量管理来控制程序每秒输入/输出操作（IOPS）的数量，以及单一应用程序和虚拟机器可以利用的吞吐量，从而确保在程序运行高峰期不会影响其他周边应用程序。存储服务质量的价值还体现在它的存储管理团队能否确保关键应用程序对缓存资源进行访问。

基于软件层面定义的存储必须是基于服务水平来提供。

服务是基于业务优先级而定义的，并且必须能快速适应瞬息万变的需求，在你所选择的平台上部署。除非可将其应用于所有的存储，否则就不能真正受益于定义于软件层面的存储，按所需的应用程序的特点来交付，存储服务应该是自动化的、立即可用的、无中断的。

基于软件层面定义的存储服务包括下面这些特点：从底层物理存储系统以及在某些情况下通过跨应用的数据池化来抽取逻辑存储服务和功能。与计算和服务相比，数据移动相对昂贵而且速度很慢（也就是信息经济学中提到的"数据引力"问题），数据池化倾向于不转移数据，创建一个跨层的映射层，比如：存储虚拟化、创新性产品的。基于层的外部管控包括存储虚拟化，以此来管理对各自池化数据中跨驱动的使用和访问。其他产品通过单独对跨层和/或服务器 DAS 存储进行控制。虚拟卷是在大量卷和虚拟机的磁盘镜像之间创建一个更加透明的映射表，以便提高性能和优化数据管理。这并不说明虚拟基础设施具备了新的功能，但它确实提供了并可以使用 iSCSI 或光纤通道的阵列，是一种可以凭借更强的管理机制在跨层管理应用程序中将数据写入虚拟基础设施的能力。基于策略驱动存储器的"自动化"，通过服务水平协议（SLA）来实现对于原有专注于技术细节替换，这需要拥有能够跨越多个传统存储产品的管理接口，秉承 OpenStack 的理念可将"控制面板"与"数据面板"的定义做很好的区分。

7.3　软件定义存储与软件驱动存储

软件定义存储的定义应该是简洁的。我们看到软件定义存储的标准是：它必须集成异构存储网络架构，包括异构存储系统组成的一个"虚拟"存储阵列；它必须支持异构服务器的组合；它必须具备统一的自动化、有序的、可构建的、可监测和管理的能力；它必须将所有底层存储系统和存储网络虚拟化成通用的抽象层。

怎样理解软件定义存储和软件驱动存储的区分？

从第一个文件服务器，我们有软件驱动存储。存储解决方案本质上是一系列磁盘由存储中心的操作系统来驱动。这并不是什么新鲜事。SUN 创建了 NFS 这个方法。NetApp 只是抓住了机会，从一开始，他们就使用的是软件驱动存储。一旦存储行业停止"硅化"这些特性和功能，它就变成了软件驱动存储。

显然，软件驱动和软件定义存储都同样需要利用软件。它们所提供存储服务的类型区分出这两个概念。软件驱动存储只是一个单一的存储系统，依赖于软件运行并提供存储。另一方面，软件定义存储扩展了这个特性，能支持多个存储系统，

控制和数据路径。Neuralytix 公司认为软件驱动存储在操作数据路径上和软件定义存储是有区别的。虽然软件定义存储在操作控制路径上有所不

同，软件定义存储可以不时地扩展数据路径，但这里会有更多的机会。一些由软件定义存储管理的存储系统可能缺乏软件定义存储预期的特性，并因此通过软件定义存储软件来补偿。举个例子，如果底层存储系统没有文件归档能力，那就得依靠软件的能力来完成。

数据路径是"路径"或通过实际的数据来传输和读取或写入的网络连接。传统存储系统在同个网络连接组合控制和数据路径，而软件定义存储的解决方案可以将这两者分开。此外，控制路径可被认为是一个"编外"的数据管理方式，"路径"有助于在物理存储系统和一个特定的主机之间导向数据流。这些功能包括数据是否被复制，数据是否应该按照特定的协议内容来交付等。

目前，很多的存储系统提供控制和数据路径的功能。所以这两个术语之间的差别必然会延展到操作功能之外。

7.4 数据中心虚拟化对存储提出新的要求

现如今，数据中心可以用到的存储技术可谓五花八门，从共享存储 SAN、NAS，到直接附属的 DAS 存储，到基于服务器或者阵列的 SDD 存储，还包括涉及多种存储相关的协议，如 FC、TCP/IP、iSCSI、FCoE，也拥有多种文件系统，如 VMFS、NFS、CIFS、RDM。不同的设备提供商有不同的存储管理软件，也提供各自的复制、备份、快照或加密等数据服务。

存储所面临的现状是，作为长期的固定资产投资，不会经常去更新和计划新的投资预算，然而，目前的数据量快速增长使得现有的存储容量变得捉襟见肘、不堪重负。所以，大家把希望都寄托在软件定义存储上，寄希望于它来改变现状。

如何获取、管理和淘汰企业中导致低效存储的系统、基础设施和运维呢？专家目前已被这个问题逼得"谈虎色变"。原因在于，通常存储阵列有5年的可用寿命，而那些预算紧张的企业通常会将其存储系统的使用年限延长至7年以上。存储系统潜在的寿命相对较长，加上不可预测特性和数据快速增长，最终促使顾客需要购买超量的存储，目的是应付那些不明确的业务需求，及满足那些对于存储的无规律的需求。

7.4.1　3 个领域的挑战

随着虚拟化成为基础架构主要的工作负载机制，数据中心的存储设计面临前所未有的挑战。

第一个挑战是管理复杂、不灵活。存储一直是虚拟化架构设计中最关键的环节之一。很多性能的问题都和存储息息相关。虚拟化架构师需要了解很底层的存储设备及其特性，需要对 IOPS（每秒进行读写操作的次数）、延迟和容量等各个方面进行优化。另外，存储的分层、扩展和运维都还有很多方面需要思考。在引入软件定义的存储以前，存储都是在项目开始阶段配置和部署的，在其生命周期中不会再更改。类似于 SDN，存储配置一直是许多 IT 项目的重大障碍。因配置过程较为复杂，又涉及许多手动应用程序所有者，需要系统管理员和存储团队之间的频繁沟通。后者必须确保存储容量、可用性、性能和灾难恢复能力。如果要求更改虚拟机所利用的LUN（逻辑单元编号）或卷的某些方面或功能，那么许多情况下，需要删除原始 LUN 或卷，并创建具有所需功能的新卷。这是一项干扰性很强且非常耗时的操作，可能需要花费数周的时间来进行协调。

第二个挑战是费用昂贵。通常存储总是被为了"安全起见"而过度组建。过度购买存储是非常破费的，大多数单位组织会以高额的价钱来购买一个品牌的 SAN（存储光纤网络）。在购买 SAN 存储时，通常看重的是品牌而几乎不看存储硬件管理和功能特性。如果数据量很大，特别是在用存储光纤网络的情况下，虚拟化平台仍然是很能花钱的一部分，平庸的存储设计看起来四平八稳、循规蹈矩，殊不知可能会在存储上开销很大。但往往存储通常只占较小的 IT 预算。数据的快速增长推动了应用程序（如企业内容管理、系统产生的数据（日志）、不断增加的音频和视频数据、社交网络和协同数据）的广泛使用，目前比以往任何时候对存储所提出的要求和挑战都要高，即必须使用更少的投入来换取更多的服务。

第三个挑战是无法确保差异化服务等级。由于数据存储选择时并不考虑每个虚拟机的性能和可用性要求，因此难以从存储方面去衡量和保证 SLA，这就难以与数据中心虚拟化整体协调一致的服务等级要求达成共识。

虚拟环境的数据中心要求存储能够提供出新的特征，比如，提供虚拟机精确控制；在应用高度整合的情况下满足性能要求；提供与其相同级别的应用和数据移动性；支持快速调配零停机操作；按需动态扩展；支持 VDI（虚拟桌面基础架构）和大数据等新应用。这些新特性是传统的存储所望尘莫及的，因此软件定义的存储应运而生。它从前文提及的三个维度解决虚拟化数据中心面临的问题和挑战，即简化存储的管理、降低总拥有成本、实现端到端的 SLA 交付，如图 7-1 所示。

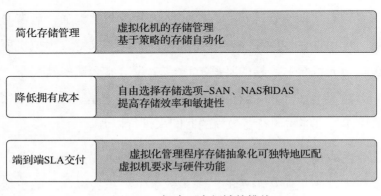

图 7-1　解决三个领域的挑战

然而，虽然软件定义存储可以帮助我们解决很多传统存储模式所不能解决的挑战和难题，但是在其发展过程中，仍然存在需要企业的存储构架师和供应商去克服的问题。

1）被封锁的存储平台。现有市场上的存储阵列在设备出厂时被做了限制，它们的功能被烧录在硬件中，因此系统功能是限定死的，不能随意更改。比如，一款基于磁盘的备份系统可由相同的硬件组建，以用作部门级的 NAS 设备，但是用户目前仍然不能任意改变现有系统的功能来满足他们不断变化的存储需求。可见，硬件定义的存储平台和不灵活是因为代码被直接写进了硬件中，这是使得数据中心的管理团队不能有效地利用分散、凌乱的存储的根本原因。

2）从供应商处得到的每个反馈，几乎都是声明他们有能力和实力做好软件定义存储的各方面工作。然而，在这一过程中，厂商给用户留下明显缺乏清晰思路和出现误导的印象。一些厂商用自己特定的一套产品来实现软件定义存储；其余的则不太明确自己的具体产品，只是改变其产品的命名，并引用开放源码和他们自己传统的存储解决方案以捆绑的方式推出。

因此，简化业务流程，存储构架必须得以发展。业务用户如想控制技术驱动创新的步伐，就要有构架技术工具的能力。虽然管理团队努力创建私有云环境来支持一些新的业务需求，但这并不能满足所有人。如果存储、自动化和服务目录都不能很好地一起有效工作，那么，存储管理团队瞬间会变成一个瓶颈问题。

7.4.2　运营费用

尽管云存储的出现伴随着承诺管理的改进，但存储系统的搭建仍然是一个缓慢冗长的过程，而这急需一个新的构架来改变。软件定义存储（SDS）将有助于在不久的将来加快存储资源的交付。一个新的存储架构整合现有的和新的存储资源，并允许开发人员和其他业务关键成员，通过API 或服务目录来访问这些资源，而不需要系统管理员的人工干预。

诸如 Amazon Web S3 等 IaaS 存储服务的出现，给业务用户带来了崭新的体验和益处，比如快速构建和应对业务需求的能力，基于单位时间内较低的成本支出，这些都是传统的企业存储系统所无法企及的。

软件定义存储将重塑存储组建方式和简化存储管理员的日常工作。存储管理团队苦苦挣扎于数据的快速增长和缩减预算之中，甚至要应付比此更糟的状况。组建自动化是软件定义存储通过 API 和服务目录使存储管理员从中解放出来，把更多的精力用来关注快速增长的业务数据，从而提高存储的可靠性和灵活性。

企业将首先改造之前老的系统，然后再将其过渡到新的硬件产品上去。当然现有企业的供应商不会对软件定义存储的迅猛来势不闻不问，基于软件定义存储的关键元素，比如存储虚拟化，API 的组建和存储的 QoS 赋予到主流企业存储系统构架中来，这将允许管理团队通过升级老旧的硬件来满足软件定义数据中心的需要。

软件定义存储是最终达到目的一种手段。它不是一项技术或一个特定的产品。

7.5 软件定义存储是一系列技术的集合

软件定义存储是一组技术而绝非仅仅是一种技术。这意味着它包括硬件和软件。存储供应商已经提供了由不同的硬件和软件组合的多样化选择。这些组合可帮助供应商将自己与其他供应商区分开来，同时使他们可以根据特定应用程序的工作负载来优化解决方案。该软件包括一个可以通过某种形式的 API，比如 EST，进行访问的通用控制点。这提供了一些普遍特征，诸如自动化、编排配置、监控和管理。通过这个 API，管理员将不再需要了解在一个特定环境中的每一个存储系统，而是可以从一个公共接口对所有系统进行管理。API 的另一个好处是能够收集数据，而不仅仅只是处理和分析数据（例如使用大数据），从而可通过在线学习来改善自动化。软件定义存储的异构性是其区别于其他软件驱动存储的关键。如前所述，大多数现代存储系统都是软件驱动的架构。然而，软件驱动的存储系统与软件定义存储系统的不同点在于它们不能够支持来自多个供应商的存储媒介。因此，软件驱动存储是一个单一的解决方案，它包括了目前在用的大多数 SAN 和 NAS 系统。另一方面，软件定义存储必须支持成批的异构存储。因此，诸如 EMC 的 VPLEX、HDS 的 VSP、IBM 的 SVC 和 NetApp 的 V 系列等存储系统都将具备这个属性。

　　软件定义存储供应商可能支持一组独立的磁盘驱动器、JBOD 或一个简单的磁盘阵列。存储媒体的子系统是否包括 RAID 功能（将 RAID 计算卸载到专用微处理器或 ASIC 上），或者它可能利用诸如复制、镜像或擦除编码等技术来提供容错功能，这都取决于供应商的意愿和高瞻远瞩的能力。软件定义存储区别于传统存储系统的功能体现在它应该整合备用容量。未来，所有软件定义存储将作为统一的数据存储体系结构来集成和管理所有本地容量和云存储空间。软件定义存储软件不一定能提供"文件到块""对象到文件"或者"对象到块"的转换，但软件定义存储可以利用底层存储系统的本地容量来支持这些功能。软件定义存储软件不一定能复制底层存储系统的特性或功能，但我们相信这种复制是一定需要的，因为软件定义存储是在不断进化的，而非是彻底的革命。它通过复制一些功能使得用户能够获得共同的利益、统一的存储服务和其他选择。例如，在服务器层上它可以是一款软件（如 EMC 的 ViPR），也可以是一个设备（如 HDS 的 VSP，IBM 的 SVC 和 NetApp 的 V 系列）。

7.5.1　基于软件层面的存储也有"基础设施"

　　（1）软件定义存储架构：深层解析软件定义存储架构

尽管采用基于软件层面定义的存储架构的目的是为了将存储管理与硬件区分开来，但是数据存储专家必须对底层基础设施有合理的规划才能获得最佳的结果。因为硬件上的特性要翻译到软件层，最重要的是必须理解底层存储应用程序的运行，以避免成本被抬高，并确保最佳的性能。

（2）软件定义存储怎样影响数据存储基础设施规划

基于软件层面的存储，其目的是将存储应用程序从物理的数据存储基础设施中分离出来。理想情况下，这使得可以对存储资源进行"敏捷"分配、重新分配和回收。换句话说，软件定义存储为将存储服务器从存储工具中分离出来，而提供了一种即使底层硬件与互联网改变了也能保持容量持久性的方法。

这种能力特别适用于应用程序，尤其是那种从服务器硬件或其他"虚拟化"的应用程序，可将数据从一个服务器或存储堆转移到其他服务器或存储堆。

实际上，存储已经被证实无法顺利、有效地实现这样轻松的工作负载的转换——特别是物理存储连接在光纤通道 SAN 的情况下。物理 SAN 是个在不同服务器与存储设备中间建立硬编码路线的复杂的基础设施。将应用程序移动到另一个服务器设备平台可能需要改变应用程序配置，说明同一个存储资源的路线已经改变了。唯一的方法是拆分 SAN，转向直接关联的（或是内部）存储配置，然后依赖于不同存储阵列之间的数据同步，这些存储阵列将支持每个有可能承载客机的服务器。这些结果往往耗费成本大并且难以维护。

有了 SDS，虚拟化工作负载或客机提供的存储卷机本身就成为一个抽象概念，而不是一个与物理资源相关的物理连接。这个 SDS 卷可携带工作负载在主机之间移动，并可在同样的存储资源内代理新的路径。由此可大大减少在不同主机之间需要复制的数据。

除了代理能力，SDS 层需要在所有可获取数据的路线之间平衡 I/O 性能，并且基于智能应用程序优先级来选择能否有效提供应用程序 I/O 效率的途径。智能负载平衡就是 SDS 控制层的一部分。

服务要能够承载应用程序数据，所以必须要包括数据保护，保证适当修复的优先级和应用程序自身的临界点，SDS 层提供与保护服务相连的卷。"永远在线"的应用程序，例如，必须通过匹配一个虚拟卷，使得可在分离的数据存储基础设施上实现数据在不同卷之间的同步或异步复制，从而创建一个高可用性的活动 / 活动（Active/Active）集群配置。然而前提是 SDS 并没有改变数据存储规划的基础，它总是始于需求，在设计之前就理解某一个应用程序。

尽管从软件层面上定义存储可以从硬盘抽取功能，但是理解底层基础设施还是非常重要的。

7.5.2 跨层功能剖析

基于软件层面的存储有一个明显的优点，即能够为持久存储提供一个应用程序所需要的充足的容量和性能，与此同时，底层物理卷对终端用户而言却仍是个谜。以下描述了软件定义存储是如何把存储应用程序与硬件分离的，并阐述了存储硬件与服务器虚拟化的技术。

众多言论都提到，基于软件层面定义的存储技术颇有潜力的说法确实令人困惑。但是真相是，如果目前我们考虑一个存储层的基本架构，我们就能够理解基于软件层面定义的存储卷，并很容易将应用程序从硬件中分离出来。

存储层由固态或磁存储组件组成，或者两者兼有。通常这些驱动器连接到控制器，就好比一个电脑主板运行一个商业操作系统，比如 Windows 或 Linux。这个操作系统可能运行 RAID 软件和其他增值的软件产品，它们可以提供从自动精简配置（一个集资源监控、需求预测与容量分配于一体的集合）到精确配置，删除重复数据以及其他多样化的数据保护服务。同样，大多数商业系统是通过命令行接口或图像化用户接口来实现对于设备类似网页接口或服务般的管理和配置。正如价格关联软件而非硬件，同样可以用来解释存储的价值。例如，一个受欢迎的去重存储层会耗用制造商约 7000 美元的硬件成本（所有商品零件），但这个工具包中所提供的"增值软件"（重复数据删除技术服务）就使得供应商需支付零售价超过 40 万美元的设备费。

在非软件层面定义的存储环境中，"存储程序"只是一个从硬盘或固态设备中创建出来的卷——通常是由供应商系统工程师在设备安装和配置时创建的——包括通过增值功能的软件服务来赋予卷一定的功能。所有从物理层分离出来的卷都拥有相同的增值服务属性，而且每个卷都可以通过存储基础设施创建单一的（冗长的容错系统）访问。所有这些就解释了为什么早期服务器虚拟化方法要求 SAN 是可以被拆分或者存储必须与服务器相连，以此就可容易地将物理存储资源关联到虚拟工作负载。为了促进高可用性集群，相同内部的或 DAS 配置就被用于在不同虚拟化服务器中间实现数据的同步复制。正因为如此，无论应用程序设置在哪里，它所要求的数据都可以在相同的节点中被获得。

然而，这个模型带来的是对存储容量的需求进行的分析。分析师预计，在高虚拟化服务器环境中，存储容量的同比增加率为从 300% ~ 650%，这将是非常昂贵的和非可持续的。

另一种选择是将 SAN 基础设施保留在原有位置，然后实现简单的虚拟化。或更简单地说，将存储应用程序从个体层管控那里转移至一个超级存储监控和存储虚拟化服务器。这使得数据可以携带虚拟机从一个物理服务器转移到另一个物理服务器。在此过程中，存储数据相同卷的路线会由存储虚拟化引擎"在后台"重新设计。这种方法会进一步使得虚拟卷可提供更加精细的服务,并使之满足工作负荷或客户的多样化的需求。软件定义存储能够搜索这种存储应用程序吗?大多数工程师会表示同意,因为它为应用程序提供了持久的存储卷,并以一种敏捷的方式提供了充足的容量、高效的性能和恰当的服务。但不幸的是,供应商市场营销人员更乐意去比较那些微妙的定义上的差别,这些定义更诱导你去选择只提供单一供应商软硬件产品的 SDS 交付方案,而非存储虚拟化技术本身。

在最后的分析中,存储应用程序的构建提供应用程序用于数据的读写。磁盘驱动器组成了的资源和获取资源的途径,但是从应用程序和终端用户的角度来看确实是捉摸不透的。如果你已经体验过或部署过服务器虚拟化技术,你就会知道你需要了解哪些存储虚拟化与存储应用程序的信息。

简单总结一下,基于软件层面定义的存储技术可以像服务器虚拟化一样实现跨硬件的存储功能。

7.5.3 软件定义"实现"

1. 有效实现基于软件层面的存储的产品、技巧和窍门

SDS 或将使管理更加便捷,但终究不是放之四海而皆准的最优方案。相反,支持存储的人士必须考虑它是否需要借助应用程序编程接口 API 来实施,以及他们在管理程序或硬件厂商的技术支持上是否会遇到麻烦。事先弄清楚这些架构的来龙去脉可以帮助公司节约成本、提高性能,从而使基于软件层面定义的存储上的投资物超所值。

2. 实施新技术:基于软件层面定义的存储的最佳实践

当实施新技术时,如基于软件层面定义的存储,用户必须考虑访问点、应用程序编程接口和初始化格式来实现最佳性能和效率。当实施得当时,

基于软件层面定义的存储会在应用程序与物理存储资源之间建立一个独立于硬件和未知工作负荷的存储应用层。与任何技术一样，实现基于软件层面定义的存储的抽象层也存在正确和错误的方式。

建立存储虚拟层是利用硬件供应商，通过提供在主板上与存储硬件应用程序编程接口（API），像增值软件一样在阵列上为构建卷和与卷的关联提供基于管控的软件。这个方法存在的问题在于，要跟上众多供应商的装备节奏，成本就会被抬高，主要是在软件层面上花费的成本支出。如果硬件供应商在其固件或是软件上做了更新，那么基于软件层面定义的存储供应商就必须"跟上"这种更新，这难免会对客户带来不便。同样地，如果市场上出现新技术，只有当虚拟存储供应商将其添加到可支持的产品列表上之后，用户才能使用到它。支持问题通常源自于硬件供应商放弃存储业务或被其他硬件供应商收购，但没有与虚拟存储供应商共享其 API。然而底线是，从多 API 连接到多存储平台的争论就好比是众口难调，是鲁莽而不明智的。你可利用存储设备安装点作为虚拟化点，而不是将其单独连接到每个硬件平台——所以使之不得不依赖于存储供应商才可访问他们的API——支持存储的人士可利用供应商在市场上必须使用的服务器操作系统所构建的连接点。通过安装点实现虚拟化存储，会如同存储硬件 API 一样有效，而不易于被阻断吗？一旦物理上建立了与基础设施的连接，大多数存储虚拟化产品就需要虚拟控制器来控制装载点的容量。卷与文件系统的格式化相似度越高，存储虚拟化软件产品就越需要一个可以通过物理存储加载来管理容量的流程。这可能需要一些时间，需要在每一卷上的每一个字符位置或由基础设施驱动的地方都写上 0。这样带来的好处是存储库可以被有效监管，同时还能作为虚拟卷被解析，能提供关联数据保护服务和性能特点。存储仓库可以被当作这样的卷而建立，为多层存储提供基础。

第一次对虚拟或基于软件层面定义的存储环境进行格式化可能需要一些时间，而且它通常需要对各层将要被虚拟化或池化的数据进行转移，然后回迁到虚拟卷。每次一个应用程序或一个业务流程，一步步地逐步完成，这是一种可靠且有条不紊的实施方法。供应商会在此过程中提供援助。

我们要确保找到那些非单一供应商的软件定义存储的产品。在基于软件层面定义的存储业务中，不可知论被认为是最有价值的、设计自由的和成本可控制的。在考虑一款产品是否可以落地的时候，你必须从集中服务器和联合资源管理器的角度来考虑。集中服务器可以支持集群类的故障转移，使得即使在复杂的 SAN 基础设施中也能较为容易地进行管理。联合部署将有助于满足那些需要考虑应用负载的虚拟化存储服务的部署，这和大多数服务器固态部署方法是一样的。最好的软件交付将同时支持集中和联合实施，具备跨多个软件部署的集中配置管理。

从小事做起，会使在你慢慢获得信心的过程中做强做大。好消息是一款设计得当的存储，会以 2～4 倍的速度提高应用程序的性能，就好比在基础设施停止工作之前就提供了固态的 I/O 队列的功能。这不是魔术，这和在任何网络工作之前预留内存缓冲是一样的道理（例如，性能加速模块等）。

除了性能改进，你可以将数据保护和容量管理委托基于软件层面定义的存储中，而非为增值软件或是个人数组购买昂贵的原厂服务。最终，这笔收益会远远超过你在软件定义存储上的投资。

7.5.4　"管理"的整形手术

存储管理人员寻找基于软件层面定义的存储的主要原因之一是集中化管理。但并不能忽视必须确保硬件容量和性能要达到标准。因为 SDS 只是一个存储应用程序，它与物理存储无关。为了有效监控基于软件层面定义的存储的软件和硬件，我们必须将存储资源管理工具也纳入日常监控的范围内。

基于软件层面定义的存储基础设施管理的要旨如下：

基于软件层面定义的存储将使存储更加灵活、敏捷，并且可以提供路径管理，从而充分利用物理存储设备和服务器之间的网络和网络节点。然而，除非 IT 统一进行稳定的存储基础设施管理，否则运行环境还是容易失败。有关基于软件层面定义存储的炒作可能会造成技术彻底改造了存储的假象，认为不再需要从业人员具备存储硬件基础设施方面的知识，然而，事实并非如此。良好的基于软件层面定义存储技术很可能为使存储更加灵活与敏捷而提供了一个渠道，使得虚拟存储卷可以在运行中被创建，时刻准备好与对应工作关联起来，并且从服务器转移到服务器和虚拟机。此外，软件定义存储可使您能把增值服务和虚拟存储卷联系在一起——这项服务包括镜像、复制、自动精简配置和重复数据删除／压缩等——从而使存储应用程序的定制化更加符合负载的需求。此外，良好的 SDS 技术可提供路径管理和互连负载平衡，可确保充分利用那些物理承载负荷或虚拟客机的物理存储和服务器网络，以及网络节点之间的物理存储设备和服务器之间的连接。

不管这是不是集体智能服务管理、定制化服务卷的敏捷交付和管理，或是由专家给出的其他的描述，总之 SDS 确实只是存储管理工作的一部分，是存储应用程序的管理，它不会管理存储硬件。

如果软件定义存储／存储虚拟化／存储是作为一种服务／存储云／存储管理技术通过可信的方式来实现其价值的，那么管理物理存储基础设施（曾经被称为存储资源管理（SRM））就是不可或缺的。然而，在存储技术收购时却倍受冷落、重视不足。调查显示，存储管理很少被列为客户准备选择某个产品时的"十大"特性和功能之一。供应商通过承诺消费者以优质的服务、利用产品具有 Phone Home 的功能来俘获消费者，这是目前通用的存储管理功能。然而，经验数据显示的结果却与此大相径庭。

芝加哥大学最近发表的研究数据的获取范围覆盖了近 40 000 个存储系统，其结果表明，每年产生的大量停机时间是由于磁盘读写失败、连接失败和存储协议失败等原因所引起的。而这类事故原本可通过主动监控和管理进行预防。案例统计研究表明，包括在美国弗吉尼亚联邦发生的 IT 系统宕机的事故（由于某品牌的数据存储设备的数组失败以及一个服务工程师的错误）都表明，Phone Home 不能替代实时的监控与积极管理。

看清市面上关于软件定义存储的炒作以及此前事件的情况后，实际上指明了一个"众所周知却被刻意回避"的问题：因为缺乏基础设施管理而导致产生多余的停机时间和过高的劳动力成本。解决方案是采用开放管理标准，如亚马逊的 RESTful 网页服务管理，并告诉你的供应商，如果他们不支持这个标准，你便不会购买他们的产品；或者为存储购买或部署一个高效并合适的管理系统，也告诉你的供应商你已制造出可满足他们公司标准的产品，如果他们希望在你的基础设施中进行存储，就必须支持存储资源管理（SRM）系列产品。

可用的 SRM 工具列表是相当长的，你可选择价格合适的一款优质产品。比如存储管理器和 VirtualWisdom 的虚拟仪器，CA 技术、IBM、Symantec 以及其他产品。如果没有硬件和垂直化管理，那么存储虚拟化更像是整形手术，可能使父母变漂亮了，但是他们的后代却还是保留原来的基因和模样。

7.6　"箴言"与"总结"

存储预算跟不上迅速扩张的数据存储，这把大量的压力转嫁到了存储管理员头上。存储厂商为了能够应对新客户对于扩展能力或与其他平台的高事务性能要求，他们创建了更多的各自为政的数据中心环境和更为复杂的存储环境。这就引发软件定义存储（SDS）的出现，客户或应用程序可以请求特定的性能和容量需求，这种存储资源交付是没有传统存储管理员介入的。

行业分析师说什么？

行业分析师预计，随着时间的推移，软件定义存储在企业数据中心中将产生重大影响，许多人建议，IT 组织基于当今的现实环境需要采用增量方法。

例如，美国弗雷斯特研究公司建议，在初始阶段的软件定义数据中心改革中，不要指望改革整个存储基础设施。这是因为"存储系统有着比其他类型的基础设施更长的使用寿命，而如今数据中心中的存储阵列将在未来的几年中仍然有存在的价值。"

能集成外部其他存储设备是软件定义存储的一个至关重要的能力，作为一个统一的数据存储体系结构，所有 SDS 的解决方案都需要管理本地和基于云的能力。存储厂商建议考虑存储解决方案交付方式，这样能帮助最终用户保护现有投资和升级到下一代技术中去，同时提供一个单一的存储接口（比如，API）。

此外，在不久的将来，大量的企业数据将从本地的数据中心迁移到远端的云存储中去。最终，大多数这种基于云的数据可能会放在例如亚马逊、谷歌和微软等公司，因为他们有足够规模的经济实力来支持庞大的数据中心。

从实际来考虑，软件定义存储策略不能被局限于基于单一硬件的方法。它必须普遍到足以涵盖传统的企业存储系统和云服务提供商所提供的快速进化的生态系统。

7.6.1 教你如何规划和管理构架

IO 专家能够通过购买软件产品或纯软件存储，将商品存储硬件转换为虚拟存储阵列和作为专用存储设备替代。"纯软件"是一个核心要求，由于不能满足快速组建和高效存储需求，将迫使输入输出团队采用 SDS 的技术逐步改造现有的专有存储硬件设备。Forrester 认为，接纳 SDS 将会经历两个阶段。

第一阶段：改造现有的存储基础设施以符合 SDS 标准

在 SDS 的第一阶段，主要目标是简化的配置控制路径，这将允许开发人员、应用程序和业务各方有更多机会直接访问存储资源。在第一阶段，IO 专业人员应该做到如下几方面：

1）分析如何在目前使用存储资源并调整未来的计划。如果昂贵的一级存储被错误地用于基础文件或归档存储，那么现在是时候纠正了。应调整未来存储的采购计划以提高存储效率和降低预算成本。

2）更多的资源用于二级存储和其他基于对象的存储。提升现代化存储基础设施的好处是，将来我们不再需要将配置请求发送到存储管理员，而是通过全局目录展示给用户哪些应用程序资源是可用的，并自动组建您所需要的存储资源。将存储管理员从枯燥乏味的存储组建中解脱出来，可以集中管理后端基础设施，有更多的时间与业务部门紧密合作。确保可以根据企业应用和数据集的要求，从全局目录中找到合适并且匹配的存储。

3）不要期望改革整个存储基础设施。虽然通过立项改造整个存储构架成为 SDS 或者 SDDC，这对企业来说并非难事，但这不太可能让存储管理团队让一切从零开始。这是因为"存储系统有着比其他类型的基础设施更长的使用寿命，而目前的数据中心中的存储阵列将在未来的几年中依然有存在的价值。"

第二阶段：把握纯软件存储

今天的 SDS 不等于纯软件存储，但在未来 5 年内它将成为一个主要的技术驱动力。最新一代的纯软件存储产品越来越受到欢迎，受亚马逊和 Facebook 等互联网公司成功案例的激励，并将最终取代传统设备的销售份额。纯软件存储将成为下一阶段 SDS 的一部分，因为纯软件产品将能提供更大的灵活性，最终，作为纯软件存储将变得愈加成熟。和存储管理团队所能接受的硬件那样作为一个可行的、替代集成存储的方案，我们将一个存储功能变成另一个运行在服务器上应用程序。在这种情况下，文件（NAS）、数据块和存储对象将依据 CPU、内存、硬盘、Flash 资源来创建。

大多数存储上的创新都在软件层面。尽管存储产品是高度专业化的专用硬件设备，绝大多数市场上的存储设备基本上是运行在服务器硬件供应商的专有软件堆栈上的，存储系统不依赖于硬件作为存储架构的重要部分。对象存储受益于纯软件存储。纯软件存储的革新在互联网环境中显得尤为明显，比如亚马逊等公司的 S3 和谷歌的谷歌云存储已经开发出运行在自开发的软件上的多 PB 容量对象存储库。对象存储越来越受欢迎，纯软件存储也会迅速渗透到互联网公司中来。

软件定义存储是个毫无意义的词，但避开它，大多数 IT 又无法很好地管理物理存储基础设施，这只是在过去的几年里供应商反复重塑的概念，如存储虚拟机监控程序、私有存储云，以及存储虚拟化。软件定义的存储架构的想法是让管理员自由组合资源，调整提供存储容量和服务，如各种类型的数据保护。它同样被认为可能帮助解决与虚拟存储容量转移到基础设施工作负载的问题。但是软件定义存储不能解决潜在的问题。真正损害存储分配效率、妨碍了存储弹性和持久性、造成存储的成本如此之高的原因，是缺乏基础设施的监控和管理。我们对硬件故障做出了反应，但我们不能管理好它们。让我们看看该如何使 SDS 落地，以及什么是专业的存储。

软件定义存储的概念很简单。排序数据本质上是一个基于软件的功能。通过硬件排序不是流方式，是指利用工具包修改服务器主板的磁盘和硬件控制器。因此，SDS 支持者说，脱离硬件的抽象的软件功能是存储架构中一种天然的或进化中的技术进步。

SDS 的核心目标是使它更容易被组建和使用存储资源，但需要小心物理 LUN、全局名称或端口地址的消失。在虚拟存储基础设施，即软件定义存储架构中，复杂性掩盖了用户需要的存储资源，这些资源提供了适合它们正在运行的应用程序工作负载容量和性能属性。

值得注意的一点是，关于软件定义存储的隐含的挑战，是存储管理专家并没有准备好在当前的 IT 环境中使企业用较少的资源完成更多的事。虚拟服务器管理员往往对存储硬件或连接技术知之甚少，正在呼吁改变这种状况，以确保正确的存储资源分配给应用程序及其数据。就像一个投币咖啡机的操作不需要咖啡师的技能，SDS 的拥护者称，在存储池的资源配置上不需要任何特殊技能。

这是个极其危险的想法，当其组建发生故障和问题时急需将其修复，对于这些配置和调整，产生对于硬件厂商巨大的依赖——而这一切都需要 IT 人员的参与（除了付账的时候）。如此一来，IT 人员无法通过管理他们建立起来的环境以增加他们的经验和能力，因为这些工作和职责已经通过外包交给了外部的供应商和代理商，另一方面，也削弱了他们对存储构架的创新改造能力。IT 经理在抱怨求职者缺乏相应的技能的同时，SDS 也不能提升企业对存储架构的管理与创新能力，它只能在用户界面这个层面做得更好。

软件定义存储的另一个论点是，它能使存储资源更敏捷。当一个服务器主机虚拟化工作负载转移到另一服务器主机时，其连接到后端存储会自动更新。这样的结果是重新主机托管的工作负载对于应用和其负载都是透明的（例如，调整连接存储不同的实际路由）。目前的存储系统存在多种存储虚拟化形式，包括 RAID、文件系统和各种类型的存储虚拟化软件。然而，现在的存储虚拟化软件和 / 或硬件 / 软件设备都或多或少由硬件主导（无论是哪家品牌的物理硬件）和工作负荷主导（不管是运行在服务器上的任何程序或应用程序软件），所以现有的 SDS 产品往往是专有软件堆叠的一部分。软件定义存储的目标是将存储控制器从硬件控制器中分离出来，使资源可以简单地展示给最终用户和应用程序分配使用。为了实现 SDS 真正的价值，会建议用户购买真正独立的硬件和服务器管理程序的相关技术，这将使得资金被大量占用。

在可预见的未来，软件定义存储基于硬件地址只有一小部分企业存储需求。IT 团队需要将传统的企业存储系统和基于云的存储纳入 SDS 策略，以灵活地交付软件定义数据中心。

7.6.2　软件定义存储建议

软件定义存储（SDS）承诺创建一个能在单一可控的基础设施内将遗留硬盘平台与多元化的基于软件层面的存储交付物融合的集成架构。为了实现这一目标，建议 IT 基础设施和业务专业人员做好以下几方面。

1）确定现有环境中的哪些平台需要和 SDS 进行集成工作。许多厂商新增加了 API 接口，以便 I/O 团队可更容易地将服务目录与自身系统相集成，并且不会因为 SDS 的引入而受到影响。

2）创建一个超出产能利用率的真正的存储资源评估。存储管理团队必须评估基本的存储性能和可用性需求，以便让顾客满意。相比于一个 20TB 的共享文件，一个 20TB 的数据库的交易性能的需求更高，也因此需要混合改变不同存储媒介并且部署足以满足客户需求的存储控制器数量。一个能够决定实际交易和对多样化工作量的吞吐性能的全面评估，令存储管理团队能够创建基于存储的服务水平协议。这反过来就相当于是评估客户对应用程序的需求，并且可以通过服务目录来实现。

3）将 SDS 与以工作量为核心的 IT 基础设施相集成。一个设计合适的 SDS 想必能够满足大量多样化的工作负载，同时通过全局分类来实现存储资源整合和自动化供给。一个 SDS 项目的实现应该能促进业务利益相关者和领域专家之间的合作，这有助于确保可根据对工作负荷的需求来定义服务级别。在 SDS 的环境中，程序员、开发人员和其他业务利益相关者将能够确定他们的存储需求并按需求完成，而无需了解底层存储硬件基础设施。SDS 可以提供整合、共享服务和存储资源虚拟化来匹配 IT 管理和技术重点。软件定义存储是以软件层面定义的数据中心的一个重要组成部分，它需要与诸如软件定义网络（SDN）等其他相关产品相集成，以加速获得 IT 资源。

软件定义中枢——
自动化管理

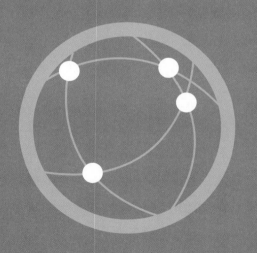

8.1　SDDC 与自动化管理

软件定义的数据中心（SDDC）与服务器虚拟化的想法密切相关。目前为止，虚拟化的概念还仅仅局限于服务器的虚拟化，数据中心里的所有组件都包含在这个概念中。所以，这就像一个服务器虚拟化控制的虚拟共享的存储和网络系统，因而需要一个包含计算 / 内存、存储、网络资源的整体视角，让个人云服务用一个持续的方式做定义和操作。SDDC 的一大主要目标是使得更改服务器、存储，尤其是网络配置变得更容易。SDDC 通过自动化整个数据中心架构与横跨整个架构实现，并通过缩放比例交付更高的效率。

相对于传统的 IDC 或企业自有数据中心，软件定义数据中心对管理提出了更高的要求。这不仅要求数据中心所有者对数据中心内各种设备的高效管理，还可提供个人、企业、大客户等各种不同类型的租户对所使用资源进行简单、方便的管理服务。在 SDDC 服务中，要求不同租户需要对应用、机房、计算、存储、网络等资源做端到端的管理，因此自动化和服务编排是 SDDC 服务管理中非常重要的一环，其使数据中心对各种资源的管理对租户透明，使得 SDDC 的管理变得更友好和人性化，可满足各种客户的差异化需求。

数据中心包含复杂的计算、网络等资源，大型的数据中心单纯依靠手工维护几乎是不可能的，服务器自动化、网络自动化等自动化技术可大大减少维护人员，降低了操作复杂度和误操作可能性。

自动化带来的实时的或者随需应变的基础设施管理能力，是云计算的基础。云计算的本质是自动地提供资源，按需求情况伸缩自如，动态地满足用户多变的计算、存储等需求。如果没有这些自动化的技术，云计算的自助服务功能只能是异想天开。

8.2 自动化处理的常与非常

现在，每个行业都对提高生产效率持有自己独特的要求。然而工业运营和生产使企业面临着越来越多的挑战，因为在企业提高生产效率的同时，还要符合环保要求，并需要降低运营成本，以便在当今竞争激烈的全球市场上占据优势。企业每天需要处理的信息量是无比庞大的。

在过去的半个世纪里，人们总是致力于使用不同的方式来提高自动化处理能力。如今的现代化企业，日常工作类型的标准数据全部交由自动处理系统来完成。甚至可以这样说，自动处理系统支撑着企业的整个标准作业流程，计算机处理日常问题显然比人做得更好，因为计算机没心没肺没情绪，所以它根本不会对日常事务产生烦躁，同时它还会随着交易量的扩大迅速提高自己的处理能力。这就是整合的定制工业解决方案至关重要的原因所在。

企业信息化有着相当广泛的概念，总的来说就是广泛利用信息技术，使企业在生产、管理等多个方面实现信息化。企业信息化实质上是将企业的生产过程、物料移动、事务处理、现金流动、客户交互等众多业务过程数字化，然后通过各种信息系统网络加工生成新的信息资源，提供给各个层次的人们洞悉、观察各类动态业务中的一切信息，来方便地做出有利于生产要素组合优化的决策，使企业资源妥善地配置，以适应瞬息万变的市场经济竞争环境，获取最大的经济效益。

企业在生产当中广泛运用电子信息技术，从而可实现生产自动化。但生产设计自动化（CAD）、自动化控制等仅是信息化的一小部分，目前，企业由于整个的生存空间和生产生态链发生了改变，每天有大量数据来自于生态链的个个层面，企业数据的自动化、信息化的常态日常处理能力的扩展就变得尤为突出。利用信息系统的整合，辅助管理系统、决策系统等手段都可以提高信息化管理水平。

运载火箭大多数采用捆绑式助推器，而且他们的容量是固定的。美国航天飞机燃料箱两旁的两个火箭推进器的宽度大约是 4.85 英尺，人们不禁要问这个标准是哪里来的？难道也是拍拍脑袋想出来的？

在这里重新回顾一下马屁股的故事。在百年之前，美国人建造他们的火车铁轨时，问了他们的英国朋友，为什么铁路两条铁轨之间的标准距离一定是 4.85 英尺？为什么不宽一点或窄一些呢？英国人无比自豪地揭示了这个谜底：铁轨的标准源于英国人的电车轮距标准。那么电车的标准又从何而来呢？最先造电车的人曾经是造马车的，所以电车的标准沿用了马车的轮距标准。马车又为何要用这个轮距标准呢？英国马路辙迹的宽度是 4.85 英尺，这些辙迹又是从何而来的呢？答案是从古罗马人那里来的。因为在整个欧洲，包括英国的长途老路都是由罗马人为它的军队所铺设的，而 4.85 英尺正是罗马战车的宽度。可以再问，古罗马人为什么以 4.85 英尺作为战车的轮距宽度呢？原因很简单，这是牵引一辆战车的两匹马的屁股的宽度。

美国人的宇航推进器需要用火车运送，它在路上要通过一些隧道，而这些隧道的宽度仅仅比火车轨道宽一点，由此推算火箭助推器的宽度是由铁轨的宽度所决定的。所以，最后的结论是：美国航天飞机的宽度竟然在

2000 年前便由两匹马的屁股的宽度决定了。

这也是我们平日所说的，领导拍脑袋也是需要有基础和实力的。现实生活不但丰富而且多姿多彩，当然，信息越多其复杂程度也就越大，拍脑袋的过程就是广泛地阅读和了解常态的信息，经历一定的量的常态后，对于非常状态的掌控就会更加有把握。我们不妨看看平日里一般我们会如何处理危机或非常规事件。有两个方面，其一是多数人一般会找一个对这方面问题很懂的人或是有关的书籍作为标杆和老师，每当遇到问题时设想一下他会如何处理，以前对于此类问题是如何应对的，先分析成功的人、成功的案例和心中那个模范是如何解决问题的，然后把自己想象成他来进行决策。其二是多看看过去的数据、日志，和系统的报告或咨询他人等，找出差异所在，然后做决定。

凡事都是有一定的联系的，我们可以在原有基础上发展和进行改善。企业的管理以目标管理为主，设定期限和目标后，正确的决策和执行需要有坚实的信息作为保障和基础。信息自动化处理的能力是对企业业务流程执行力的体现。业务管理者通过历史和事实数据不仅可以了解其发展，更重要的是可以辅助管理者在非常时刻做出正确的决策。

流程自动化对日常事务的处理是处理复杂非常事物的基础。信息的记录、比对、模型的参考和自动决策的辅助，都能对人们在处理紧急突发事件时起决定性作用。

由此可见，常态的处理得益于来自非常态的处理经验，非常态的处理能力则是在常态处理中练就的。

8.3　自动化管理方案

现有数据中心的资源配置与部署大多采用人工方式，没有对应平台的支撑，没有自动化的部署。首先，这种管理方式会增加人力成本，耗费大量人力在繁重的工作上，这使得管理费用成为机构的沉重负担；其次，这种管理方式还会导致高出错率、低效率、低灵活性等后果。

除此之外，由于没有自动化的管理，运维管理人员无法快速高效地响应业务部门所提出的各种要求。同时，部署实施新应用的周期较长、成本很高，这往往会延误新应用和新产品上市的时间，进而使企业丧失许多宝贵的商机。

软件定义的数据中心就是虚拟化、软件化数据中心的一切资源，由专门的软件代替专门硬件，它们贯穿到数据中心的各个方面。虚拟化是从服务器虚拟化开始的，它所带来的好处不言而喻。而网络、存储是物理性很强的资源，虚拟机虽带来了一些灵活性，但它无法在其他资源上体现。软件定义的数据中心就是把数据中心所有的传统、物理、硬件的资源进行虚拟化、软件化。

软件定义数据中心在各种底层硬件架构上面加载了一个虚拟的基础设施层，它提取所有硬件资源并将其汇集成资源池，支持安全、高效、自动地为应用按需分配资源。它可以将虚拟化技术的好处扩展至包括计算、存储、网络与安全以及可用性在内的数据中心的所有领域，从而实现支持灵活、弹性、高效和可靠的 IT 服务的计算环境。

软件定义数据中心提供了让数据中心适配新形势和新应用所需的一切，管理从存储到网络与安全的各个方面。虚拟化一切，底层硬件的任何变化都与上层应用无关，有了这个基础，可伸缩性和性能问题便迎刃而解，包含大量遗留资产的数据中心因此得以提高效率、降低成本、实现动态化。

（1）智能基础设施的自动化

持续监测业务流程、应用程序行为与要求来保证实现特定的基础设施需求，如运算与网络。通过高级的分析功能，了解和预测何时需要增加或减少产能，从而随时优化基础设施性能要求以实现业务目标。根据业务需要自动配置和停运产能，通过自动化的工作负荷管理，主动监测并"自我调整"——报告监测到已停止提供服务或正在修复中的故障组件。

持续分析和优化潜在的基础设施服务以确保成本效益与运营效率（如，将云服务供应商替换为性价比最好的），这样可以促进前端业务对于工厂应用程序的使用，事实上包括促进了整个业务流程。这种在业务开始之前无缝引入新的服务，对于业务的影响微不足道。

通过可行的大数据情报主动分析安全隐患，寻找避免风险的途径，提高分析与快速反应能力。

（2）数据中心自动化能提供什么

- 数据中心自动化——通过自动控制许多功能来集成 IT 从服务器、存储环境到应用程序的各个组件，以提供无缝的服务，我们能帮助企业减少高达 30% 的服务提供成本，将花费的时间从数天减少至数分钟。
- 额外的效益——即时减少问题、事件数量与工作量，首次配置后立即降低成本，自动化解决方案的集中管理。这需要人们预先建立即插即用的自动化解决方案。

（3）自动化在 3 个方面起到决定性作用

1）标准化数据中心的技术和工具。通过集中和将资源虚拟化，统一数据中心位置。

2）优化与自动化技术和数据中心的支持流程。

3）连接数据中心和来自内部、外部或云的虚拟化业务服务。

8.4　我眼中的云管理服务

随着数据中心、网格计算、超级计算、云计算等技术与概念的兴起，

IT 行业正经历着从商业模式、技术架构到管理运营等各方面的巨大变革。无独有偶，云管理技术也悄然进入了人们的视线，相关的话题也变得越来越热门。而从用户需求、技术特征和功能组成来看，云管理在目前阶段主要是数据中心的管理。数据中心管理关注重点是资源和业务的整合、可视化和虚拟化，而云管理关注重点是按需分配资源和云的收费运营；数据中心管理的相关经验与技术很多已驾轻就熟，而云管理的相关技术尚在摸索与发展中。数据中心管理未来的发展方向与目标将是云管理。

如何进行云管理？现阶段需要关注哪些内容？从淘宝、腾讯等国内云计算应用先行者的 IT 建设和管理中，或许能够获得启迪。

先行者眼中的云管理如下：

日均 4 亿次的网页访问量、日均交易额 6 亿元、全年交易额达 2000 亿元……这就是亚洲最大的网上交易平台——淘宝网。在这些惊人数字的背后支撑的 IT 基础设施则是分布在杭州及全国的 8 个数据中心的上万台服务器、上千台网络设备以及运行着的上百种应用。对淘宝而言，未来的云计算服务模式是"B2C+C2C+ 网络营销 + 云租用服务"，这是对现有业务的继承和发展，因此首先要对现有的 IT 基础设施（尤其是数据中心）进行整合，而相应的云管理就是对数据中心和底层基础设施进行整合管理。具体有如下 3 个层面：

- 设备层面。需要实现对大容量设备（上万台服务器和网络设备）的管理，同时要考虑物理上分布式部署、逻辑上统一的管理需求。
- 业务层面。需要实现在同一个平台中实现对 IT 和 IP 设备的融合，可以从业务的角度对网络进行管理，也可以从性能和流量的角度对业务进行监控和优化。
- 服务层面。需要提供运维服务方面的支持，帮助 IT 部门向规范化、可审计的服务运营中心转变。

　　总的来说，淘宝目前涉及的云管理实际上就是数据中心的管理，按照从基础设施管理然后上层业务和流量分析到 IT 服务运维的次序，整合好各种资源，包括设备、应用、流量、服务等，为将来建立虚拟化资源池、对外提供云服务打下基础。

　　与淘宝类似，现阶段腾讯的云管理也同样集中在对底层数据中心基础设施的管理上。除了关注资源整合之外，腾讯进一步关注资源的虚拟化和自动化。这包括两方面：首先是对虚拟化资源（包括虚拟网络设备、虚拟主机等）的管理，能够查看这些虚拟资源的状态；其次是对资源池各种资源的自动化管理，能够对物理资源和虚拟资源进行配置。总而言之，先整合资源，再进行资源的虚拟化和自动化，这就是腾讯对现阶段云管理的要求。

　　我们中的很多人在运行少量云端服务时，都会用特别程序来处理。但是，随着服务器、存储系统、用户、账户和专用平台服务的逐渐增多，随之而来的就是管理挑战以及对正规管理流程和工具的需求。一种新兴的云管理服务模式涵盖了大部分通用管理问题中的一部分，比如运营管理、成本控制和安全，主要通过使用软件即服务（SaaS）实现。

　　云管理服务是公有云提供商的核心获益点的逻辑扩展，允许我们更关注业务问题，而不是技术问题。公有云，比如亚马逊 Web 服务（AWS），具有明显的优势，可以让别人管理硬件和基础架构。现在第三方管理服务也可以展示自己的优势，甚至为 IT 管理者提供更大的授权，可以自动化基础架构即服务（IaaS）运营。

　　这个授权也带来了一些需求，需要对第三方开放你的云运营，某些企业可能会因此出现问题，尤其在系统上的访问控制服从于某些条款时。但是对于核心管理的挑战，使用 SaaS 的优势还是超过风险的。

　　用 SDDC 的方式的云端 SDDC 及自动化，服务提供商开拓了在云计算领域的新商机。Rackspace、Amazon、Google 和微软这些供应商这几年开始着重将资源投入到虚拟化技术的基础上，致力于为用户提供新的服务。这些供应商可以快速便捷地分配出额外的计算能力和空间。

经典的（常用的）云计算基本上就是一个 SDDC——它可以匹配不同设备或匹配一个包含虚拟机平台上网络连接的定义的软件配置。用户可以用非常低廉的成本完成自助服务流程，而整个过程都能快速且自动地进行。

灵活的理念所处的环境却并不灵活，主要有如下要求：用户可以选择服务器的数量，选择所需的存储空间及软件环境；可以采用符合个体自身需求的服务环境。

使用云服务存储的数据在很多情况中对用户是不透明的。去年政府机构对这点做出了基本限制——再次明确作为被服务的用户，你无法知晓数据存放于何处，也不知道法律规定允许的第三方是否访问了你存储的数据。

另一个重点是服务级别协议（SLA）管理云服务的质量和可用性。有些 SLA 规定，系统与数据必须在物理上分开，它们被存放于所谓的冗余可用区域。

因此，用户正处于困惑中，可以快速方便地选择一个标准范围以满足最低需求，也可以选择一个定制解决方案的服务提供商，这就像服装店和裁缝店相比不仅仅在价格上有优势，同时也有既定的标准。

8.4.1　运营管理服务

运营管理服务，比如 RightScale 和戴尔的 Multi-Cloud Manager，帮助巩固多种云和账户的管理，同时提供了云端自动化部署应用的工具。这些服务为多种云和云账户提供了单一的管理点，减少了对多种云管理控制台工作的需求。用户和权限可以集中管理，可以减少跨云产生的不一致用户权限所带来的风险。运营管理服务也可以提供对于 Chef 或者 Puppet 脚本的支持，从而自动化分配资源和部署应用。

运营管理服务对于使用多种云的业务吸引力非常明显，但如果你只用单一的云提供商又何必自找麻烦呢？这是一个综合管理控制台，可为第三方提供类似的模板服务。而且，单一云用户还可以获得额外的特性，比如支持预算管理和治理。此外，由于市场压力，运营管理服务也会对市场产生刺激作用，使得厂商的模板更易于使用，从而提供更好的界面和额外的功能。评估运营管理的价值的一种途径就是通过衡量系统管理员和云管理者所节省的时间来确定，主要对比使用了第三方工具和云服务提供的标准工具的情况。

8.4.2　成本控制服务

没人喜欢在云计算账单上收到惊喜，但是当你运行大量服务器时，很难追踪每一个的使用率有多高。如果你的用例模式具有很多可变性，可能很难确定你要使用的最佳的按需、预留和热点实例组合。很多云管理提供商通过标准化成本控制服务来处理这些问题，这些厂商包括 Newvem、Cloudability、Cloudyn、CloudCheckr 和 CloudVertical，他们使用成本控制服务监控云资源，分析你的用例并且制定建议，从而优化云资源。建议包括变更服务器规格、使用预留用例，或者优化你使用关系型数据库服务的方式。

和运营管理服务一样，用户可以构建自己的工具。这种 DIY 方法的缺点在于需要开发、编译和维护很多额外的脚本。你也不得不投入更多精力研究和验证最佳实践，这些都是构成推荐成本节省变更的基础。

8.4.3　安全服务

外包一些服务到安全运营厂商那里的做法，对于那些无法有效在内部实践的企业很有吸引力。并不是安装和管理自己的网络扫描器，比如，你可以同提供商签订合同，避免管理其他应用而产生额外的开支。

举例来说，Metaflows 安全系统针对亚马逊弹性计算云（EC2），是为 AWS 客户提供的增值服务，它基于实例类型按小时收费。这项服务旨在检测和组织网络安全时间。另一个安全的例子就是 Done9 Security，这个服务可以自动化 AWS 安全管理任务，比如管理安全群组、配置防火墙和自动化策略管理。该公司支持多种云管理和增值服务，比如增强双因子认证。

8.5　云管理从数据中心开始

从前面提到的淘宝和腾讯这两个案例可以看出，目前的云管理还处在初级阶段，实质上是数据中心管理，其主要需求为资源的整合、虚拟化、自动化等。而传统网管采用的是以设备管理为核心的 FCAPS 网管模型，各种管理工具之间不易融合，很难满足数据中心各种灵活多变的业务模型和管理需求。新的数据中心管理平台应该采用面向服务架构（SOA）的设计思想，融合并统一管理资源、业务、运维这三大数据中心组成要素，通过按需装配功能组件与相应的硬件设备配合，形成直接面向客户应用需求的一系列整体解决方案，从而为数据中心的各种关键业务系统提供支撑。

如图 8-1 所示为数据中心管理解决方案模型，主要包括 4 个部分。

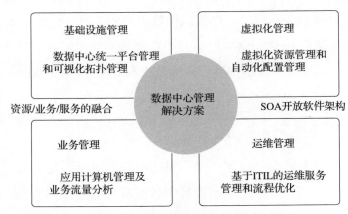

图 8-1　数据中心管理解决方案模型

1）数据中心管理需要提供端到端、大容量、可视化的基础设施整合管理方案。

数据中心除了传统的网络、安全设备外，还有存储、服务器等设备，这就要求对常见的网管功能进行重新设计，包括拓扑、告警、性能、面板、配置等，以实现对基础设施的整合管理。在底层协议方面，需要将传统的SNMP网络管理协议和WMI、JMX等其他管理协议进行整合，以同时支持对IP设备和IT设备的管理。在软件架构方面，需要考虑上万台设备对管理平台的性能的轮番冲击，因此必须采用分布式的架构设计，让管理平台可以同时运行在多个物理服务器上，实现管理负载的有效分担。

另外，对数据中心所在的机房、机架等也需要进行管理，这些靠传统物理拓扑来搜索是搜不出来的，需要考虑增加新的可视化拓扑管理功能，让管理员可以查看如分区、楼层、机房、机架、设备面板等视图，以方便管理员从各个维度对数据中心的各种资源进行管理。

2）数据中心管理需要提供虚拟化、自动化的管理方案。

传统的管理软件只考虑物理设备的管理，对于虚拟机、虚拟网络设备等虚拟资源就无法识别，更不要说对这些资源进行配置了。然而，数据中心虚拟化和自动化是大势所趋，虚拟资源的监控、部署与迁移等需求，必将推动数据中心管理平台的变革。

对于虚拟资源，需要考虑在拓扑、设备等信息中增加相关的技术支持，使管理员能够在拓扑图上同时管理物理资源和虚拟化资源，查看虚拟网络设备的面板，以及虚拟机的CPU、内存、磁盘空间等信息。同时应该加强对各种资源的配置管理能力，使其能够对物理设备和虚拟设备向下层发布网络配置，建立配置基线模板，定期自动备份，并且支持虚拟网络环境（VLAN、ACL、QoS等）的迁移和部署，满足快速部署、业务迁移、新系统测试等不同场景的需求。

3）数据中心管理需要提供面向业务的应用管理和流量分析方案。

数据中心存在着各种关键业务和应用，如服务器、操作系统、数据库、Web 服务、中间件、邮件等，对这些业务系统的管理应该遵循高可靠性的原则，采用 Agentless 无监控代理的方式进行监控，尽量不影响业务系统的运行。

在可视化方面，为便于实现 IP 与 IT 的融合管理，需要将网络管理与业务管理的功能进行对接，拓扑图上不光可以显示设备信息，也可以显示服务器菜单运行业务及详细性能参数。另外，数据中心带来了新的业务模型，如,1∶N(一台服务器运行多个业务)、N:1(多台服务器运行同一个业务)和 N∶M (不同业务间的流量模型)，这些业务对于数据中心的流量带来了很大的冲击，有可能会造成流量上的瓶颈，影响业务运行。

因此，可以对诸如流量分析软件进行改进，提供基于 NetFlow、NetStream、sFlow 等流量分析技术的分析功能，并通过各种可视化的流量视图，对业务流量中的接口、应用、主机、会话、IP 组、7 层应用等进行分析，从而找出解决瓶颈的关键，规划接口带宽，满足用户对内部业务进行持续监控和改进的流量分析的需求。

另外，数据中心管理还需要提供可控、可审计、可度量的运维管理方案。

对于负责运行数据中心的企业 IT 部门经常会遇到以下问题：

1）IT 部门的工作量难以衡量与评估。

2）故障处理有较大的随意性，出现问题后难以找到责任人和处理办法。

3）技术人员的流动，增大了 IT 管理难度，只有依赖经验丰富的老管理人员，新人一时无法接手管理。

4）IT 部门的成本不好控制，投入产出的效果不明显。

因此，必须考虑引入运维管理，参考 IT 服务管理的最佳实践——ITIL 管理模型，结合企业内部的人员、技术、流程和其他条件，通过用户服务平台、资产库、知识库等工具，对常见的故障处理流程、配置变更流程等进行梳理和固化，加强服务响应能力，及时总结相关经验，提高 IT 部门的服务交付能力和服务支持能力。

云计算是 IP 技术与 IT 技术两大领域的结合体，因此云管理不仅需要从底层资源的角度出发来保障业务和性能，也要从业务和性能的角度出发来优化网络。这意味着对云的管理需要采用全新的管理模型和灵活的功能架构，并且充分考虑基础设施、技术趋势、业务运行、运维服务等各种管理要素，建立一个标准化、开放式、易扩展、可联动的统一智能管理平台，以实现资源、业务、运维融合联动的精细化管理。

随着云的建设重点从数据中心向公有云、私有云、混合云等不同类型云的运营过渡，相应的管理任务也从对数据中心的管理转变为对云的管理。从现在的"看云不是云"，到未来的"看云还是云"，这只是一个过程。云管理的最佳路径是从数据中心管理开始，对底层资源进行整合，并通过虚拟化和自动化进行调配，最终向云服务过渡。只有从实际出发，在实践中对数据中心管理不断进行完善，才能迎来真正实用的云管理解决方案的实现。

1. 数据中心自动化路线图

（1）基础

- 宿主应用程序专用的实体基础设施
- 虚拟化主要用于开发和测试环境
- 服务器未整合统一
- 运算资源的虚拟化
- 创建基础设施元件（如虚拟机、网络接口、存储设备等）的能力

- 通过全部或部分运算、存储与网络来优化工作负荷
- 通过使用模板自动化工作负荷（将操作系统、中间软件与数据库捆绑成为图像）

（2）虚拟化 3.0

- 跨域（cross-domain）集成（部署服务器就是形成工作负荷的虚拟机集合，包括工作负荷均衡器、应用程序服务器和数据库节点等域）
- 编排协调（根据工作负荷配置和部署多台虚拟机）
- 组件之间的协调配合
- 更快的配置时间
- 更强的创新与测试能力
- 把握最佳做法、提高应用程序部署的精确度以减少或消除配置错误的能力
- 通过 Chef Recipes、Puppet Orchestration 与其他举措发展模式的生态系统
- 改变应用程序与堆栈版本控制的生命周期模型
- 一切都作为一种服务
- 总体的硬件抽象
- 强调商业应用而非基础设施
- 明确规定工作负荷的服务水平目标（如给定存储设备的 I/O，保证的带宽，原则条款等）
- 智能、动态又具有敏捷性的工作负荷配置
- 原则驱动的自动化
- 使用开放式标准的基础设施与协议

软件定义数据中心技术供应商提供的软件定义的服务，会在最短的时间内在云端完成自动配置。云端自动化和世界上其他相关技术一样会不断地变化和发展，因而随着时间的推移，越来越多的用户和工作负载迫使数

据中心装配合适的工具，以便更好地管理客户的需求。

Intel 扩大了其对 OpenStack 云产品的监控软件开发，在数据中心的服务器虚拟化使服务供应商得以更好地整合利用资源并提高灵活性。用软件定义数据中心这一方法被进一步拿来研究和扩展，其中包含存储和网络虚拟化。供应商可在尽可能短的时间内实现个人云服务的部署。

2. 想在虚拟化之前

数据中心在几年前还只是一个软硬件的集合体，随着越来越多的应用和更加复杂的 IT 结构的发展，这个定位就变得过于死板了。如果没有自动化和集中控制，分别设置和安装的成本是非常高的。尤其是当业务对于灵活增长及缩放的要求越来越多时，附加组件就变得更加耗费时间且更加昂贵。这个概念已经不能满足"随需应变"的云平台用户的需求。

对数据中心服务提供商而言，服务器虚拟化因同样的原因而值得深思，传统的侧重硬件的方法在虚拟化解决方案模式中则更加灵活。服务器虚拟化的目标是如何最好地利用可用的计算资源。多个数据中心基础设施的差异，例如，通过移动分配的逻辑服务器，使得所有的组件被充分利用。虚拟化环境的管理使容错性、性能、安全和稳定性方面显著地使总拥有成本得到降低。

3. 云端的 SDDC 和自动化

基于软件定义数据中心原理，服务提供商现在可以设计出符合双边需求的解决方案。SDDC 不再是一个静态的基础架构，它可以创建一个软件层，将个人要求通过技术配置一步一步地转化。所有存储和网络的服务器资源在这一层上通过相应的自动化管理完成配置，最后提供个人服务，这一引擎的提供者包括 EMS 等，另外还有其他工具客户从系统数据库自动获取所需的参数信息。

4. 在集成的世界里

2013 年 10 月的 IDC 全球集成基础设施与平台追踪报告显示，集成系统的销量正在猛增。先进的企业单位都将集成系统看成一种 IT 环境最优化的方法，从而使业务部门能够更好地利用 IT 服务来提高生产力、推动收入增长、联络他们的客户。针对这个环境，数据中心有 5 个关键性举措：技术、设备、运营、成本、效率。

（1）技术

数据中心关键技术正在推动解决方案向更加整体和全面的方向转变。虚拟化贯穿技术堆栈（stack）的各个层面，使得数据中心的资源能得到合理集中。处理各种虚拟化基础设施、应用程序、服务的配置技术，通过从反应式转向主动式、最终到预测式的集成运营框架来进行技术支持。提供业务服务管理，使组织能将 IT 流程和集成应用作为一项业务服务而非分散的技术组件来进行管理。

（2）设备

数据中心的设备种类、供应商数量繁多，除了 IT 设备外，再加上风、火、水、电等各种设备功能，特性、质量参差不齐，对这些设备进行高效管理时将面临很多问题。随着互联网的高速发展，数据中心离我们的生活越来越近，设备数量大，位置分散，管理任务繁重。国内一个大型数据中心至少有 10 000 台服务器，使得数据中心的设备不再只是停留在高起点、高规格上，而是利用整体系统设计的思路，对数据中心核心的设备，例如电力、制冷等关键资源按需提供，实现可持续性、高可用性、灵活性和经济性的智能化管理。

（3）运营

技术支持，具体来说是解决技术支持产生的成本，是受访者们青睐集成基础设施的主要原因。这本身无可厚非，在任何的业务或 IT 会议中，削减开支、攫取利润都肯定会被提及。然而，我们的调查结果还指向一个更加难以量化的优势，有一半的受访者提及项目部署较快而得到的灵活性优势。

接着，与一个领先技术供应商保持良好的关系会得到以下效益：更深度的服务集成（以及这种深度所增加的生产力）、不需要管理那么多供应商、只需要向少数几个供应商付费。更好的支持成本、更快的部署时间、更加深入的集成都会带来更高的生产力，当然，企业需管理的供应商数量也更少。

（4）成本

降低成本必须针对 IT 开支中的无选择（non-discretionary）支出，这潜在地可以带来最高达 70% 的成本节约。降低直接成本包括以下方面：设备地点统一与环境效率举措；技术虚拟化；标准化与智能配置以及组织、流程、工具与采购。降低间接成本则包括虚拟化桌面、云计算与 SaaS（软件即服务）能力。

（5）效率

数据中心的运营已经变得举步维艰。大企业可能与超过 100 个 ICT 供应商交易，而且这些供应商之间都存在直接竞争的关系，这可能并不令人惊讶。许可条款、服务水平、支持质量、价格与其他因素经常存在矛盾。虽然运算力、存储量与带宽供应商数量能在有限的条件内越来越多确实令人惊叹，可是对 ICT 的需求则是永无止境的，这让服务器机房出现危机，经理人员在想方设法在解决机房空间不足、温度升高、不断增多的电费等问题。虽然机房翻新、新建数据中心、多用远程服务和云服务等措施对解决上述问题有所裨益，但对数据中心的有效管理无疑成为 IT 领导者"永恒的牵挂"。

5. 前所未有的效率

采用敏捷方法来改变现状：

- Metadata 的数据流效率报告
- 重新设定各个瓶颈的优先级以保证性能与滞后时间
- 高效的数据流代表高效的电量利用

显然，ICT 领导者们要使数据中心变得更加高效，一般会从减少硬件供应商数量开始。然而，数据中心里总是有很多事要做，而且根本不存在什么理想状态，因为如果要让买家获得最高价值、利用到更多的最优服务的系统，同时又要确保电量的使用效率，那么即使是管理得最好的数据中心也需要定期的更新。

8.6　有了金刚钻再揽瓷器活——自动化技术

早期云计算的典型部署是，一两个员工使用几台服务器针对某个特定需求搭建一个小规模私有云。然而，随着整个企业中越来越多的员工使用各种云服务模型（IaaS、PaaS、SaaS）中的大量功能，我们见识到的公有云采用案例不胜枚举。更多的组织扩展对公有云服务的使用，它们小到初创企业，大到全球最大的企业和政府。同时，大规模云计算的各种问题也随之产生。

1. 大规模公有云的潜在问题

毋庸置疑，各类企业通过采用公有云都会获益匪浅。不过大规模地采用公有云也伴随着很多挑战和风险，最主要的有如下几方面：

1）成本。最初使用公有云时，仅允许有限的少数几个人访问，这时跟踪成本相对简单。然而，随着更多（通常是相互独立的）部门中越来越多的人获得访问权限，你可能会遇到功能重复、过度供应、未经授权的采购、未使用的"僵尸"实例、多余的带宽和存储费用，以及其他一些不必要的影响因素，这些不断蚕食着预期的成本预算。

2）未经授权的访问。对小规模的公有云服务访问的管理相对简单，但是随着公有云的采用规模逐渐增加，管理将很快失控。公司的前雇员在离职后可能仍然保留访问权限，员工的角色变化后，并没有相应地更新访问权限，新员工难以访问到所需的资源等。由于多数云服务提供者无法提供企业级的安全保障，随着逐步扩大公有云的采用规模，你将很快成为未经授权的访问的牺牲品。

3）恶意入侵。比员工的访问权限控制问题更严重的是外部对云服务的恶意入侵。密码丢失、共享的用户 ID、数据泄漏、简单密码、社会工程学、网络钓鱼和恶意软件都有可能使公有云服务暴露在数据丢失、篡改、攻击、拒绝服务和其他恶意入侵的威胁之下。

4）人为失误。公有云服务规模较小时，通过人工就可方便地管理，但随着规模的不断扩大，不可能持续地增加人力以维持其可管理性。这就意味着更少的人做更多的工作，均衡法则告诉我们最终肯定会有人犯错误，进而可能会导致大规模的故障。尽管这并不是云服务独有的问题。

5）可见性。当只有少数几个服务时，管理可以很细致，只要一两个人就可以了解这些服务的部署位置、配置方式、成本花费、使用情况、所属关系、问题原因、解决方案、服务关闭时间、恢复办法等。然而，在规模较大的系统中，随着公有云部署规模的不断扩大和更多用例的访问放开，云的使用情况将变得越来越难以捉摸。

6）分类诊断。可见性差导致的后果之一就是使问题的分类诊断也变得更加困难。例如，如果不知道系统运行在哪里或者它如何与其他的服务连接，基本上就无法确定事务流变慢的原因。系统思维方面的专家爱德华·戴敏曾经说过："不可衡量者不可管理"。也许更恰当的说法是："知己知彼，方能百战不殆"。

7）可审核性、可见性差的另外一个副作用就是，随着越来越多的系统和服务被抽象到云服务中，追踪谁在访问什么、何时、如何以及为什么访问就变得越来越困难，与可审核性有关的关键问题也就随之而来。如果没有自动化的工具，在大规模云环境下，跟踪记录和审查访问、变更、故障、曝光率、利用率等信息将会变得非常困难。

8）可恢复性。尽管严重的停机故障并非云所独有，但是几乎每周我们都会听到新的令人关注的公有云故障的报道。然而多数云服务提供者，特别是商品化服务，并未内置恢复功能；即便是更加健壮的服务，也可能无法提供及时的恢复服务或优先考虑某个用户的业务需求。如果没有系统可用于备份、故障转移和恢复，停机故障就在所难免且后果严重。

2. 用自动化解决所有这些问题

所有这些问题的解决办法就是 IT 自动化。当然，自动化并不是万能的；而且对有缺陷的流程进行自动化只能让坏事在没有控制的情况下执行得更快。不过，如果实施得当，各种形式的自动化工具可以让你在扩大公有云部署规模的同时避免上述诸多问题。

1）流程自动化可以在更大的范围、更广的区域、以更低的成本快速地执行和整合已有的任务和工作流，并且能够为人们提供比预期更完善的审计和控制。

2）供应自动化可以控制何人、何时、为何及如何创建和发布何种云服务，从而减少错误，消除僵尸服务，并使得成本跟踪和细粒度的审计和控制成为可能。

3）配置自动化可以确保系统补丁得到及时安装，使无用的端口得到及时关闭，系统漏洞得到及时消除，费用超支得到及时控制，系统是可重用的，并且能够减少错误的发生。

4）即使在最大型的云计算部署中，事件监控也可以跟踪到错误，并可确保触发事件是清晰可见的，根本原因能被尽早确定，警报得到及时升级，并且能在问题变得致命之前，及时发现并解决这些问题。

5）容器化可以提供更高层级的抽象，将用户从某个云计算基础设施或平台的细节中抽离出来。这样用户就可以快速地完成从一个服务到另一个服务的低接触（low-touch）迁移，从而更好地满足灾难恢复和成本控制的需求。

6）具有自动检测、通知、升级及分类诊断问题能力的性能监控工具，可提供必要的可视性，避免糟糕的体验，预防由于问题诊断不善导致在云容量上花费过高而造成的成本超支。

7）备份和恢复自动化可让故障对终端用户完全透明，特别是当它们与事件和性能监测工具相连时，或用于在云应用中构建容错和灾难恢复机制时。

8）发布自动化可在不需要人工干预的情况下，将云环境中的新应用和更新应用自动从开发环境转到生产环境，从而加速在大型部署环境中的创新，同时降低人为失误，确保可审核性，并消除恶意代码。

9）身份及访问管理可在需要时为用户提供必要的云服务访问权限，在不需要时回收相应的权限，从而达到防止恶意入侵、消除数据丢失、启用审计和控制、提升可见性以及控制使用成本的目的。

10）容量管理可以让云平台的消费者更准确地预测他们的服务增长情况和峰值需求，以及何时应该释放资源，从而做到在帮助控制云资源的成本的同时，减少潜在的服务问题。

此外，自动化让公有云具备了之前通过传统的手工方式无法具有的新能力。例如，使用诸如DevOps之类的新手段可加速大规模应用程序的交付，但这只有在具有自助式供应、配置管理、测试自动化和发布自动化等解决方案的前提下才会可行。与此类似，如果没有API访问自动化、身份管理、资源运用和成本控制的解决方案，新兴的云 API 经济中大量极好的机会就会演变成巨大的风险，甚至可导致灭顶之灾。

3. 最关键的自动化工具

上述这些自动化工具和原则在公有云部署最佳实践中都发挥了不同的作用。在没有了解具体部署案例的目标和限制之前，就轻言哪些自动化工具更加关键是不合理的。当然，在多数情况下，一些工具确实要比另外一些工具更加重要，如果非要选择最重要的前 3 名自动化工具，可以选择如下 3 个：

- 身份及访问管理——如果不能保证正确的人在正确的时间能够获取到正确的资源，那么其他一切都是空谈。假如对你来说，保护基于云环境的数据和服务是最大的顾虑，那么身份及访问管理就是必需的自动化解决方案之一。
- 供应自动化——对于许多云服务来说，供应自动化是非常基础的功能，但是这一功能的粒度是非常关键的，特别是对审计和控制来说。手工供应可能是造成公有云部署中人为失误和成本超支的最大原因。
- 性能和可用性监测——这也许是所有部署的终极武器，即使在最大型的大规模和高性能的云部署环境下，也能够让你了解问题发生的时间和原因，以及如何有效地修复这些问题。

对于现有的公有云服务来说，自动化能力是必不可少的。任何像样一点的云服务肯定都会包含一些基础的自动化能力，例如自助式供应、利用率监测或退单拒付。然而，目前可能没有哪一个云服务提供者能提供更高级的自动化能力，特别是商品化的云服务。

在了解采用公有云的机会和风险之后，需要根据自身的工作量和目标合理地选择正确的服务提供商，并使用适当的自动化工具对其进行补充。只有正确地集成自动化解决方案，提供给用户，并增强了信心、安全、性能、速度和控制，才能够完全发挥公有云的潜能。

第 9 章

09

服务是王道——
IT 即服务模式

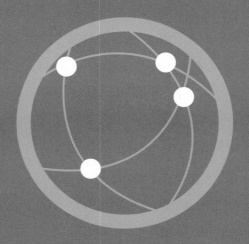

根据 Gartner 的研究报告显示，全球公有云服务市场规模在 2016 年有望达到 2040 亿美元，与 2015 年相比将有近 16.5% 的增长，而这种发展势头还会在 2017 年得到延续。让我们先看看公有云服务。相比传统的 IT 服务的 1% ~ 3% 的增长率而言，云服务则是 IT 服务中发展速度最快的。仅 IaaS 这一部分就有望增长 38.4%，达到 224 亿美元。

公有云服务快速地为企业用户带来前所未有的选择上的自由度，私有云消费电子设备也逐步在企业用户中形成开放态势。在这种情况下，CIO 们比以往 20 年来所处的地位都更加主动和领先，通过对于 IT 即服务的核心理念的理解和实现落地，IT 要以服务形式来提供，通过定义服务水平，以满足大规模、高性价比、互联互通的即需即用的需求，真正实现重新定义并增强业务和 IT 关系的梦想。

如果我们从技术的角度来看 IT 服务的话，IT 是一个非常注重实际的行业，所以使用现有的通过验证的技术和流程将有利于实现其顺利落地。IT 组织在业务发展和规划中担当起可信任专家和咨询顾问的崭新角色。无论从传统的基础设施的建设管理，还是解决方案的交付模式，以及硬件的更新模式，目前的 IT 都能够非常自信地帮助企业尽最大可能使用好内部和外部资源，选择好合适的技术，并为达成战略目标所需的业务服务寻找"恰当的技术来源"。

服务帮助软件定义数据中心实现 IT 的价值，数据中心作为服务将助力业务实现目标和价值。

ITaaS 的组织架构的好处如下：

ITaaS 组织已经越来越深刻地认识到，只有使自身具备更敏捷、更快速的素质，才能应对业务中不断产生的新需求。一份企业信息技术的报告显示：具有 ITaaS 的组织与之前的水平相比，有数十倍增速和敏捷性的改进，效率提高了 67%，管理服务器比率提高了 60%。

IT 资源管理和编制日益自动化也使 IT 控制方面得到改善。通过设置可预见的和可执行的规则可提高 IT 基础设施和应用程序资源利用率，IT 组织可以减少停机时间，提供敏锐的洞察力、可预测性，以及控制业务费用支出的能力，并确保其符合安全标准和行业规定。

9.1　千呼万唤始出来——云服务交付平台

云服务交付平台就是通过多个云服务提供商提供一个平台来创建、部署和管理云服务。为什么说现在是部署基于云的 IT 服务管理的解决方案的大好时机呢？

目前的业务挑战，要求 IT 组织使用 IT 服务管理平台，这样可以更容易地实现更快、更经济的运营。而传统的 IT 服务管理的解决方案虽有完善的功能来解决当前的业务需求，但它们的实现需要专业技能来定制、部署和管理。鉴于日益增长的运维管理压力，需要减少运营成本，但事实上许多组织是没有能力在这方面投资的，所以需要一个 IT 服务管理的平台，这样更容易实现和维护。在一项对 150 名首席财务官或高级财务高管的研究调查中发现，63% 的人认为他们的公司花费了过多的费用在 IT 服务和运行上，他们认为应该在针对提升业务的 IT 项目上花费多些才对。那些面临预算缩减的 IT 组织也在寻求好的 IT 服务管理系统，力求系统不需要大量前期投资、许可费用，仅花费不多的实施成本和运维成本，就能保证其运行。越来越多的 IT 组织在寻找合适的 IT 服务管理的解决方案，他们希望既拥有较低的成本但是又有更灵活的功能来满足他们的发展需求。

1. 迁移到基于云的 IT 服务管理平台的优势

幸运的是，新一代的软件即服务（ITaaS）的 IT 服务管理解决方案，通过云交付，使越来越多的 IT 组织，在应对这些挑战的同时，消除了许多以往选择、实施和管理 IT 服务管理平台相关的风险。ITaaS 解决方案旨在实现更快、更具用户友好性，但可更轻松地确保其实现业务价值的目的。ITaaS 解决方案还消除了很多传统相关软件的先期投入和后续的复杂的维护。

基于 ITaaS 的 IT 服务管理解决方案提供了一个额外的好处，就是允许组织的采购平台建立在"用多少付多少"的基础之上，消除了那些可能因服务没被充分利用而导致的年度支持软件维护费用。这允许 IT 组织在一个循序渐进的过程中，部署他们的 IT 服务管理解决方案，以减少失败的风险。

这种用多少付多少的方式，使成本的压力成功地转移到 IT 服务管理供应商身上，使供应商必须更加努力地工作，通过确保客户的满意度，以避免代价高昂的事故发生。投资公司最近的一项研究发现，ITaaS 应用程序可以比传统内部软件成本低 50%。

基于云计算的 IT 服务管理解决方案还允许用户可在高度分散的组织中更好地协同工作，同时给组织提供必要的安全性、审计的合规性和管理控制要求。

基于云的 IT 服务管理平台为每一个 IT 组织提供云的解决方案，它们可面向不同类型和规模的企业，包括面向没能力获取和利用最先进的企业软件解决方案的公司。事实上，各种规模的组织，几乎所有行业都进行着一场向云计算 IT 服务管理平台的大迁徙，中小企业可以从中获得和大企业相同的优势，而许多大型企业都正逐步认识到基于云解决方案迁移的显著商业利益。

例如，一家北美最大的食品公司宁愿花很多钱投资 IT 运维，也不想浪费钱在 IT 服务管理系统实现和维护上，这是个很普遍的想法和策略。所以他们决定使用外部第三方的解决方案将 IT 服务管理系统进行迁移，这样不仅能够享受到所有 IT 服务管理的功能，而且还不必担心投入额外的精力和财力保持系统正常运行，或处理定期的软件更新和升级的问题，使 IT 组织现在真正可以将其精力更多地放在支持该公司的战略性需要上。

我们可以看到，甚至各个国家的政府机构在各级地方也越来越倾向于选择基于云的解决方案，并采用"云"采购政策。针对这些新举措，例如现在就有专门为公共事业部门提供云化服务的解决方案。再例如，是英国的第三大城市利兹他为企业和游客提供服务。利兹市议会已经使用 BMC Remedy 的 IT 服务管理系统多年。为了时刻合理使用纳税人的钱，市议会的信息系统部门结合 ITIL 最佳实践，以及出于避免升级或迁移会产生大规模定制性需求和需要大量时间和费用的考虑，受益于目前基于 ITaaS 的最新版本的云运维管理平台，使客户享受到最小化成本带来的丰富的功能、自动补丁、更快的访问速度，以及订阅式用户自助服务，这一切都归功于基于云的 IT 服务管理模式带来的便利。

在消除常见的云安全、可靠性和可管理性问题之前，CIO 和他们相关的 IT 组织可能仍然对基于云的解决方案心存芥蒂，主要是对安全、可靠性和可管理性方面的担忧。而这些担忧阻碍了远程交付云解决方案的实施。CIO 和 IT 组织习惯了之前自己部署和管理并不理想的 IT 服务管理系统，因此只想依赖由第三方交付和维护 ITaaS 解决方案。

2012 年，一个为期 12 个月、针对 1600 家公司、7000 多条安全漏洞的调查发现，内部部署的应用程序比基于云的应用程序的更容易受到恶意攻击。调查发现，46% 的企业系统受到过"暴力"攻击，而云提供商的这一比例却为 39%。研究还发现，恶意软件渗透到内部系统的比例是 36%，而云供应商的这一比例仅有 4%。由此可见，事实上，许多 IT 组织已经很难消除不断升级的安全威胁、系统停机的威胁和管理劳动力分散流动的烦恼。大多数 IT 组织没有足够的安全专家来应对新的不断出现的安全性攻击。

同时 IT 组织也厌倦了花费大量的时间和资源来维持系统的正常运行，研究估计，这个比例高达 75% ~ 85%。考恩和康培的研究表明，基于云计算的 IT 服务管理的解决方案可以减少持续的运营成本，从而使 IT 组织把注意力放在其他更有效的项目上。

基于云的 IT 服务管理平台有提供先进的访问控制、身份验证和活动跟踪能力，以及打击非法进入和监控系统的操作。目前的领先平台提供了详细的日志记录，它们非常容易配置，可以确保遇到非法事件或误操作时及时地报警。

基于云的 IT 服务管理平台还可由 IT 人员和其他授权人员通过 Web 界面进行远程访问，这使得问题和警报会更快地得到响应，促进了组织之间更良好的协作，增加了企业用户和管理者之间的透明度。

基于云的 IT 服务管理平台所增加的报告和分析功能为用户提供更多信息来帮助他们及时做出决定，能为将来满足他们不断变化的企业需求而做好预算。多租户架构的 ITaaS 是最好的解决方案，允许用户立即利用最新的创新能力，及时更新每个软件。如此一来，这些 IT 组织便可更好地控制他们基于云的 IT 服务管理平台的运维，因为他们不再需要时刻担心 IT 服务管理软件部署和保持软件及时更新的问题。相反，他们可以集中精力考虑通过基于云平台所提供的高级功能的优势，以满足其特定的安全、性能和管理方面的需要。

几乎每个行业都面临着不断升级的压力和工作环境的变化，从根本上造成了更多的移动性办公和分散的工作环境，大家在不同的地方却需要完成共同的工作。而 IT 组织又必须通过软件和系统来支持内部和外部的用户，应对所产生的一系列问题，并做出快速的响应。

很少有企业能做到在前期付出巨大投入来建设 IT 服务管理平台，或者花很多时间来保持平台的正常运行。相反，他们需要更合理地使用有限的精力和资源，更好地支持企业的最终用户和管理人员，支持他们实现商业目标。

目前，基于云计算 IT 服务管理的 ITaaS 解决方案的横空出世，正是为了满足这些需求而产生的。整个方案体系从底层开始，自下而上，更容易部署和使用，使 IT 组织能更快、更经济地发挥其特长。同时也可进行灵活的配置，来满足各种 IT 管理的需要，将纵横交错在大型企业中日益分散的移动办公环境紧密而简单地联系起来。

和它们的前辈相比，这些平台证明了不仅更加安全而且更加可靠，还能产生可衡量的业务效益，包括节省大量成本、提高生产率和更高的客户满意度。最重要的是，基于云计算的 IT 服务管理平台消除了很多 IT 组织在 IT 管理领域使用最新技术的风险。ITaaS 的订阅模式允许 IT 组织受益于他们所需要的 IT 管理职能，不仅不必担心部署和软件更新，反而使 IT 服务管理解决方案提供商多了一项交付用户更有价值服务的责任。

正是由于这些原因，越来越多的 CIO 和 IT 组织采用云 IT 服务管理解决方案，以应对当今不断升级的挑战，支持他们的企业目标得以实现。

9.2　服务必须是可以衡量的

在移动互联网的时代，似乎卖任何产品都有被贴上卖服务和理念的标签。我们以汽车制造和销售为例。造出汽车来，并不代表同时把营销和售后也搞定了。在一个道路崎岖不平的乡间小路上，泥泞坎坷，没有加油站，没有交通规则，当然也没有 4S 店的支援服务，再高性能的汽车也只能望路兴叹、自求多福，这样就无法真正为客户产生高性能汽车的驾驶体验。

我们在云计算供应商评估和选择过程中需要严格遵循的准则是随时预判存在的风险。经过对你的业务云计算服务等级协议（SLA）需求进行前期研究和分析之后，还需要对云计算 SLA 进行评估。

现在，公司用户可以使用 SLA 来确保所使用服务的性能和可用性。由于目前的云计算服务市场仍处于买方需倍加小心的时期，所以您必须有所准备，需事先研究所有可能的风险，然后通过与云计算服务提供商之间的明确而详细的条款进行规定，双方意见需达成一致。可能您会觉得不知从何下手去准备和考虑，如下八大原则可以帮助您的企业进行云计算 SLA 评估。

1）保持 SLA 条文的简明扼要。要关注公司的重点业务和管理业务成果的指标，而不是技术参数。要以业务的目标作为终极目标，而不是为了云计算的 SLA 刻意提供什么。我们必须找到那些潜在的漏洞，和供应商明确可对于这些漏洞及其相关的补救措施达成一致意见。同时，需要为独特的内容条款明确各自的责任。例如，通常传统云计算供应商的责任只限于直接损失，并根据协议中所有条款设定总赔偿金额上限。但是，买方应认真考虑这些条款是否对你的公司有利。当然，需避免陷入过度的细节纠缠。

2）考虑独特的业务需求。你需要了解一个云计算供应商是如何处理客户的一次性需求的。由于大多数供应商都是通过多租户和资源共享的方式给客户提供服务的，所以他们的 SLA 考虑更加宽泛，往往适合于普通客户而不适合你的特定业务。因此，需要特别考虑独特的业务要求，需要在一开始就和供应商协商好是否可以个性化，以满足特定要求的 SLA。

　　3）SLA 和服务质量。理解云计算服务的规格、服务的可用性以及服务的质量是很有必要的。例如，样板协议可以确保的是一定水平的服务可用性而不是服务质量。有时候在多租户和高峰负载模式下所产生的变化往往会出乎意料地降低云计算的服务质量。导致的结果就是，虽然的确能够满足 SLA 的服务可用性指标，然后却不能满足对于业务服务质量的要求，这就会使企业的信息系统部门变得十分尴尬。很可能出现更糟糕的情况，即最终用户所得到的服务性能是完全不一致的，导致最终用的体验完全崩盘，直接对生产或业务输出产生巨大的不利影响。

　　4）做好灾难恢复预案。如果当意外事件或灾难发生于本地网络或供应商网络时，用户的数据访问将受到怎样的影响呢？我们在制定 SLA 之前需要阐明这之间的边界，需要阐述清楚哪些是与业务流程或数据集成有依赖关系的业务。另外，还需要考虑这两个不同云计算之间的一致性。您的云计算服务 SLA 是否与内部目标恢复点和恢复时间相匹配？供应商的环境中是否已封存了数据？是否有一个供灾难恢复或迁移至内部 IT 基础设施或另一供应商使用的环境应急机制？

　　5）数据保存十分重要。定期按照一定规定或业务要求保留必要的数据或完全删除数据。对于特殊敏感数据的访问需要提供审计报告，任何完全删除的信息只能被保存在内部而不是云中。

　　6）含有第三方的交付。如果私有云计算中涉及第三方，或者如果云计算服务供应商依靠第三方交付其服务，那么针对潜在的漏洞的云计算 SLA 评估和澄清责任，以及所有权方面的问题便变得尤为重要了，特别是在违约和出现冲突的情况下。不要被服务提供商表面看似美好的 SLA 条款所迷惑，要切实看清他们对于基础设施和服务所承担的责任。

　　7）牢记云计算标准。在涉及多个供应商的情况下，供应商 SLA 的灵活性、可扩展性以及合规性在长期应用中是至关重要的。随着云计算服务的深入和普及，企业和混合云计算环境都在同步发展和成长。因此，不可避免地会出现从一个云计算供应商迁移业务和数据至另一个云计算供应商的需求。这个时候，您就需要牢记云计算服务所遵循的标准。

8）其他因素。与内部 IT 设施相比，外部云计算服务是否能与内部设置共存，或者是否存在与集成相关的负载的问题呢？潜在供应商的云计算 SLA 是否能解决这些问题呢？接受这些可能会导致业务受影响的问题，甚至可能被要求退款。但是无论云计算供应商的货款退付政策是如何的自由或客户友好，事实上退款是不可能的，而且即便有退款也通常只能够用于未来的预付款。因此，这些非技术服务的因素也是需要考虑的。

云计算 SLA 的发展。快速的技术发展与业务需求改变着混合云计算环境，使其能够接受未来 SLA 版本的必要性，而不被供应商严格框定的 SLA 所限制。其底线是企业或者用户应对他们的 IT 需求有足够的认识，而在 SLA 评估中，无论供应商的云计算服务 SLA 是如何的复杂、有限制或令人疑惑，明确通过云计算服务所需来实现的业务产出是最重要的。

9.3 云计算——运维是核心力

云计算的 IaaS、PaaS、ITaaS 中最后那个 S 都是 Service。就是说，无论云计算长成什么样，都得要向用户提供"服务"而不仅仅是指软硬件和各种资源。

1. 云计算的技术难点

到目前为止，云计算的工业实现已经不太难了。现在有开源软件 KVM 和 Xen，这两个东西基本解决了虚拟化问题；而 OpenStack 则解决了管理、控制系统问题，也很成熟。PaaS 也有相应的开源软件，比如 OpenShift，而 Java 里也有很多的中间件框架和技术、分布式文件系统 GFS/TFS、分布式计算系统 Hadoop/Hbase 等。技术的实现在如今已进入道路越走越宽广、喜笑颜开庆丰收的时代。

2. 运维是比较复杂的

一方面，云计算是一种要求用廉价设备取代那些昂贵设备的解决方案。所谓互联网的文化就是草根文化，低成本是王道，互联网就是要用便宜的东西搭建出高质量的东西，硬件和资源一定不会走高端路线——比如存储、小型机、超级计算机等，如果用它们去搭建云计算，则成本太贵、得不偿失。用廉价的解决方案代替昂贵的解决方案是整个计算机发展史中到目前为止所遵循的唯一不变的真理。所以，如果要让夏利车跑出宝马车的感觉，就需要自己动手做很多事，要搭建一个智能的系统。要用廉价的东西做出高质量的东西，如何运维好廉价的设备其实是云计算工程里最大的挑战。

另一方面，拥有的硬件多了，而用的又不是昂贵的硬件，所以会故障频发。硬盘、主板、网络故障的频率不断提高，那么，运维就必须要跟上。云计算的目标是在故障成为常态的情况下保证高可用性，也就是服务的可用性是 4 个 9 或 5 个 9。

最后，这一大堆硬件设备都放在一起，接踵而至的是安全方面的挑战，一方面是 Security（保密性），另一方面是 Safety（安全性），可能对于数十台设备要做到安全并不难，但是对于数万数十万台的设备规模，就没有那么简单了。

面对这样的难题，光靠人工是无法解决的，需要依靠技术来管理和运维整个平台。比如，必须要有监控系统。这跟操作系统一样，对资源的管理，对网络流量、CPU 利用率、进程、内存等状态全部都要收集。收集整个集群各种节点的状态，是每个大同小异的云计算环境都必须有的。

然后，还要找到可用性更好的节点，这需要有故障自检的功能。比如阿里云就遇到过磁盘用到一定时候就会莫名其妙地不稳定，有些磁盘的 I/O 会变慢。变慢的原因有可能是硬盘不行了，于是硬盘控制器可能因为 CRC

校验出错而需要多读几次，这就好比 TCP 的包传过来，数据出错了，需要重新传一样。在出现这种状态时，你肯定需要一个自动检测或自动发现的程序去进行监控，若这个磁盘可能不行了，标记成坏磁盘，就到别的磁盘上读复本。我们要有故障自动检测、预测的措施，才能驱动故障，而不是被动响应故障，用户体验才会好。准确地说，我们需要自动化的、主动的运维。

为了数据的高可用性，可以使用数据冗余，并写多份到不同的节点——工业界标准写 3 份是安全的。然而，当你做了冗余，又会有数据一致性问题。为了解决冗余带来的一致性问题，才有了 paxos 的投票算法，大家投票这个能不能改，于是你就需要一个强大的控制系统来控制这些问题。

另外，公有云使用的人多，变化频繁，里面的资源和服务今天用可能明天不用，有分配，有释放，有冻结，你还需要搞一个资源管理系统来管理这些资源的生命状态。还有权限管理，就像 AWS 的 IAM 一样，如果没有这套权限管理系统，AWS 可能不会像目前这样被这么多大公司采用。企业级的云平台，特别需要有企业级的运维和管理能力。

3. 云计算的门槛

为什么虽然云计算有这么多开源的东西，却不是人人都能做呢？

一方面，这就跟盖楼一样。盖楼的技术没什么难的（当然，盖高楼是很难的），但如果没地，你怎么盖楼？云计算也一样，带宽的价格贵得就像土地的价格。其实云计算跟房地产一样，要占地、占机房、占带宽。如果能把中国所有的机房、机柜、带宽资源都买了，你就不用做云计算了，卖土地就够了——因为这些是有限的。最简单的例子，IP 地址是有限的，你有带宽、有机房，但是如果你没有 IP，还是不行。尤其是你要提供 CDN 服务，这个问题就更明显，因为拥有多少物理节点直接决定你的 CDN 服务质量。

另一方面，正如前面所说的，运维是件很难的事，并不是一般人都能做好的。没有足够的场景、经验和时间，异想天开是很难做出让企业满意的运维的。

9.4　IT 即服务模式

9.4.1　业务驱动

我们先来看下面这些数字：

- 减少 50% 的时间来建立和提供一个新的应用程序
- 数据中心操作成本降低 30%
- 安全事故减少 41%
- 一级应用程序停机时间减少 37%

通过以上来自不同客户的反馈数据来看，客户对于采用的技术是否能带来显著的成本节约和高效的运营显得十分关注。客户在虚拟化使用模式下也变得越来越成熟理智，他们知道，通过用 IT 服务模式能更快地提供新的业务应用程序和服务，可提高业务对 IT 支持的满意度，也直接影响着业务部门运用应用和服务对业务目标的掌控，以及为企业创造更多利润的能力。

为确保客户在这一转型中获取利益的最大化，IT 组织必须提供全方位的咨询、支持、教育和指导服务。这套组合服务不仅可帮助客户成功部署"云""软件定义"技术，更能帮助其在建立下一代数据中心时，发展新的技能，采用新流程和组织结构，使企业得以从 IT 投资中获得最大价值的回报。

IT 行业正处在转型期，其目的地到底是哪里呢？IT 必须成为业务部门的强大后盾，有效地支持其创新、竞争和利润增长。这种转变将面临巨大的挑战，如何跟上新服务的需求，同时保持现有的业务且比以往消耗更少的资源呢？

当 IT 作为一种服务时可以帮助传统 IT 到达这个目的地。利用虚拟化和云计算数据中心来进行软件定义，用软件来实现计算、存储、网络和安全资源定义，把传统的 IT 组织引向正确的终点——ITaaS。但要牢记的是，技术转换仅仅是这漫长旅程中的一部分。

技术只是为 IT 提供了基础和一种新方法。但 IT 组织迫切需要的是一种全新的运营模式，能与新技术一起共同协助以帮助 IT 到达终点。作为 IT 必须从一个管理和维护系统的部门转变为一个与业务目标紧密结合的组织，并为基础服务创造新的技术，推动业务部门朝着目标前进。

软件定义的数据中心架构，数据中心基础设施资源虚拟化和交付业务自动化，自助化服务，以消费为基础的服务，为 IT 组织提供了一张朝着 ITaaS 发展的转型蓝图。

成功地部署 ITaaS 可以让企业迅速意识到 IT 投资回报的重要性，同时大大提高 IT 服务的质量，并支持企业新业务的利润增长。ITaas 还提高了所有 IT 服务的效率和灵活性，能更好地控制和加强必要的安全和监管的力度，IT 部门需要集成各个供应商所提供的服务，包括内部和外部的，并且通过不同的渠道和方法来实施交付，比如各类公有云、私有云或者混合云环境。

9.4.2 可用性的概念

1. 惨痛的经验教训

2001 年 9 月 11 日，美国发生了举世震惊的"911"事件，该事件不仅造成了大量的人员伤亡，同时还给无数家企业甚至美国经济带来了沉重的打击，一个典型的例子就是纽约银行。由于该银行没有建立完善的业务可用性和灾难恢复体系结构，在"911"事件发生后，恐怖袭击摧毁了纽约银行的很多数据中心，导致其大量的重要数据被永久性销毁，这对一家银行来说是极其致命的。接下来，据 2001 年 10 月 18 日纽约银行发布的声明显示，"911"事件后，该银行的多家分支机构相继被迫关闭，"911"事件所在的第三季度其利润因此下降了 33%。

与此形成鲜明对比的是，一些具备比较完善的业务可用性和灾难恢复体系结构的企业，在世贸中心遭受撞击后的数小时内，就完全恢复了正常的运行，甚至没有丢失任何一笔交易数据，例如：德意志银行、摩根史丹利和美国运通等。

这些公司之所以能够迅速恢复服务，完全归功于他们事前拥有一套比较健全的业务可用性与灾难恢复解决方案。典型例子是一家叫作 eSpeed 的公司，该公司居然在损失了近 3/4 的员工后，仍然能够在几天后金融市场重开时继续运作。

这些事件清晰地揭示了业务可用性和灾难恢复对于企业发展甚至生死存亡具有决定性意义。除了这些活生生的案例，图 9-1 中的一组数字从另一个方面诠释了业务可用性是何等的关键。

43%的公司在灾难发生之后立刻倒闭，29%的公司在两年内倒闭
数据中心如果停止运转10天，则93%的公司会在一年内破产
在大的灾难之后，如果不能在24小时之内恢复数据访问，则40%的公司会被迫停业
公司高层要求在10小时内恢复业务；对于IT经理，恢复过程可能需要多达30小时

图 9-1　业务可用性与灾难恢复对企业的影响

当然，除了这些比较大的灾难性事件外，很多范围较小的中断事例，如数据中心断电、数据中心网络中断、主机故障等也是该解决方案需要考虑的范围。

大量的事例表明，业务中断不是"假如"的问题，而是"何时"的问题。因此，只要是拥有 IT 信息系统的组织，都应为随时可能发生的中断做好准备。保证业务连续性也就是确保业务连续运作，不管发生什么情况，重要的系统和网络必须具有不间断的可用性。

事实上，业务可用性与灾难恢复的影响不仅局限于上面提到的金融领域，政府、公安、医疗、教育等诸多行业都需要使用业务可用性解决方案来保证其业务的可用性，对于这些企业、机关、单位而言，若 IT 基础设施突然停运，不仅企业内部的业务流转、办公等面临瘫痪，更重要的是，对外与客户或合作伙伴的所有业务交流都不得不陷入停滞。

俗话说："不怕一万，就怕万一"，灾难的发生往往是出乎人们意料的，当突然发生大的灾难时，日常建立的控制措施已不再有效，单位组织如何才能保护核心业务不被中断，把灾难造成的风险降到最低呢？这正是业务可用性与灾难恢复需要考虑的问题。

2. 什么是业务可用性

前面的例子讲述了业务可用性和灾难恢复的重要性，那么究竟什么是业务可用性与灾难恢复？它又经历了一个怎样的发展过程呢？

业务可用性与灾难恢复萌芽于 20 世纪 70 年代，经过几十年的发展，从最初的数据中心灾难恢复发展到对业务的连续性和可用性进行保障，经历了若干天灾人祸的洗礼而日渐成熟。随着灾难以及各种各样的中断事件的不断发生，可用性与灾难恢复也渐渐地从金融业扩展到能源、运输、政府管理等方面，这些与老百姓生活息息相关的行业也开始树立针对突发灾难的风险意识，从源头做起，建立风险管控机制，完善风险管理。

可用性与灾难恢复在国外发展较早，2001 年美国"911"事件发生之后，我们在灾难预警和防范方面的意识增强了。

业务可用性与灾难恢复是指企业具有的应对风险、自动调整和快速反应的能力，以保证企业业务的连续运转，它应该包括以下 3 个方面：

1）高可用性，是指在发生本地故障时，系统能够继续访问应用的能力，无论这个故障是业务流程、物理设施，还是 IT 软硬件故障。

2）连续操作，是指当所有设备无故障时保持业务连续运行的能力，用户不需要只是因为正常的备份或维护就停止相关应用。

3）灾难恢复，是指当灾难破坏生产中心时，在不同的地点恢复数据的能力。

同时，上述 3 个部分不是相互孤立的，是相互关联，相辅相成的。

3. 传统可用性解决方案的弊端

虽然业务可用性与灾难恢复技术已经有了很多年的发展，但是传统的解决方案还是存在如下诸多问题。

1）传统的可用性解决方案是利用特定于应用的解决方案（如：Oracle RAC、MS SQL 集群、Exchange Database Access Groups 等）在应用级别实施业务可用性。虽然这种方法通常可以提供不错的可用性，但是由于每一组应用都有自己的解决方案，因此这种方法有如下弊端：

- 复杂且昂贵
- 对管理员的技术要求较高
- 出错的风险大
- 许可证较贵（如 RAC）
- 专用的备份架构

2）虽然有一些基础架构层的解决方案可以比应用级解决方案更加经济高效，但是这些解决方案往往在正常运行时间和 RTO（恢复时间目标）方面表现得比较差。

除此之外，传统的灾难恢复解决方案很难在现有的物理 X86 环境中实现，这是因为：

传统的灾难恢复计划依赖于一套非常复杂的流程和基础架构，复制数据中心、复制服务器基础架构、将数据转移到恢复站点的流程、重启服务器的流程、重新安装操作系统的流程等。由于灾难恢复可能非常复杂，因此各个企业常常发现他们只能为少数几个重要的生产工作负载提供良好的保护，而其他的工作负载（如文件/打印服务器、内部 Web 服务器、部门级应用）则得不到保护或者保护得不充分。

因为灾难恢复计划和基础架构非常复杂，所以各个企业都极为依赖大量的人员培训、准确且完整的恢复记录，以及发生停机时恢复流程的准确执行。除此之外，由于恢复计划的测试过程会造成中断，而且成本非常高昂，所以各个企业无法确保所有培训、文档和执行过程都切实可行，并且能够成功恢复 IT 服务。传统的灾难恢复解决方案会面临诸多的挑战，由于存在这些挑战，该方案往往会产生如下的后果：

- 恢复计划的测试往往会失败
- 关键工作负载的基本恢复（如能成功）通常要花费数天或数周的时间
- 管理和维护恢复计划要耗费 IT 人员大量的时间和资源

简言之，大多数公司都无法满足其企业所设定的业务可用性要求。

可见，传统的可用性与灾难恢复解决方案存在诸多的弊端，使其很难在真正的生产环境中达到业务高可用与灾难恢复的功能，这其中有一部分原因是由方案本身的局限性所导致的，例如，解决方案本身的设计思路及其效率；另一部分原因则在于生产环境自身的某些限制，例如，受限于真实的物理硬件环境，某些可用性的方法根本无法得到实施。

从某种角度来看，IT 的所有流程都是由业务在驱动的。或许我们的 IT 用户会告知我们如何去做下一步，但是，我们似乎从来也没有认真地去监控和管理这个交互的环节。

9.5　实现 SDDC 运维管理

9.5.1　分 3 个阶段来实现

目前，在市场中采用虚拟化的比例呈现稳步向上的态势，虚拟化的比例越来越高。从虚拟化利用率的角度来讲，虚拟化的发展可以分为 3 个阶段：第一阶段为 0% ~ 30%，第二阶段为 30% ~ 70%，第三阶段则达到 70%以上。

而成本节约贯穿上述所有阶段，第一阶段通过在资金开销方面整合来实现节约，第二阶段则在此基础上通过自动化的管理模式来实现降低运维开销，最后到第三阶段，又实现了敏捷性的提高，如图 9-2 所示。

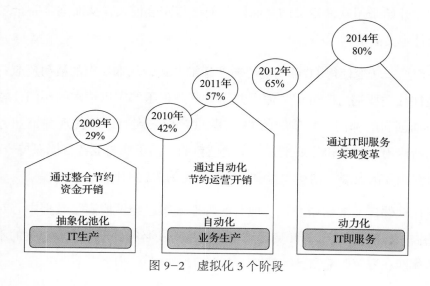

图 9-2　虚拟化 3 个阶段

除了虚拟化利用率及其价值的变化，每个阶段都有其独特的一套计划方案，IT 部门所获得的一系列成果也是不同的，如图 9-3 所示。

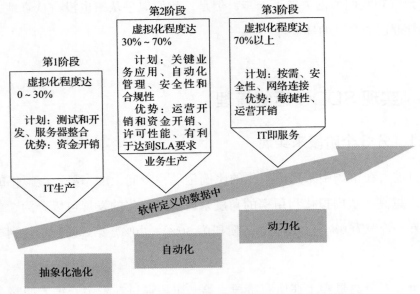

图 9-3　三个阶段的成果

随着虚拟化比率的不断提高，客户也在不断扩大对虚拟化功能的运用范围，开始采用软件定义的存储以及网络与安全模式，从而逐步完全过渡到软件定义的数据中心。

而这一转变使得 IT 部门能够转变运维方式，从本质上的被动反应，也就是往往需要竭力应付业务需求并面对日益积压的应用请求的部门，转变为主动创新的部门，将节约的 IT 资源重新投入到有助于实现关键业务目标的新应用、服务和计划上去。主动创新的部门更能与业务目标保持一致，并且对企业的发展、创新和竞争能力起到更为关键的作用。

在软件定义数据中心下，现有的管理方案已经不能满足数据中心对管理的需求，因此 IT 部门转变运维模式也是势在必行。现有管理方案的不足主要体现在资源调配和运维管理两个方面，如图 9-4 所示。

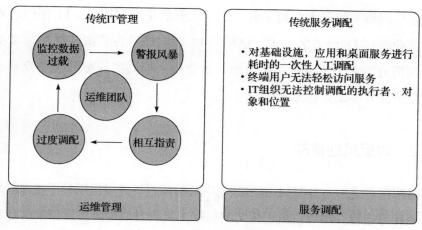

图 9-4 传统 IT 服务管理问题

运维管理解决方案可以在服务质量、运维效率以及控制与合规性等方面满足客户的需求，而服务调配解决方案则包括基础设施调配与应用调配两项功能。在软件定义数据中心下，通过使用高效快捷的服务调配与运维管理解决方案，客户可以获得非常可观的投资回报收益，如图 9-5 所示。

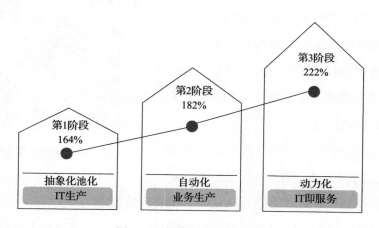

图 9-5 投资回报 3 个阶段

通过图 9-5 可以看出，即使是处于虚拟化早期阶段的客户也已经获得了稳步上升的投资回报。但是，随着客户进一步加大投资力度，也就是将虚拟化用于整个数据中心自动化和新 IT 交付形式的平台，例如按需功能，那么投资回报率得到大幅度上升。这一上升的主要原因是，IT 部门能够改进向企业交付 IT 服务的方式，这使得 IT 部门能够将资源从往往与维护现有系统相关的人工任务中解脱出来，重新投入推动实现提升企业效率、收入和竞争优势等企业目标的计划中。

9.5.2　对运维的挑战

虚拟化已成为大多数 IT 部门数据中心的基石，许多组织利用虚拟基础设施向云计算迁移。然而，由于传统的管理工具和方法是为支持孤立的计算环境而设计的，IT 团队面临着如何利用传统管理工具和方法有效地支持新的动态 IT 基础设施的问题，即软件定义的数据中心的挑战。这些挑战主要包括：

1）其环境中有大量数据需要管理，相对于物理环境而言，管理员可管理的虚拟机数量要多出 5 ~ 10 倍，服务器和变更的数量也明显增多。这些都使得 IT 专业人员在尝试部署新的虚拟化管理计划时要面对重重困难，如图 9-6 所示。同时，环境中的伪警报数量会大幅度增加，使得客户非常难以应对其环境和性能问题方面所面临的挑战。

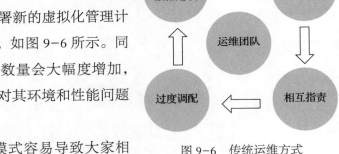

图 9-6　传统运维方式

2）现有的运维模式容易导致大家相互指责，同时无法迅速查明问题的源头，在哪方面需要立即采取措施，以及如何尽快恢复服务。

3）"过度调配"问题会损害单位组织最初在节约成本（资金开销和运维开销）方面寻求的核心价值。此外，这还会使单位组织无法实现最初部署虚拟化和云计算时所寻求的敏捷性。

有一项调查要求众多客户选出他们在运维管理方面所面临的主要难题，

这项数据从另一方面展示了传统的运维管理方法在软件定义数据中心下存在的主要问题。通过调查发现，容量监控与规划、协同合作、性能监控与调优以及根本原因定位是单位组织在运维管理中所面临的主要难题。

由于传统运维管理方法在软件定义数据中心下存在上述诸多不足，因此，运维管理方面的新需求便应运而生。

1）对于虚拟化平台的管理员而言，工作中遇到的问题大多是性能方面的问题，处理性能问题所花费的精力大约占到全部管理任务的 80%。要迅速定位并解决性能问题，需要好的工具来辅助，单纯地使用"红黄绿"三色交通灯的性能指示可能不够清楚明了。

2）管理员在使用虚拟化平台时会面对两方面对立的目标，一方面，要尽可能地增加虚拟机的密度，以充分利用硬件平台的处理能力，增加投资回报；另一方面，虚拟化的主要特征就是资源池化，资源整合以后，调配资源的灵活性会大大提高，但同时也对性能和容量的管理带来了更大的挑战，如果不能有效地管理资源分配，则可能出现资源滥用或资源匮乏等情况。因此，管理员需要随时保证业务增长对性能和容量的要求。

可见，软件定义数据中心对运维管理提出了很多新的需求，这些需求可以从如下 3 个方面进行概括如图 9-7 所示。

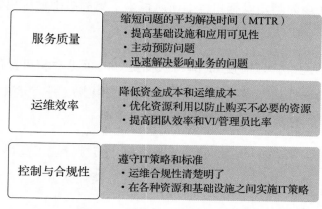

图 9-7　运维管理需求 3 个方面

1）新的方案应该能够保证服务质量，能够迅速缩短问题的平均解决时间，提高基础设施和应用可见性，主动快速地解决影响业务的问题。这些都是客户所追求的基本能力，因为这个能力直接关系到服务的质量。

2）新的方案应该可以像虚拟化的早期阶段一样，在降低资金开销和运维开销方面获得收益。这意味着该方案不仅需要优化环境中的计算资源，同时也需要优化该环境中的人力资源。

3）现有的组织中，有很多组织需要竭力解决这些环境所面对的配置合规性问题，尤其是与虚拟化相关的问题。对许多单位组织来说，他们以前就已经碰到过这个难题，但由于部署了新的虚拟环境，并且缺少专用于这些虚拟环境的工具集，因此，如何确保虚拟和云计算环境中的合规性就成了一项主要挑战。

9.5.3　SDDC 运维管理概述

集中式的运维管理可让用户更全面地了解基础设施所有层的情况。它可收集和分析性能数据和关联异常现象，并可识别出构成性能问题的根本原因。它提供的容量管理可优化资源使用率，基于策略的配置管理则可确保合规性，并消除数量剧增和配置偏差问题。应用发现、依赖关系映射和成本计量功能为基础设施和运维团队带来了更高级别的应用感知和财务责任。

集中式的运维管理能使 IT 部门获得更好的可见性和可操作的智能信息，从而主动确保动态虚拟环境和 SDDC 中的服务级别、资源利用率优化和配置合规性。它具有如下 3 个基本特征：

- 自动化。集中式的运维管理工具具有比传统管理工高得多的自动化程度，能使工作效率提高约 70%，资源消耗减少 30%，还可带来更多业务方面的优势。

- 集成式。集中式的运维管理采用集成式方法实现性能、容量和配置管理，以集成式套件的方式提供，它聚合了各种管理规程，并将不同基础设施和运维部门的团队统一成一体。
- 全面性。集中式的运维管理以开放且可扩展的操作平台为基础而构建，可提供一整套全面的管理功能，包括性能、容量、变更、配置和合规性管理、应用发现和监控，以及成本计量。

借助集中式的运维管理、基础设施和运维团队，可很好地获得全面可见性、智能自动化和主动式管理，从而能以尽可能高效率的方式来确保服务质量。

该方案还提供了一套全面的集成功能。在虚拟环境中，遗留给 IT 运维团队的问题是需要不同的运维团队来管理网络资源、存储资源和计算资源。在虚拟化环境中，所有这些资源都一应俱全，虚拟团队能够一起管理这些资源。

另外，就管理性能而言，该方案所采用的方法与该领域其他传统供应商所采用的方法大相径庭，它更加注重分析。集中式的运维管理工具清楚什么对环境而言是正常的，并会将该信息用于智能警报，而不依赖会导致产生大量误报的传统的阈值方法。这与虚拟化和 SDDC 管理领域的传统管理供应商和新供应商的功能有很大差异。

由于客户需要管理虚拟环境，而且管理的虚拟环境是基于物理环境构建的，并且他们需要通过云来进行管理，因此，该方案提供了一套异构功能，不仅能解决物理和虚拟环境的问题，而且能满足同时跨私有云和公有云或混合云管理的需求，这套功能对客户非常重要。

最后，该方案还提供可延展性和开放式框架，用来将该解决方案以及其他解决方案集成到软件定义的数据中心中。

集中式的运维管理可有效地满足软件定义数据中心在服务质量、运维效率以及合规性与控制等方面所提出的新需求，并提升客户的价值。具体如下。

1）重视处理异构环境的运行状况、风险和效率的方法，它在控制面板中提供有这些组件的集成视图。另外，智能警报不依赖于会产生大量伪警报的阈值，而伪警报会大大削弱对环境中发生事件的迅速响应能力。这样可缩短问题的平均解决时间，进而保证服务质量。

2）从运维开销的角度来说，该方案能够迅速查明问题的源头并提高运维效率。本方案能够迅速查明、隔离并解决相关问题，这就有助于帮助客户降低运维开销。该方案还能处理容量的利用问题，可让客户完全了解容量利用情况，对其建模，并了解资源分配的正确容量以及将信息反馈给客户。实践证明，这对客户也非常重要。

3）该方案能够满足控制力与合规性的要求，可让客户将虚拟基础设施和物理基础设施以及操作系统的配置标准化，无论是出于运维目的还是遵守安全最佳实践或法规的要求，都需要将这些配置标准化。该方案可让客户有效地执行这些任务，并降低开销，同时还使客户能够应对部署虚拟环境和 SDDC 时碰到的审核问题。

9.5.4　SDDC 运维需要加强自学与主动性

为了实现 SDDC 基础设施的全面可见性，服务运维管理的功能需要全面升级。

更全面地了解计划内和计划外配置变更并修正不必要的变更，可以确保运维和法规的合规性。可利用即时可用的配置模板来自动管理合规性，还可利用跨数据中心基础设施虚拟和物理方面的策略控制及主动式智能警报来确保合规性。

通过预构建的可配置运维控制面板，可以实时洞悉基础设施的行为、即将发生的问题以及效率提高机会。可自动分析监控数据，并以运行状况、风险和能效测量值来表示，使 IT 部门能更轻松地检测到环境中的潜在问题。容量分析可识别过度配置的资源，以便能适当调整资源规模，最高效地利用虚拟化资源。而通过使用假设场景，将不再需要电子表格、脚本和经验法则。

即时可用的模板可确保对最佳安全实践、强化指导原则和法规要求的持续合规性。应用依赖关系发现和直观显示可帮助基础设施和运维团队了解应用级别的信息，从而确保所有关键应用服务的服务级别和灾难恢复保护。应用组件和版本号会得到自动命名并持续更新。

基础设施和运维分析可通过自动的根本原因分析，消除耗时的问题解决过程。基础设施和客户操作系统级别的运行状况、性能和变更事件自动关联可帮助查明悬而不决的性能问题。

自动的配置变更回滚和补救使管理员能够强制实施 IT 策略。灵活的容量和成本报告功能提供了对资源使用趋势的深入可见性。自动调配和配置分析可检测出不必要的变更，并帮助 IT 部门持续遵从运维最佳实践和法规要求。

主动管理整个基础设施的服务级别对 SDDC 运维显得尤为重要。在性能问题和容量短缺影响终端用户之前就提前获得警报。通过使用实时性能控制面板，使用户能在终端用户察觉性能问题之前就查明即将形成的性能问题，从而满足服务级别协议（SLA）要求。优化基础设施的效率，能够最大限度地减少整个虚拟和物理基础设施的性能风险。

自学式性智能分析方法和动态阈值可适应环境，能够简化运维管理并消除假警报。集成的运行状况、性能和容量降级智能警报可以提前识别即将形成的性能问题，从而避免对终端用户造成影响。通过实时的集成式性能、容量和配置变更事件控制面板，可实现主动式管理方法，并有效确保

满足 SLA 要求。基于策略的配置管理可确保数据中心基础设施所有方面
（包括虚拟和物理资源）的合规性。

9.5.5 SDDC 运维核心流程概述

软件定义数据中心的运维管理解决方案主要包括容量管理、性能管理、
事件与问题管理以及配置与合规性管理。

1. 容量管理

需要进行容量规划以确保提供给租户的 SDDC 资源已得到适当的使用，
可在需要时提供，并可根据当前和未来需求扩展或缩减。容量管理侧重于
提供软件定义数据中心（SDDC）所需的容量，以满足现有和将来的需求，
从而为服务产品提供支持。对于服务提供商，容量规划的目标是在 SDDC
基础设施中提供足够容量，以满足从今以后为客户所提供的服务需求。必
须在 SDDC 基础设施中保证有足够的储备容量，才能防止因虚拟机在正常
情况下争夺资源而导致的违反商定的服务级别的事件发生。服务提供商组
件必须管理好以下各项：包含用于创建和管理 SDDC 的所有组件的管理集
群；向使用者提供资源的资源集群；如果无法预测单位组织虚拟数据中心
等服务使用者资源的使用情况，要调整使用者资源的大小，需估计所需的
初始容量，并使用 SDDC 容量管理技术，基于过去的使用趋势来预测将来
的使用量需求。

（1）容量管理与 SDDC 容量管理的流程特点

需进行容量规划以确保提供给租户的 SDDC 资源已得到适当的使用，
并可在需要时提供，还可根据当前和未来需求进行扩展或缩减。

一直以来，容量管理通常在系统实施时执行，并且涵盖对系统整个生
命周期的容量要求。这在系统生命周期的早期会造成巨大浪费，因为多余

的容量只有在较晚的时候才需要使用。还有许多其他因素可能会在系统生命周期早期造成巨大的浪费，包括高估了使用量或由于技术发展而导致提前停用等。

即使对于虚拟化，确保有足够容量随时可用也始终是用户十分担心的问题。虚拟化环境是通过减少资源争用（通常通过降低虚拟机与主机的比率）来管理容量的，如果采用的比率较低，此方法将导致资源浪费。

要成功实施软件定义数据中心（SDDC），必须避免资源浪费。容量管理流程必须变为主动流程，并且能够随条件变化来调整容量配置，一劳永逸的设置并不能满足要求。通过致力于主动容量管理，可以增加主机上的虚拟机密度，这可使提供商经济而高效地实施 SDDC，而不影响其上运行的服务。

主动容量管理流程与传统容量管理流程看似相同，但 SDDC 动态性需要主动流程更加敏捷并更少依赖于手动干预。对容量进行手动管理可能适用于物理基础设施或采用虚拟化的早期阶段，但要提供 SDDC 所需的主动容量管理，只有通过配备相应工具和实现自动化才能做到。

管理员应及早发现长期容量问题，以免对服务造成影响。通过配备适当的工具，可提供早期警报，还可指出历史容量使用行为，并将其与已知的未来需求结合，以提供 SDDC 容量预测。

此外，管理员还需及早发现短期容量的违规现象，以便实施修复措施，以免违反 SDDC SLA。

通过发现短期和长期的容量问题，自动化有助于用户为各环境提供所需的相应资源。对于短期违规，自动化有助于指出一个环境中利用率低下的资源，并暂时将其传输到资源不足的环境中。对于长期容量问题，可以预测并明确定义新资源的自动调配流程。这样，即可根据需要调配新资源

（例如主机、集群或组织虚拟数据中心容量），而不违反设定的服务级别协议要求。

概括来说，容量管理包括以下内容：确定当前的容量储备；预测新要求；规划更多容量。要想让软件定义数据中心基础设施发挥出最大价值，持续改进至关重要。通过由定期容量扩展支持的定期规划活动以及日常运维活动，就不难取得此方面的成效。

（2）SDDC的容量管理运维的挑战

要提供健全的容量管理，需尽可能实现自动化，并尽可能消除依赖手动干预。容量管理的发展需要时间和人力，因此单位组织应该分阶段地完善流程，而不要试图一蹴而就，否则会功亏一篑。

最初的难题是要记录和维护容量管理的流程、策略和方法。任何用于辅助管理SDDC容量的工具都必须经过精挑细选，并且必须适用。所有容量管理角色和职责都应明确定义。

SDDC组织会日臻成熟，工具自动化将被引入，以便能够轻松识别规模设置不当的SDDC组件，并用最少的手动交互加以调整。评估自动化的可能性，以指出可进一步提高效率的其他容量情形。此外，组织还应确定具体的SDDC KPI指标，并报告给主要相关人员。短期和长期容量计划应在单位组织中习以为常、根深蒂固。

（3）容量管理的自动化以及工具调整与集成

SDDC中的容量管理不能依赖于手动流程和活动。考虑到容量管理不断变化的特性，若要有效管理SDDC，必须了解服务和基础设施的最新使用量与可用容量信息。手动流程和大多数容量工具均无法提供实时的容量数据。

服务提供商必须为服务使用者提供达到商定SLA所需的容量。如果提供商要实现 ROI，还需要一定程度的资源共享。必须在容量管理工具中内置智能功能，以便更好地了解 SDDC 环境的动态使用情况，并明确任何重复的使用行为。组织必须对 SDDC 的整体环境有所了解，才能清楚所调配的容量、对资源的需求以及任何重复的资源使用行为。

要提供敏捷的容量管理，要必须避免其他流程影响额外容量的提供。例如，变更管理流程必须与调配流程紧密结合，以便快速配备额外的容量。容量调配可以在基础设施层（主机、存储）和服务层（新虚拟数据中心、为现有虚拟数据中心提供的额外容量）进行。如果变更管理流程需要冗长的变更凭证和 CAB 的参与，则 SDDC 的某些优势便会丧失，冗长的变更管理流程会因为向 SDDC 引入额外容量的过程而发生延迟。

容量管理可了解软件定义数据中心实施的复杂程度，可以通过分析功能来分析 SDDC 环境当前和过去的资源使用模式，并通过情景假设以确立未来的容量要求。

2. 性能管理

（1）流程的目标

"性能管理"侧重于解决 SDDC 的性能问题，性能管理的目标是避免或快速解决 SDDC 基础设施中的性能问题，并针对向客户提供的服务以满足性能方面的要求。需要对 SDDC 基础设施进行监控，才能防止所承诺的服务级别落空。

（2）SDDC 的性能管理流程特点

性能管理的概要事件、突发事件和问题流程对服务提供商和租户同样都适用。这些流程看起来与任何传统的性能管理流程一样，然而，SDDC 的动态特性和降低运维开销的迫切要求决定了此流程必须更具敏捷性，并减少对手动干预的依赖。手动性能管理可能适用于物理基础设施环境和采用虚拟化的早期阶段，但要提供 SDDC 所需的性能管理级别，只有通过配备相应工具和实现自动化才能做到。

（3）性能流程处理事件、突发事件或问题的方法

简要地说，性能管理的事件、突发事件和问题流程的目标是尽可能实现自动化，并最大程度地提高第 1 级操作员可执行的任务数量，而非增加第 2 级管理员或第 3 级领域专家（SME）的工作量。下面是按偏好列出的处理事件、突发事件或问题的可行方法：

- 自动工作流—这些工作流完全自动化，可由预定义的事件或支持人员启动。
- 交互式工作流—这些工作流需要手动干预，可由预定义的事件或支持人员启动。
- 第 1 级支持—由操作员负责监控系统中的事件。他们需要遵循操作手册中的规程对事件做出反应，其中可能包括执行预定义的工作流。
- 第 2 级支持—由具有基本技术专长的管理员处理大多数的常规任务，并执行预定义的工作流。
- 第 3 级支持—由擅长多种不同技术的 SME 处理最棘手的问题，还负责定义工作流和操作手册中的规程，以使第 1 级操作员和第 2 级管理员能够处理更多的事件和突发事件。

3. 事件管理

（1）事件的基本分类

1）警告智能警报，这些警报通常由显示行为发生变化的多个指标触发。一般由第 2 级管理员负责审查，以确定是否发生了突发事件。

2）关键绩效指标（KPI）智能警报，这些警报通常由预定义的 KPI 或超级指标的异常行为触发。由于这些警报更有针对性，因此更容易通过工

作流自动处理。

3）服务台接听用户报告性能问题的电话。第 1 级操作员收到监控系统发送的关于性能问题的警报。

4）如果性能事件被指定为已知问题，则可能触发预定义的操作，例如自动工作流、交互式工作流或操作手册中的规程。如果事件没有相关定义，则成为第 2 级管理员或第 3 级 SME 必须处理的突发事件。

（2）突发事件的管理方式

解决性能突发事件的方法有很多种，具体取决于突发事件的生成方式。

1）租户容量不足。当租户的容量用尽时，根据租户租约中定义的方式可触发不同的事件。如果租户购买了"突发"功能，则超出基本使用量时可通过支付额外的费用来添加额外的资源。如果没有购买突发功能或不提供此功能，则租户会收到关于容量已用尽的通知。

2）提供商容量不足。如果制定了主动式容量管理设计指导原则并已实施，就绝不会发生这种情况。如果容量已用尽，服务提供商必须添加更多容量或迁移过来可用容量以解决此问题。这种情况应报告给容量管理部门，并容易违反向租户承诺的 SLA。

3）硬件或软件故障。性能问题可能会由主机故障、配置错误、软件更新错误、其他可修复问题等软件或硬件错误导致。如果在总体 SDDC 中构建的冗余度不足，此类错误还容易违反向租户承诺的 SLA。

4）如果突发事件优先级很高或者是一个长期的问题，应将其转交给问题管理部门，以进行更深入的分析。

4. 问题管理

问题管理的主要目标是指出问题的根本原因。指出根本原因后，应制定并实施行动计划，以避免未来重蹈覆辙。首选的方法是从根本上解决问题，以免问题再次发生。如果无法消除问题，则必须定义工作流和操作手册程序，以便在问题再次发生时快速解决。可定义 KPI 和超级指标以帮助在问题形成前提早进行识别。

要提供健全的性能管理流程，单位组织要尽可能实现自动化并消除对手动干预的依赖。性能管理流程的发展需要投入时间和人力，组织应该逐步完善流程，而不要试图一蹴而就，否则会功亏一篑。

最初的难题是要记录和维护性能管理的流程、策略和方法。任何辅助进行 SDDC 性能管理的工具都必须经过精挑细选，并且必须适用。所有性能管理角色和职责都应明确定义。

此外，还应确定具体的 SDDC KPI 指标，并报告给主要相关人员。

要将性能管理完全集成到 SDDC 中，组织应该实施自动性能补救以使环境变得稳定，并提供令客户满意的服务性能。

（1）事件、突发事件和问题管理的定义和组成

1）事件管理。基于组织环境内的数百万个指标确立动态基准。建立这些基准时还会将具体时间、具体工作日以及其他循环模式考虑在内，以便了解常态行为。随后，当过多指标同时开始出现异常行为时，这些基准即可用于确定早期警告智能警报。如果定义了 KPI 或超级指标来捕获已知问题领域，可能会触发具有关联自动化或交互式工作流的 KPI 智能警报。

2）突发事件管理。识别出性能突发事件后，管理员找到对此负责的底层系统。运行状况徽标可提供对性能管理突发事件的深入分析结果。

3）问题管理。解决突发事件后，可识别对此负责的系统以及问题的根本原因。通过考察对性能问题负责的底层系统，可揭示它与应用内其他层的关系、与其关联的所有智能警报以及受影响组件的性能历史。此流程有助于识别问题的根本原因。

4）事件与问题管理之间的关联。过去，"事件、突发事件和问题管理"

侧重于监控 SDDC 提供的服务，以及将计划外事件的影响降至最低。此外，尽快还原服务并防止重复的事件影响服务也是其核心功能。现在，人们越来越重视降低 SDDC 运维开销和提高可靠性。要满足这一需求，就要提高自动化水平，以使操作员可以处理更多常规任务，并在突发事件影响终端用户之前主动检测出并消除隐患。

"事件管理"侧重于如何对监控和分析工具的输出结果进行分类和处理。根据预定义的规则，事件管理的输入内容称为"事件"，可用于与各种可能的操作关联起来——从抑制到触发自动化工作流，再到一旦出现性能突发事件或真实停机时，就触发创建突发事件的操作。

"突发事件管理"侧重于如何应对性能突发事件或停机，此类情况被称为"突发事件"。突发事件管理主要侧重于管理突发事件，直至其得到解决。重复出现的突发事件或具有高优先级的突发事件可转交给问题管理部门，以进行更深入的调查。

"问题管理"侧重于识别重复出现的和高优先级的突发事件的根本原因。识别出根本原因后，还将制定出在理想状态下可修复根本问题的行动计划。如果无法解决问题，可能要实施更多的监控和事件管理操作，以尽可能减少同一问题在未来的发生次数或杜绝其再次发生。

（2）事件、突发事件和问题管理的自动化和工具的集成

软件定义数据中心（SDDC）中的性能管理不能依赖于手动流程和活动，考虑到 SDDC 性能的动态特性，需要配备相应工具和设备才能进行有效管理。手动流程和传统的性能工具主要关注性能上升或下降的状态，无法提供所需的性能数据级别。

要进行有效的性能管理，必须了解"指标覆盖面"的影响。在应用体系的所有级别安装工具可更好地深入了解应用的整体性能。对于"终端用户体验监控"尤其如此，它可向管理员提供关于使用者体验的信

息。使用传统方法时，管理员依赖组件级别的监控来粗略估计服务的可用性或性能。这种方法仅能提供部分结果，很少能识别出真正的性能问题。

要解决此问题，就需要使用分析工具进行深入分析，而不只是像传统监控工具一样只显示上升或下降状态。管理员通过分析工具可基于动态生成的基准来查看系统的相对性能。

（3）成功管理 SDDC 事件、突发事件和问题的核心手段

实施 SDDC 的一项主要好处在于可以持续降低运维开销。实现这一目标的关键是使 SDDC 事件、突发事件和问题管理的流程自动化，其中包括：

1）尽可能自动响应事件。对于需要操作员执行某输入操作以支持决策的其他事件，创建高度自动化的工作流。创建操作手册程序、工作流和自动化作业，以使操作员（而非管理员或领域专家）可以应对更多的事件。

2）自动执行 SDDC 事件、突发事件和问题管理流程与其他需要的流程和关联系统之间的交互。识别、装备和设定可用于建立工作流和自动化作业的关键性能指标（KPI）。

- 监控 SDDC 环境。
- 配备一个事件管理系统，例如 Manager of Manager（MoM），用于向事件应用可启动工作流或可将事件路由至相应的支持团队的规则。
- 选择一种凭证系统和方法，以便高效地为各支持团队分配凭证。
- 定义了突发事件的优先级和严重程度。
- 已充分了解角色和职责。
- 能够查看 KPI 状态。

图 9-8 显示了事件、突发事件和问题管理的总流程及各组成部分间的相互关系。这 3 个主题领域之所以在一起显示，是因为它们本质上互相关联。事件管理将信息馈送到突发事件管理，而突发事件管理则将信息馈送到问题管理。然后，问题管理再将信息馈送到事件管理，从而完成这一循环。由于 IT 是不断发展变化的，因此事件、突发事件和问题管理必须持续更新才能跟上变化的步伐。

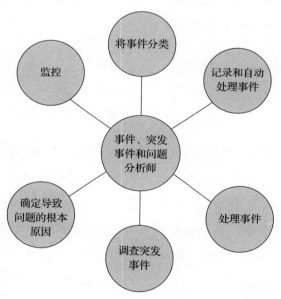

图 9-8　概略事件、突发事件和问题管理流程

事件管理的首要步骤之一是监控各组成部分和服务，然后事件可馈送到事件管理系统（例如 MoM），并进行处理。

事件管理的一个重要组成部分是事件分类。对事件进行分类后，可制定规则和文档（例如操作手册和工作流），以便在下次发生该事件时对其进行处理。这种主动式方法可减少新的突发事件数量，可缩短所发生的停机和性能突发事件的持续时间，并降低其严重程度。

突发事件管理的核心流程包括通过确定优先级和影响力管理支持凭证、

客户通信、促进技术和管理通信及停用凭证。

重复出现或高优先级的突发事件将发送到问题管理部门，以便指出根本原因。指出根本原因后，将会制定一个解决方案用于解决问题，或建立监控或事件处理机制，从而消除问题或降低问题再次发生时的严重程度。

（4）SDDC事件、突发事件以及问题管理流程的自动性

要提供健全的事件、突发事件和问题管理流程，单位组织就要尽可能实现自动化并消除对手动干预的需求。

最初的难题是要记录和维护性能管理的流程、策略和方法。任何辅助进行SDDC事件、突发事件和问题管理的工具都必须经过精挑细选，并且必须适用。所有事件、突发事件和问题管理角色和职责都应明确定义。

随着分析引擎对SDDC环境更深入地了解，可能成为突发事件的事件将被快速识别出来，从而在服务受影响之前就得以解决。最初，解决措施是手动执行的，但随着流程的不断成熟，可引入工具自动化，以便能轻松识别未来的突发事件，并用最少的手动交互加以纠正。必须评估自动化的可能性，以确定可进一步提高效率的其他事件、突发事件和问题情景。此外，还应确定具体的云计算KPI指标并报告给主要相关人员。

（5）SDDC事件、突发事件和问题管理的长期挑战

SDDC事件、突发事件和问题管理流程均依赖于工具，如果没有配备合适的工具，将难以在保持所需的服务级别的同时管理和运维所处的环境。传统的事件、突发事件和问题管理严重依赖于工具，而在SDDC中，所需工具的范围有所扩大，这是SDDC要求的增加所致，例如目前更加需要有关即将发生的突发事件的早期警告和更高级别的自动化。对于早期警告，增加工具的功能（例如智能警报、动态阈值和智能分析）就有助于满足此要求；对于更高级别的自动化，则需要增加其他工具。

要实现 SDDC 的可靠性和降低运维开销，仅仅通过解读事件以凸显突发事件和问题是不够的，还必须建立更高效的突发事件识别机制、快速实施补救措施的机制和识别根本原因以防问题再次发生的机制。

5. 配置与合规性管理

软件定义数据中心（SDDC）与传统虚拟化方案的差别在于，它对自动化的依赖程度更高、规模更大，并且是采用动态方式管理工作负载。它类似将手工作坊转变为在速度、可靠性和体积上均占优势的全自动装配线。为此，组成 SDDC 的所有组件都必须是可互换的、安全的。这可通过"配置与合规性管理"来实现。

（1）SDDC 的配置管理与合规性管理的关注点

"配置管理"主要用于定义和维护关于 SDDC 及其组件和服务的信息和关系。这可能需要配置管理数据库（CMDB）来集中存储数据，或需要配置管理系统（CMS）来联合多个存储库中的数据。配置的另一个作用是为每条数据保留一份单一事实来源的记录，并协调与外部系统间的数据交换。

与配置管理相比，"合规性管理"更侧重于维护企业的服务提供商或租户的系统标准，其中可能包括 PCI、SOX 或 HIPPA 等合规性标准。除了安全设置和固件、软件及补丁程序级别以外，合规性管理还涉及变更管理、用户访问和网络安全。

配置与合规性管理相结合，可验证配置设置、固件、软件和补丁程序版本是否全部遵循控制组织预先制定的标准和策略。

（2）SDDC 的配置与合规管理实施的目的和措施

实施 SDDC 的主要目标是降低日常运维开销成本。要实现此目标，需要促进并保持尽可能多的组件实现标准化，同时保持高水平

的安全性与合规性。以下是为了最大程度节省运维开销所需采取的措施:

- 自动调配符合服务提供商或租户标准和合规性策略的可互换组件。
- 持续验证标准和合规性策略是否始终贯彻执行。
- 持续验证底层 SDDC 基础设施是否符合标准和合规性策略(受信任的云)。
- 持续报告不合规的系统。
- 持续修正不合规的系统。
- 跟踪和传递组件之间的关系,以增强 SDDC 的影响分析和故障排除功能。
- 使用现有的 CMDB、CMS 或者其他服务提供商或租户数据源,了解何处的事实来源用于与组织的其他部分交换数据。

配置与合规性管理流程的定义和组成部分,要进行有效的配置与合规性管理,必须做好以下准备:

- 用于捕获 SDDC 环境当前状态的配置与合规性工具。
- 用于检测、报告和修正不合规系统的自动化和工作流工具。
- CMDB、CMS 或其他企业数据设施,用以识别单一事实来源在服务提供商或租户组织内的位置。
- 已定义服务提供商或租户标准和合规性策略。
- 已针对合规性修正定义了服务提供商或租户变更管理策略。
- 已针对用户访问和权限级别定义了服务提供商或租户访问策略。
- 已定义服务提供商或租户网络安全策略。
- 已充分了解角色和职责。
- 能够捕获、记录和查看 KPI 统计信息。

图 9-9 显示了配置与合规性管理流程的概略视图。

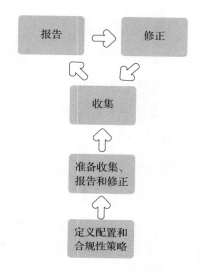

图 9-9 概略配置与合规性管理流程

此流程包含定义标准和合规性策略。这是一个持续进行的过程，必须随着新组件的开发和合规性策略的发展而更新。必须针对合规性级别和修正时间确定目标。需准备以下几方面的内容：为验证合规性而收集的信息；用于显示合规性级别的报告；用于修正不合规之处的自动作业和操作手册程序。

在常规的循环中，需收集以下几方面的信息：

- 用于标准化和强化的配置设置。
- 固件、软件和补丁程序级别。
- 变更记录的状态和完成情况，尤其是对于受合规性管制的系统。
- 用户访问记录，例如允许的权限、登录名、失败的登录、使用的命令及其他。
- 网络访问记录，例如防火墙规则、拒绝的访问等。
- 评估结果并生成显示各方面合规性级别的报告。

如果检测到不合规之处，则进行修正。根据不合规类型和任何受影响的服务级别，可能适用不同级别的紧迫性。

（3）SDDC 配置与合规性流程自动化和工具的集成

要提供健全的配置与合规性管理流程，就要尽可能实现自动化并消除对手动干预的依赖。必须配备人员、流程和工具以支持整个流程。配置与合规性管理流程的发展需要投入时间和人力，逐步完善流程，而不要试图一蹴而就，否则会功亏一篑。

SDDC 组织会日臻成熟，要帮助服务提供商达到所需的标准化和合规性的级别，就必须自动执行收集、报告和修正操作。这些工作最初是手动执行的，但随着流程的不断成熟，可引入工具自动化并扩展其范围，以便未来的标准和合规性策略可通过最少的手动交互实施。必须评估自动化的可能性，以确定可进一步提高效率的其他配置与合规性情景。

配置与合规性管理流程还应包括收集显示环境整体状态的特定 SDDC KPI，并将其报告给主要相关人员。示例可能包括不合规配置项或服务的百分比、修正不合规系统的时间或通过自动修正实现服务合规的百分比。

软件定义数据中心（SDDC）的配置与合规性流程依赖于工具的选用。必须配备合适的工具，才能在保持所需的服务级别的同时有效管理和运维所处的环境。传统的配置与合规性管理一直主要靠手动操作，很少使用工具。在 SDDC 中，由于要求的增加而需要更多的工具，例如现在对标准化和合规性的需求增强，并且需要更高级别的自动化水平。

租户可以看到其域内的所有组件，但可能看不到提供给他们的服务的构成组件。例如，公共租户可能看不到提供商环境内的虚拟基础设施。在此例中，配置与合规性管理的范围仅限于虚拟数据中心实例。服务提供商可能看不到已提供给租户的组件的内部情况，向下级租户提供服务的租户也同样如此，例如，从服务提供商处购买组织虚拟数据中心的增值代理商将看不到其转售给客户的虚拟机。

提供商提供一项服务，服务的基础设施可能会达到某一级别的合规性（例如 PCI 或 SOX），这将体现在提供给其租户的服务级别中。提供商的职责是确保遵守此服务级别并且所有组件保持合规（可能会包括从其他提供商处购买的服务）。每个租户的职责是确保此基础设施及其上构建的服务也遵守相同的合规性级别。

9.5.6　智能数据中心管理平台诞生

数据中心的 IT 基础架构，包括服务器、存储阵列、路由器、交换机和防火墙等，以及底层的供水供电，每天都会持续不断地产生日志信息，而日志信息产生的速度和量远远大于数据中心管理员的处理能力，而且也不知管理员是否能认真对待日志文件的格式和内容，靠人工从日志里面定位问题的根源绝对是需要我们关注的方面。

智能管理软件是软件定义的数据中心的核心，如何充分运用机器学习功能，对日志进行实时地搜集、分析和展现，才能给数据中心管理员提供更好的可视化界面？它提供高性能的搜索功能，帮助管理员快速定位问题是 SDDC 智能化的一个重要表现之一。

策略驱动的自动化功能可以根据业务和工作负载持续而动态地调整基础架构的资源，更好地维护用户满意度。运用专用分析功能和统一的方式管理数据中心的性能、容量和配置，使得 IT 部门对于动态、虚拟，甚至云环境下的数据中心有更好的可视化和确切的信息来确保服务级别，确保最优的资源使用和配置管理。

在 SDDC 的世界里，我们要的不是一款简单的监控软件，而是一个统一的监控平台。它不仅可以监控所有的虚拟基础架构，而且可以监控物理服务器、应用程序和流程。我们要从健康运营、风险管控和 IT 生产效率的维度，更直观、更时实地了解数据中心的整体状态。智能 SDDC 管理平台必须能自动地搜集和组织信息，帮助管理员快速地查找到错误的根源，帮助 IT 部门查找错误，使解决问题的平均时间得以缩短，使得管理员通过一个入口就能管理数据中心中的所有资源。

面对成千上万的虚拟机，IT 需要更加灵活而弹性地控制数据中心的各种资源，才能为业务部门提供更好的支持和服务，迅速地变更网络拓扑结构来应对企业新的业务需求。如何敏捷而智能地增加计算能力，扩充网络带宽和存储容量，来应对日常运营中出现的各种问题呢？这就给数据中心的管理提出了更大的探索、创造的空间。

软件定义
世界的展望

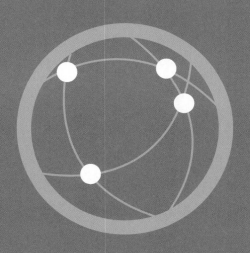

10.1 信息化建设在"十二五"期间取得的成就

随着互联网的高速发展，信息化的重要性受到社会各界人士的高度重视，信息产品成为比广场舞更深入人心的产物，各行业的业务管理信息系统改善了大家的工作效率和方式。大家对信息化寄予厚望，目前尚无能力驾驶私家车的人，在驾驭信息产品时同样感受到无穷乐趣。信息化的效果初显，逐步完善了在组织、地区、行业的信息化管理，基本上实现了上下游价值链一体化、多层面垂直一体化的信息化治理体系，形成了"新四化"同步发展的新格局。

"十二五"期间，信息化发展模式是以技术驱动为核心的。在信息化的创新应用的初始就已初见端倪，在部分行业，例如互联网金融等行业，信息化开始从技术驱动向业务和战略驱动转化。信息化与众多传统行业的深度融合、协同正在形成，例如网上购物、网上授课等。在信息技术和产业的支撑下，实现跨组织、跨行业、跨地区的全社会协同的雏形已经建立，并形成了新型工业化、城镇化、信息化和农业现代化这"新四化"同步发展的初步格局。信息化给予人们的是"千里眼"，是"筋斗云"，是暴风骤雨里安居室内的悠闲，是茫茫人海中唯我独尊的自信。

10.2　信息化建设存在的挑战

1）信息服务业与软件产业对传统行业缺乏创新机制。

在中国信息化建设的 30 年发展进程中，信息服务和信息软件产业的发展其实是严重滞后的，这与生产力水平和发展生产力的有效方式有关。我们都知道"科技就是生产力""信息技术是场革命"，信息技术的发展无疑离不开应有的经济基础和物质保障。在信息化产品极其普及的今天，再不适时加强信息化建设，其后果就不亚于"断电断水、断粮断炊"了。虽然目前"重硬轻软"的现象已经有了观念上的突破和改进，但至今未有全球性的信息服务和软件产业的领军企业，以及行业的代表作。

2）信息化治理能力落后。

由于单位组织的信息化结构不合理，信息化建设与组织战略缺乏一致性，加上信息化建设成本与价值长期不匹配，造成大量企业单位的信息化成本高，门槛高。多种经济形式的并存使不同类型的单位组织在互相关注中有了后进赶先进的动力，但照抄照搬的发展模式其适用性肯定较差，不少有意向发展信息化建设的单位组织往往受制于无有效的成功经验和现成的成熟服务。在缺乏有效的信息化管理和治理手段的大环境下，企业无法通过信息化手段来对组织的全面生产安全和风险进行有效控制，造成了包括公共服务在内的公共危机和企业经济发展瓶颈的多重深度影响。

制度层面的问题不解决，信息化创新就难以持续深入。公共服务领域信息化建设向来是社会信息化最为核心、最为关键的部门，信息化对公共服务的支撑作用目前还远没有发挥出来。

3）产业与信息一体化未形成。

目前随着业务与信息化平台结合得越来越紧密，尤其显现出一体化的智能管理还未形成所带来的问题，比如重复投资、信息缺乏完整性、孤岛特质明显、缺乏行业特征，没有按从产业到业务、再到信息化的正确总体架构和路径来设计。单位组织在信息化方面的投资明显增加的同时，并没有获得整体效率的提升，业务的运营和组织治理始终处于游离状态。似乎到处都有信息化系统，而各个信息化系统首先是为满足本单位组织的业务工作需要而设计的，在用到别的单位组织的信息化系统时是否能体现出应有的效率呢？答案自然是不确定。

CIO 杂志是国际性最权威的 IT 管理专业杂志，其 2013 年 State of the CIO 调查研究成果显示，协调 IT 举措和业务目标继续成为被提及最多的（63% 的受访者提及）消耗着首席信息官时间和精力的活动。据被调查的受访者说，今后一年内，改进业务流程、扩大 IT 的能力和资源以促进业务创新将成为 IT 管理的首要事务。

IT 都在为业务目标服务，这与信息资源的开发和利用不足有直接关系，信息化系统仅仅对组织的业务流程起到了电子化工作流的作用，并没有达到信息辅助决策的高度。事实上，支持业务增长不只在于提高利润率和盈利能力，还有降低成本和提高效率的需求。通过在一个中央数据中心运行程序，无疑可以减少 IT 管理费用，而且，能源的使用效率也能得到提高。我们发现，IT 部门非常辛苦地采用传统方法为他们的内部客户提供服务，他们本来只需使整个 IT 服务提供流程更加灵活和敏捷，但是同时还得减少运营成本的压力，这是客户反映的最普遍的难题。

10.3　信息化发展的新趋势和新方向

1. 信息空间安全提升到国家安全层面

信息化自党的十八大以来成为"新四化"之一，进一步提升了信息化在国家经济和信息安全的作用和地位。十八届三中全会决定成立国家安全委员会，完善国家安全体制和国家安全战略，确保国家安全。成立国家安全委员会的目的是推进组建负责情报、军队、外交、公安等关于国家安全事务的机构，与美国总统直属咨询机构——国家安全委员会（NSC）有类似的功能。因此，信息化的行业自主可控与创新将成为未来发展的方向。

2. 信息新技术一统，重塑业务流程

以移动化、智能化、社交化、云计算、数据化等为核心的信息技术在"十二五"期间都已经崭露头角，特别是移动化、数据化这样让老百姓直接受益的亲民技术，今后将会得到高速发展。移动电话目前已成为人们爱不释手的宝贝，为了身体健康甚至到应该规劝人们不要过度"溺爱"这宝贝的时候了。在"十三五"期间，大数据技术将与云计算融合，云计算的软件即服务（SaaS）应用与大数据的结合会出现爆发式的增长，以这些技术为核心的新信息化技术平台将广泛融合应用，这会对传统产业形成新的组织逻辑、商业逻辑和管理逻辑。

3. 智能物联网实现管理上质的飞跃

不管我国物联网行业的过去或现状如何，作为继计算机、互联网与移动通信网之后的又一次信息产业浪潮，物联网的产生和发展势在必行。如果过去人们把"董永和槐荫树对话"只当作神话，那么在有了物联网的今天，人与树之间就真的能"交流"了。单位组织的管理和治理水平，在未来都会充分利用物联网以及智能管控技术得以升华。在"十三五"期间，将使社区、交通、医疗、教育、消费、物流等公共服务平台和城市智能化走向更高水平，特别是在公共基础设施、安全和服务等方面将有大作为。

目前的孤岛和垂直式的治理模式，会在智能管理和建设的促进下，实现业务流程的自动优化和整合，还会配合国家创新运作机制，成为减少对

公共设施危机和危害的非常有效的手段。对于公共设施、服务等重大环节，可以有效地加强组织的过程管控和决策控制，从而提升总体的国家和行业治理水平。

物联网对国家安全、一带一路、PPP 等战略提供了全视角的组织架构资产管理，最终构建以单位组织的资产为核心，信息化规划、投资、建设、安全运行闭环的全周期管控体系。

为了支持这些快速变化的业务需求，越来越多的企业正在采用云计算来实现动态的规模控制、更高的效率以及更好地利用劳动力和资产。而虚拟化与数字化正是这种趋势的一个核心。互联网和全球数据的爆炸性增长正在促使 IT 产业转型。随着现有数据中心基础设施升级的需要，这种转型极大地增加了对存储空间、运算能力和复杂网络的需求。

正在考虑转向云计算的 IT 专业人士应该先考虑一些重要的问题：平台具有管理峰值工作负荷与业务规模的能力和弹性吗？关键业务级数据库服务要求应用程序正常运行多少时间？ IT 如何管理整个应用程序的生命周期——从调和硬件与软件的互操作性问题到执行软件的更新与补丁？

对许多人来说，使用一个私人云端仅仅意味着用虚拟技术来集成到共享服务器和存储硬件上。当然，云服务的全部范围从硬件基础设施和虚拟机到更高级别的服务（如数据库或应用程序）都涉及，一个真正的云还应包含让用户自助提供这些服务的能力，并为 IT 提供统一的管理、支持甚至是交付功能，因而增加了数据中心和企业的资本与运营开支。迅速扩展基础设施规模的强烈必要性已经增加了数据中心中网络、一体化和集中资源等方面的复杂程度。

然而对于许多 IT 部门来说，只要一想到云就谈虎色变、忧心忡忡：担心自己会失去对熟悉的 IT 环境的控制；缺乏必需的 IT 技能与专业知识；或者要找时间和资源来从头开始设计、测试和执行一个新的云解决方案。

在一些情况下，IT 专业人士将自助云模式视为对他们未来的一种威胁，因为这种模式会简化与自动化他们日常的部分工作。但是，云能为他们提供机会去升级自己的技能，并让他们在长期工作中变得更加高效。

大部分单位组织会有一套复杂的、定制的企业应用程序组合来经营自己的业务，应用程序的有效性和整体性能表现好，都高度依赖于 IT 基础设施的基础。显然，创建、重新配置、调整和最终淘汰数据库等需求，会持续存在并贯穿于应用程序的整个生命周期。

这些耗时较长的部署周期会耽搁新的项目，降低 IT 投资的回报率，容易对战略性的业务目标造成负面影响。云使得 IT 部门能提高从快速的数据库配置、补丁、有效性和安全性等方面来衡量的服务水平。有了正确的架构战略，IT 部门就能高效地演化出一个云模式来降低资本和运营成本，以更加便捷地支持新项目。

为了克服数据中心因在集中资源、简化网络与整体管理方面的需求增加所衍生的这些问题，创新者们提出了软件定义的数字世界的概念。这将抽象化、集中化和自动化的虚拟化概念扩展到信息中心的全部资源和服务中，所有基础设施组件都作为一项服务被虚拟化和提供，并且只用一个软件来进行管理，故而能以较低的成本实现伸缩性、灵活性、可管理性。

10.4　虚拟软件世界真的是未来吗

亚马逊已经把数据中心改造成了一个 API，此举创造了企业内部的巨大转变。互联网巨头们——我们有时称它们为超大规模群（hyper scale crowd）——正在为下一代数据中心铺路搭桥。这给 IT 组织带来了几个挑战，包括高管给予的压力，高管们要求与这些创新者相仿的速度、敏捷性和效率。问题是，大部分 IT 组织没有 Google 那样的工程技术实力。IT 组织会花钱（和一个供应商）去节省管理费用（即，他们会购买易于管理的更昂贵的解决方案）。另一方面，互联网巨头们则会花时间（工程维护时间）去省钱。这是非常不同的观念模式。

软件定义数据中心实际上描述的是一个服务器机房的海市蜃楼，一个拥有最高的自动化、效率、性能、可靠性、有效性的理想状态。你会在专家云集、讨论未来趋势的数据中心会议圈中听到很多人提及这个概念。不过，它到底是趋势，还是另一个时髦词汇？

当然，拥有成百服务器和数百万用户的网络规模的数据中心现在确实是由少数员工运营着的。它们代表着最佳做法，不过 Facebook、Amazon. com、雅虎或微软的需求和能力就与那些普通企业的 IT 组织非常不一样了。

传统的 IT 部署模式非常辛苦地争取高效地提供服务。应用程序有专用的一套运算和存储资源，虽然考虑到了高水平的安全性和隔离性，但是却防碍了敏捷性和伸缩性。当专用的资源全部被用完后，IT 员工就必须手动地获取、配置和部署新的硬件与软件，这个过程可能需要耗费数天、数周，甚至数月，有碍于企业的生产效率。久而久之，就会演变出由不同的应用孤岛（application silos）组成的复杂格局，而且集成与管理方面的难题也会阻碍 IT 人员达成业务目标。

那么，当科技对企业来说可能既有利又有弊时，企业主需要做些什么呢？解决方法就是云计算。在过去的 3 年中，中小企业对云的使用猛增，从 2013 年的 5% 增至 2015 年的 43%。而使用率提高的原因很简单，云计算可以帮助小企业主克服常见的技术问题，推动企业在主流业务上向前发展。

所有数据中心的首要目标已经成为：通过使用运算、存储和网络（所谓 stacks——堆栈就是基于此建立）这 3 个达到特定要求的核心基础设施组件来连接用户与应用程序。从许多方面来说，数据中心的"未来"已经到来一阵子了。旨在减少能源消耗和实现其他效益的创新已在进行中。

数据中心的基础设施昂贵，因为它是经过"硬化"的，已经在工艺上被制造得符合预计的工作量增长目标。这就是许多企业数据中心会如此不灵活的原因——因为他们僵化于成百上千为特定目的而造的应用程序。

现在，业务计算与敏捷性、高性能与自动化息息相关。一个高速商业运作的数据中心必须能够快速传输和移动数据，无缝处理高强度的工作负荷，并且尽量减少人为干预。仅采用最佳的硬件和丰富的软件已经不再够用了。

如果使用 SDDC 架构，IT 部门就能够更好地应对变化的要求，支持战略性的业务目标。但是为什么选 SDDC？它其实是一种数据中心的涵盖性术语，这种数据中心的服务器、存储、网络都被虚拟化，而且各种控制系统能够自动适应变化的情况。SDDC 可以在需要时增加或减少产能，在必要时集中或分散资源，并检测安全隐患，当问题产生时提供"自愈"功能。这些都按照预定的原则进行控制，只需要极少的人工干预，至少理论上是如此。

要满足目前的资金需求，降低成本的方法必须针对 IT 的无选择费用，落实一些举措可以带来更好的业务绩效与更高的效率。单单是电力就已成为企业支出上的一个重要条目，面对这样的情况，单位组织如何削减运营成本，并减少数据中心运营上的一些成本和复杂程度，同时又不对信息管理系统提供的服务的质量造成负面影响呢？

复杂性早就已经与数据中心基础设施相联系了。随着基础设施变得越来越自动化，IT 由管理复杂的技术运营转变为管理复杂的服务运营。未来的数据中心应该与商品化、创新、集成与完全的虚拟化结合起来，即精简的基础设施，它能运用自动化、预测性的检测能力进行动态配置，支持企业的业务流程。这个虚拟的实体由商品化的硬件与服务组件构建而成。它与一个集成的 IP 网络相连接，可以进行灵活的访问，让企业能够用可变成本而非固定成本的形式来发展自己的基础设施。

因为业务风险高，所以所有的复杂性都必须受到监管。现在的企业不仅依赖他们的信息系统来巩固运营，而且需要更进一步，这些系统也是他们的独特卖点与差异化竞争力的来源。SDDC 有潜力帮助企业从根本上改变基础设施的架构、部署和管理方式。预先集成的 SDDC 基础设施云服务所带来的效益，正在使任何一个组织都能从大规模数据中心服务供应商的最佳做法中获益成为可能。

10.5　软件定义数字世界专为云而打造

人们都在期待云和类似的服务能在相对短时间内形成"根本"或"重大"的影响。它大概是自客户机－服务器以来最显著的 IT 架构趋势，对服务提供、消费、交付和管理的方式有变革意义。即使还有一些人对于服务水平、脱机功能与供应商破产后的处理等方面心存疑虑，但是支持者们说得出它的各种实用的好处，如按使用付费、能使工作负荷变得灵活、减少管理开支、更快速的部署和变更等。

1. 系统整合

部署云技术的一个关键好处就是，将大量传统系统和 IT 孤岛整合进一个资源池，可降低基础设施的复杂程度和资本及运营费用。通过标准化单个供应商或解决方案，实现对不同的多供应商环境的简化，从而消除供应商之间的相互指责并精简支持。

2. 迅速的云部署

数据中心运算能力的虚拟化、弹性与服务导向正赋予 IT 新的能力，使

IT 转向以更加灵活、高效的方式准确地在需要的时间点上提供 IT 处理和应用程序，使产能过剩、冗余和不必要的费用达到最小化，并且能够实现多样化的成本模式。

如果没有完整的、预先建好的解决方案，组织就必须从头开始开发云，包括架构设计、组件选择与验证、运营和管理流程开发，以及许多其他繁杂的工作。SDDC 系统提供了一个完全集成的解决方案，并使得服务能够在很短的时间内开始和运行，在很大程度上缩短了实现收益的时间。迅速的云部署提高了基础设施的敏捷性，使得 IT 部门能对客户需求和商业需求的变化做出快速的反应。自助服务是通过让用户自助提供需要的 IT 服务，可以将反应时间从数天和数小时缩短至数分钟。

3. 以资源为中心的架构

数据中心设计创新的最新趋势是从聚合（以服务器为中心的架构）转向解聚（以资源为中心的架构）。也就是说，未来的机柜设计会有很少的处理器托盘，少量系统存储器托盘，包含混合了 SSD 与 HDD 的托盘、一个将所有托盘联系在一起的分散式的东西向结构，以及一个单一且统一的数据中心网络接口负责南北向的数据流通。这个统一的网络接口将会替代现在的机柜顶端（top of rack，TOR）或机柜末端（end of rack，EOR）交换器。

所以，所有的资源都能在 3 个阶段分别实现可寻址。

- 物理聚合。移除所有不关键的金属薄板，从单个服务器中取出如电源和风扇之类的关键组件，然后实现机柜级整合。通过减少电源和风扇的数量能达到更高的效率和更低的成本，这样，就能实现费用节省。

- 结构集成与存储虚拟化。用直连式存储从运算系统解聚与分离出存储空间，然后通过存储虚拟化达到更高的利用率。运算与网络结构是使得存储解聚并且不对性能产生影响的关键技术。英特尔硅光子互联（Intel Silicon Photonics interconnects）将实现机柜内部各种计算资源之间更高速的连接，从而实现机柜内部服务器、存储器、网络和存储的最终解聚。

- 未来。最终，IT 产业会转向子系统解聚化趋势，处理器、存储器和 I/O 会完全分离，分别进入模块化的子系统，使得简便地升级子系统成为可能，而不再需要升级整个系统。

4. RSA 架构的优势

机柜式架构（Rack Scale Architecture，RSA）的好处是更高的灵活性、集中度与利用率，从而降低总体拥有成本。

5. 集成的虚拟化

分层虚拟化技术能够确保安全地整合到云，它作为基于固件的管理程序，将系统资产的子集（如存储器、I/O、CPU）配置到各个域，用专用资源隔离到虚拟机上。

总之，这些虚拟化技术是保证数据中心内部应用程序工作负荷整合安全的重要因素，它使得各种各样的测试、开发和生产数据库得以在单个系统内运行，且不会影响各自的服务需求。

6. 更低的成本

在相同的占有空间中以更低的成本支持比原先多好几倍的工作负荷，软件定义世界能够降低现有的总体拥有成本。

7. 以更低的成本实现更高的敏捷性

基础设施技术已变得更加普遍和廉价，它能为被复杂的、僵化的环境拖累的组织提供提高运营效率的机会。

8. 可靠性与有效性

关键业务的运营有 99.999% 是受益于基础设施和应用程序的有效性，计划内与计划外的停机时间都可达到最小化。集成堆栈的修补时间能缩减 10 倍，于是在增多的运行时间里不会出现服务中断。无单点故障的设计、实时故障的通报与解决更由此增强了可靠性与有效性。

9. 组织与数据更加紧密相连

各大组织都在寻找外部数据中心，希望它们能帮助组织处理大量的数据，并从数据中快速提取到有价值的东西，或开发云计算项目。与建立设施相比，这样的第三方平台使得商业反应更快。

目前，自建数据中心的数量飞速增长，外部或第三方数据机构的使用率越来越低。以目前的趋势显示，各组织开始在内部建立数据挖掘中心，可减少外部支持。

10. 数据将要回归内部

数据挖掘工作回归内部的趋势不只与同一方面有关，值得思考的是投资建设内部数据中心的驱动力是什么？如果回看建立内部数据中心的策略，不难发现内部凝聚力是其主要的驱动力。凝聚力将创造更大的规模经济，以提高企业效率。

最值得一提的是，内部数据中心已成为主要解决方案，而由于大数据的普及使许多企业措手不及，内外部数据机构相结合的方式已经超越了单一的内部数据中心。去年，数据挖掘明显开始向企业内部转移，可控的凝聚力也随一个或多个内部数据机构产生。

人们在寻找一种简单的方式，使其能够在公有云、私有云产品和基础设施即服务中转换。这意味着 IT 部门能够使这些与业务需求相一致的需求实现变得更为高效和便捷而在面对复杂的、令人头痛的需求时，告诉业务要等一两年的时间。

硬件和软件能够高效整合且在内部运行，这些在云中或基建即服务中的硬件和软件能够使商业经得住未来的考验，能更好地利用短期支持的优势。标准化减少了整合复杂定制应用的费用和时间，外部第三方平台提供这类的短期支持。但是从企业文化角度而言，组织希望他们的数据能够更贴近商业，不管从地理位置上（事实上转移到其自己拥有的办公场所），还是程序上，以确保能为其洞察商机，从而制定出更加简洁的计划。

11. 节省能源

虽然数据中心消耗了大量的能源，但是数据中心是规模经济的基础，为效率的提高提供了巨大的可能性。随着能源费用持续上升，需要节省更多费用，数据中心发现节省费用的根源本质不在于持久性，而在于防止能源使用量大幅波动。当钱少时，单位组织们更加关注大宗的费用。

在去年，各大组织出现短期的外部支持需求之前，现存技术的限制和现存设备的使用年限已显现出需要现代化更新的必要性。然而想一夜之间就完成现代化，只能是痴人说梦，在此之前，我们仍需要勉强维持运营的基础设施。

上述现象说明，各大组织仍然偏好专利技术，虽然它们也会将外部或第三方数据平台作为短期战略能力。无论是在消费者生活中，还是工作中，数据中心都是技术的核心。小至在手机上下载音乐或应用，大到政府网上服务或获取在云端的一系列商务应用，数据中心使我们的体验丰富多彩。

这些获取大数据的方式成为我们创新的核心，成为云计算普及和日常交易、交流的核心。尽管在充满挑战的经济时代，数据中心仍是投资的焦点这一点毋庸置疑。在这样一个时代，投资任何高昂的技术都是违背常识的，但是现实告诉我们，数据中心有着长期的经济效益，是有助于未来的商业决策的、非常值得投资的对象。

12. 最终的思想

软件数据定义中心是为企业打造世界级云的理想平台。经过设计的系统，其完全整合和最佳状态的硬件和软件栈能够在减少总体拥有成本的同时，提升应用数据库工作量的工作表现、简易性、可延展性和可靠性。SDDC 是一个能将 IT 基础框架和商业需求相结合的未来系统，适用于企业数据库和云业务的设计。

13. 数据暴风之眼

本书强调了一个观念，即我们所相信的事物都是数据中心运用与管理的重要趋势。数据的工作回归企业内部的速度也说明了，商业灵活性越来越强，企业越来越重视他们的数据。

投资数据中心的决策并不好做。必须经过董事会绝大部分高级管理人员同意，不光是首席信息官和首席技术官的同意，而是整个最高管理层的同意。

过往几年的变化告诉我们，这些决策不仅仅被提上了议事日程，而且成为最关键的事项。

老化的内部基础设施，或不能胜任数据工作的基础设施，只是一时的权宜之计。然而由于持续高额的花费，各大组织已经开始计划和实施内部数据中心战略，这些战略已经开始起作用了。

可能由于去年突然涌现出建设数据中心的需求，又或是由于企业不断投入数据的可用性，未来可能会出现财务困难，各大组织已将未来防护纳入未来计划之内。根据上述趋势，未来几年将成为数据暴风之眼，企业在经历数据首轮轰炸后，将着力于未来防护和未来战略。

14. 整合的基础设施数量越来越多

各大组织需要以更高效的方式来运用 ICT 服务，整合的基础设施运行良好。在某种程度上，这可能代表一种清理操作，用更加一致的策略，来代替原本由不同供应商提供的混搭产品。

企业应与有数据处理优势的主要供应商建立良好的关系，这将使其未来受益良久。用同一供应商提供的商品能够确保系统运行得更好，确保系统各部分符合同一标准。一个多方位 ICT 供应商应该不仅能够提供商品，也能够为企业提供未来前景，减少彼此间的摩擦，建立更多的信任，提出互惠互利的建议。

当然，越来越多的新公司将会出现，受欢迎的创新将代替原有的技术，而渐渐地这些公司将会被科技巨头兼并或收购。

受制于单一供应商的危害，使得企业会寻求多个供应商，但目前的 ICT 竞争者众多，任何威逼顾客的供应商将会立刻被市场抛弃。ICT 买家越来越明确他们对整合的基础设施的需求，任何能够满足企业需求的卖方都能为其提供良好的服务。

10.6 · 未来中国信息化规划的畅想

1. 以"三个融合"为新驱动力的信息化建设方针

当信息化与众多传统行业的融合更加紧密的同时，互联网将会更加迅猛地推动各领域的业态发展进程。在发展信息化建设中，需要确立"三个融合"的信息化建设的落地的指导思想，这"三个融合"具体是：

- 信息技术与治理的融合

- 信息化与产业化的融合
- 信息化与国家、组织战略的融合

秉承开放和共享的格局，通过互联互通，将信息化共性的技术与行业特征进行完整有效的整合，实现上下、左右、内外信息资源的互通，通过信息化实现社交化与融合化的新常态，助力业态创新、模式创新、流程创新和管理创新。

2. 以大数据应用为重心，提升组织的应用深度和广度

随着经济增长格局的转变和信息化的数据累积，必须使大数据的应用和发展得到加强，而不应该仅仅停留在大数据1.0，即大数据自身系统和算法的满足方面，要尽快进入大数据2.0，加速在行业的应用步伐，这样才能对全产业和行业实现转型，这对打破体制机制壁垒有革命性的意义。

未来信息化将与自控系统、行业化、自动化等多领域相交叉融合，重要的还在于基于组织运营管理体制的信息化与智能化技术应用，将从信息系统建设转向数据应用分析。传统组织需要做好以下几个关键点：

1）大数据应用实践创新主要应关注行业自动化设备的大数据收集，逐步分层地进行多路径扩大和挖深数据的收集量与类型。

2）监控操作大数据的收集、存储、发布、应用和安全等数据的治理工作。

3）要加强和重视大数据行业应用自身的趋势分析，而不是仅仅关注大数据自身的算法，在全产业链建立数据链和标准，努力实现数据的完整性和一致性。

4）通过先进技术与设备进行整体资料采集，结合云计算的基础建设平台和在全国互联数据中心的资源，还有现有云计算基础平台的技术，实现大数据在中国产业的高性价比的落地。

3. 打通实体经济与虚拟经济，实现共同繁荣

在互联网繁荣的今天，必须以融合科技手段为新的引擎，结合无可替代的真实体验来带动实体经济的改革。面对实体经济不断下行的压力，无论是提倡快乐地创业，还是鼓舞大众创新，我们不妨尝试通过信息化让我们共享社会化的互联网，缓解实体经济的同质化所造成的下行压力。通过信息化，可以帮助实体企业了解自己的消费对象、产品、供应商，打造差异化经营竞争优势，把优质产品的体验做到极致，提供符合消费用户需求的产品和服务。

当我们跨步进入工业4.0和智慧互联网时代，从人人互联、物物互联、产品与服务互联，到公众与政府互联，全产业链各环节都需要有竞争力。效率不但能抵消成本，更有助于发挥一本万利的潜能。单位组织要在"十三五"期间，通过信息化综合管理平台，使经营模式的创新与生产方式紧密结合，发挥敢为天下先的精神，参与全球竞争。

4. 建立可靠、安全的公共服务生态互联

我们要清楚地认识到，面对日趋复杂的城市结构、城市功能，以及日益广泛的公共设施与服务，城市的公共服务设施，迫切需要一种全新的管理模式。构建公共服务资产管理系统平台可成为解决公共设施安全问题的核心。政府利用公共资产管理系统，能更准确地评估风险和失败后的关键基础设施资产的后果情况，并最大限度地降低风险，以保全政府有限的投资资金。

核心公共设施资产管理平台的建设，不仅可提高污水治理、防洪、道路、城市建筑、交通、食品等传统公共服务系统的保护，也防止了商业机会、持续振兴和经济扩张而失去支持的局面，从而奠定了一个更加可持续的、弹性的社会基础。

全面公共资产服务管理可以使各机构通过周围的预测性维护，及防止

损坏和风险转移等方式，让提供公共服务的管理决策变得更智能、更敏捷。引入这种资产全生命周期管理，就能形成有针对性的维护，从而提高透明度和预测能力，引导工作来提高服务质量和实现风险最小化的可靠、安全的公共服务生态互联。

5. 以顶层架构为指引，打通信息孤岛

在过去 30 年的信息化发展进程中，我们积累了丰富的系统集成方面的经验，但与此同时，也造就了众多的信息孤岛。在一个单位的各个部门之间由于种种原因造成部门与部门之间完全孤立，各种信息（如财务信息、各种计划信息等）无法或者不顺畅地在部门与部门之间流动。"十三五"是信息化从集成走向融合的关键 5 年，是信息化需要打通信息孤岛的关键时刻。门户网站和电子商务使我们得以把分散的、孤立的信息串联起来，形成一个能够触及世界各地的供应链。

我们的信息化需要通过学习和借鉴全球先进的最佳实践，以新的技术架构、新的组织架构，来梳理和优化单位组织的应用深化、决策科学和精准服务的管理，从而提升经济发展水平。

6. 通过量身定制，实现工业化精准管理的本土化

我们身处在第四次工业革命的时代，这是科技与产业高度融合的时代。我们需要通过现有的互联网技术、大数据分析和智能技术，通过供应链来了解竞争品牌的市场动向；通过大数据采集，针对重点实体店检测了解实时的变化；通过云化大数据，综合对比分析所获得的数据，实现实体经济从服务对象，到服务品类的精准定位管理；实现线下与线上产业的全面结合。

以信息化的手段，建立风险评估与客观事实记录辅佐的大数据融合决策平台，坚持事先统一处理全产业链的风险矩阵参数定义、评估方法、以

及结果的对应处理原则，避免主观臆断的发生。

以资产结构为入口，实现设备在最基本的结构上附加本地定制化的一物一标，进行归纳筛选与报表统计。建立功能位置与相应的设备成为一对一连接关系，同时对设备本身与该功能位置的状态变化实施全程监控。

7. 以信息化引入为手段，提升社会诚信度

在单位组织内，关注的焦点要从垂直的职能或部门转换到组织内运作的各种水平流程上去。文化发展相对滞后、道德诚信滑坡、理想信念缺失等现象是令人担忧的顽症；"天高皇帝远"不应该成为各项规程鞭长莫及的角落；"不知者不为过"更应该成为历史的笑柄。以信息不对称为基础的传统商业模式是形成经济文化不良弊端的重要因素之一。

在未来的"十三五"期间，需要充分发挥好"互联网＋"环境下的各种社会化媒体和工具的作用，有利于为产品制造商和消费者实时展现市场的全貌。在质检等权威机构和其他多方的协作下，有关各方可借助互联网技术实现各种产品生产过程的全程追溯，可以保障大众安全和公共服务质量。由此，政府、企业和普通民众可以共同创造出直观和透明的供应链体系和安全市场，通过互联网建立起新常态下的信任平台、服务平台。诚信的民众、诚信政府和社会携起手来，共创诚信的繁荣局面。

8. 云平台新常态从技术云到应用云，支撑"互联网＋"，推动传统行业的发展

"十二五"期间，云计算和平台化得到了广泛共识和大力发展，"十三五"期间，大数据应用的一切需求都将以服务的方式通过平台的管理得到满足。单位组织要全面利用在"十二五"期间建立起来的云计算的弹性资源，充分发挥敏捷红利特性，通过多层级信息化云平台，将生产资料、设备维护、企业资产、财务平台、自动化管控平台、监控平台、集中采购、

知识库等不同模块的信息平台有机地衔接到一个完整的管控云平台，以实现实时线上和线下 O2O 的工作流程对接，明确职责分配与考核标准，提高整体效率。

据"中信建投"预估，随着服务需求的增长，中国的云计算市场将在2017 年达到 372 亿元。2013 年，调查研究公司 Zero2IPO 曾估计，中国云计算市场会在几年里，以每年 50% 的速率维持增长，在 2015 年底超过 136亿。中国软件行业协会官方估计，云计算价值链（一个更宽泛的定义）可以在 2015 年价值 10000 亿。IT 消费增长是需要由政府改革、基础设施建设、消费者收入提升以及电子商务发展来推动的。

"在中国，现在它还停留在早期的一个阶段，但是今年它就会到达将近10 亿美元，但是在五六年内它就会增长到 100 亿美元。"这是中国微软研发部主席张亚金在第六届中国云计算年会（2014 年）上的发言中的观点。

数据中心和数据基础设施管理之间的区别，已经通过基础设施随着服务模式转变而融合。以管理和存储数据为目的所构建的灵活架构，能够保证组织对那些影响和改变他们商业的因素有更好的应对，它具有快速配置、随需应变的可伸缩性、数据基础设施的灵活性以及资源管理的高效性。数据中心的转变，并不仅仅是增加存储空间以及计算容量，而是有效地混合一个完整的 IT 需求和有效的基础设施管理的业务。

在 2010 ~ 2015 年，随着云生态系统和商业模式的成熟，中国云市场是处在一个爆炸性增长的阶段。在这个阶段，不仅仅是公有云和私有云，企业也逐渐地采用混合云模式来利用两个模式的优势。在 2015 年之后，云行业将成熟并成为 IT 行业的基础设施。

中国鼓励云计算基础设施的建设。然而，在中国，云服务所面临的挑战是企业的低需求，导致因为安全和连接问题而不能全面采用公有云服务。这主要是由企业不成熟的需求导致的，这些都不能完全地发挥数据中心的云计算能力。

中国云市场大量未开发，其中仅企业中有38%使用云，29.1%使用公有云，6%使用混合云，2.9%使用私有云。其中，76.8%的企业计划提升他们云使用方面的开支。根据IDC"中国2013 ~ 2017年公共云服务市场的预测和分析"报道，越来越多的中小型企业正考虑使用公有云平台，一些大型企业正在计划整合他们的基础设施，并正在考虑服务外包或使用私有云平台。

云计算被采用面临着两个主要的困难：安全和信任。在目前的环境下，数据泄露是很正常的事情。这就使企业IT采用云时面临着很大压力，但是这样做能保护企业的知识产权。所以关键在于云供应商有必要提供一个企业所需要的信任和安全等级。

利用云计算平台，实现系统的"小而全"，把所有组织管理的共性功能和服务集聚成平台，利用平台的便利性可以提升信息处理效率，让业务更专注于分析信息背后所隐藏的事实，从被动性维护转换成主动性维护，提升设备和组织运行的可靠性和平稳性。

9. 开创自主创新经营模式

国有企业是中国现代化建设事业的生力军。但国民收入与社会总产值之比（所得的年净值）多少年来是不断下降的，这并非什么新鲜事。这表明创造同样多的财富，需要投入的人力和物力资源却很巨大，我们创造财富的能力正在下降。不能只依靠国企已被证明是不争的事实，中国正处在一个多种经济形态并存的现实条件下。国有企业、民营企业、合资企业、外资企业等各种企业经济实体组成了中国群星璀璨的市场经济大格局。

通过几十年的积累，中国的国有企业已成为具有万亿资本的国家经济支柱集群。传统经济体制、管理体制极大地制约了这些重大经济集群的健康发展。国有企业在市场经济竞争的星河中如何再现辉煌，科技进步将是一条必由之路。技术革新似乎正好抵消了资本积累所造成的收益递减，科学和工程技术的进步从数量上说是先进国家经济成长的唯一最重要的因素，科技进步将带来资本深化。

10. 以信息化治理机制完善优化组织治理

从"数字政府"信息管理角度，我们要注意两个问题。第一是经验和数据的深度、广度和及时性；第二是决策并非只来自于高层，而是来自于每一个企业环节。从信息治理着手，促进政府治理、管理和服务水平的提升，能促进社会的运行方式、组织形态和决策行为等发生实质性的转型。

信息化建设是以信息科技与信息治理相结合为基础的，实现信息治理与组织治理相对应，明确职责分配与考核标准，能完善和优化企业架构与机制。这需要实时洞察维护成本，完善风险管控机制，遵从外部法律法规，倡导信息安全的合规性，提高整体效率，完善合理的公众问责机制。

"十三五"期间，我国的信息化发展将进入一个高速发展的时期，创新和进步离不开变革，不创新即会落后，创新是必然的，变革也势在必行。通过数据虚拟化，而且随着虚拟层次的提升，信息密度也会发生变化，必将进一步促进信息资源的集成和整合，而开源软件的开放性、伸缩性和可扩展性也为这种整合提供了技术上的条件。告别"孤岛"，万川入海，信息技术必将迈入"和合"的人间正道，成为我们的创新创业的核心驱动力。我们要确立"三个融合"的信息化建设的指导思想，通过信息化，调整实体经济和虚拟经济的矛盾，通过"四个信息化"带来的创新，实现经济可持续发展，造福国人。

人类总是用美的法制去改造世界的。中国的传统文化推崇"和合"的哲学，古人云："和为贵"，世界大同就是一个和谐的世界。"一带一路"是融合欧亚经济共同繁荣的远见卓识，而云计算则是信息资源的集成和整合。

人们称计算机是人脑的延长，是外脑，云计算依托互联网把成千上个数据中心整合在一起，把异构的环境通过软件定义，让人类进入物理空间与信息空间融合，这在某种意义上的智慧的高度集成和融合，必将产生排山倒海般的巨大的科技创新力量。

"直挂云帆济沧海，乘风破浪会有时"，世界很大，但又是同一个地球村。一个世界一朵云，不是信息产业发展的梦境，而是一种必然的趋势。我们不能止步于云计算给我们带来的"敏捷红利"，让我们举起双手迎接"软件定义世界"更加美好的未来。宇宙定于一，"和合"为上，这是美的法则的胜利。

参 考 文 献

［1］ Marc Benioff, Carlye Adler . 云攻略［M］.徐杰，译 . 深圳：海天出版社，2010.

［2］ 张礼立 . IT 服务管理新论［M］.上海：交通大学出版，2011.

［3］ 周震刚，任悦 .中国云计算最终用户需求分析［R］.IDC 研究报告，2012.

［4］ 张礼立 .大数据时代的云计算敏捷红利［M］.北京：清华大学出版社，2013.

［5］ 王春 . VMware 虚拟化与云计算应用案例详解［M］.北京：中国铁道出版社，2013.

［6］ Cloud Computing［EB/OL］.［2015−7−5］. http://searchcloudcomputing.techtarget. com/definition/cloud−computing.

［7］ 吴朱华 .云计算核心技术剖析［M］.北京：人民邮电出版社，2011.

［8］ Everything your Business need.［EB/OL］.［2015−6−5］. http://www.google. com/enterprise/ apps/business/benefits.html.

［9］ Jim Colins . 基业长青［M］.真如，译 . 北京：中信出版社，2009.

［10］ Kai Hwang , Geoffery C. Fox, Jack J. Dongarra. 云计算与分布式系统：从并行处理到 物联网［M］武永卫 . 北京：机械工业出版社，2013.

［11］ 张德丰 .大数据走向云计算［M］.北京：人民邮电出版社，2014.

［12］ 林小村，马玉林，翁小云 .数据中心建设与运行管理［M］.北京：科学出版社， 2010.

［13］ 田文洪，赵勇 .数据中心资源优化调度：理论与实践［M］.北京：电子工业出版 社，2014.

［14］ Venkata Joysula, Malcolm Orr, Greg Page. 云计算与数据中心自动化［M］.张猛， 译 . 北京：人民邮电出版社，2012.

［15］ Ron Fuller, David Jansen, Matthew McPherson. NX−OS 与 Cisco Nexus 交换技术： 下一代数据中心架构［M］.夏俊杰，译 .2 版 . 北京：人民邮电出版社，2013.

［16］ Brian J. S. Chee, Curtis Franklin. 云计算——无处不在的数据中心［M］. 北京：国防工业出版社，2013.

［17］ Douglas Alger. 大数据云计算时代数据中心经典案例赏析［M］. 曾少宁，于佳，译. 北京：人民邮电出版社，2014.

［18］ 肖建一. 中国云计算数据中心运营指南［M］. 北京：清华大学出版社，2013.

［19］ Douglas Alger. 思科绿色数据中心建设与管理［M］陈宝国，曾少宁，苏宝龙，等译. 北京：人民邮电出版社，2011.

［20］ 智慧云数据中心编委会. 智慧云数据中心［M］. 北京：电子工业出版社，2013.

推荐阅读

Ceph分布式存储实战

作者：Ceph中国社区 ISBN：978-7-111-55358-8 定价：69.00元

十余位专家联袂推荐，Ceph中国社区专家撰写，权威性与实战性毋庸置疑；系统介绍Ceph设计思想、三大存储类型与实际应用、高级特性、性能测试、调优与运维。

Virtual SAN最佳实践：部署、管理、监控、排错与企业应用方案设计

作者：丁楠 等 ISBN：978-7-111-55127-0 定价：79.00元

VMware官方权威出品，VMware中国研发中心存储与高可用性事业部Virtual SAN解决方案团队实践经验首次对外公开；VMware全球高级副总裁、存储与可用性事业部总经理李严冰和EMC中国卓越研发集团上海公司总经理陈春曦联袂推荐。

OpenStack系统架构设计实战

作者：陆平 等 ISBN：978-7-111-54333-6 定价：69.00元

详细介绍OpenStack技术架构和核心模块；深入解析OpenStack各模块的设计思想、实现方案和部署方案；介绍OpenStack在大数据服务、数据库服务等PaaS领域的实现方案。

推荐阅读

云系统管理：大规模分布式系统设计与运营

作者：托马斯 A. 利蒙切利 等 译者：姚军 等 ISBN：978-7-111-54160-8 定价：99.00元

资深云计算专家十余年经验结晶，全方位介绍大规模分布式系统的设计和运营；理论与实践相结合，不仅介绍分布式系统架构、应用和设计原则的理论知识，而且包含Google、Facebook等公司的成功案例分析，为系统管理员提供有益指导。

软件定义存储：原理、实践与生态

作者：叶毓睿 等 ISBN：978-7-111-53957-5 定价：89.00元

软件定义存储（SDS）领域的集大成者和开创性著作。倪光南院士、IDC中国副总裁武连峰、VMware全球副总裁李映、企事录创始人张广斌、DOIT创始人郑信武、猎豹移动CTO Charles Fan等数十位来自学术界和企业界的资深专家强烈推荐。

VMware Virtual SAN实战

作者：吴秋林 ISBN：978-7-111-53522-5 定价：59.00元

VSAN领域著名专家撰写，10余年虚拟化产品研究、实践经验结晶，名副其实的存储虚拟化领域良心之作。（2）源自5000篇技术文档精华，从基础概念、产品构建到原理解析，逐层解析VSAN，已帮助数千一线人员解决了实际问题。